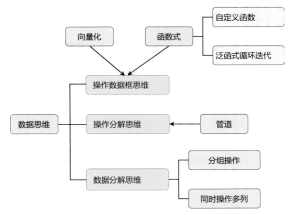

图 2.1 tidyverse 优雅编程思维（核心编程思想）

图 2.3 tidyverse 整洁工作流

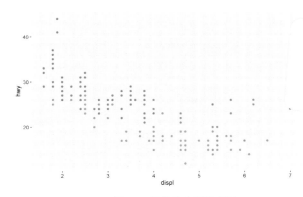

图 3.3 简单的分组散点图

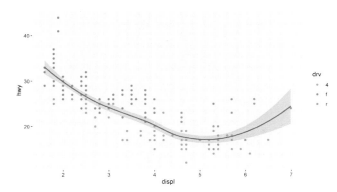

图 3.6 带全局光滑曲线的散点图

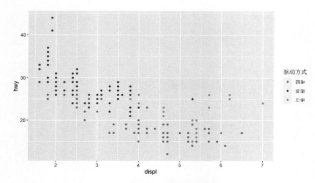

图 3.19　手动设置离散变量颜色并修改对应图例

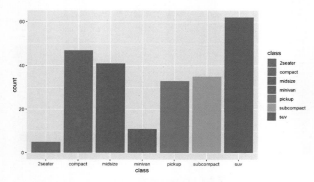

图 3.20　使用调色板颜色设置离散变量颜色

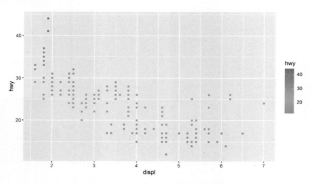

图 3.21　使用渐变色设置连续变量颜色

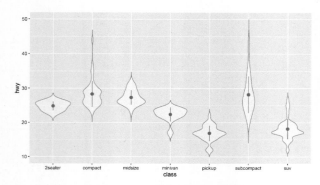

图 3.25　标注均值和标准差的小提琴图

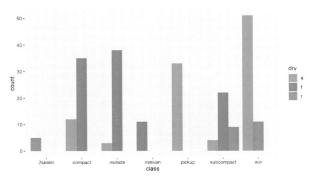

图 3.29　堆叠条形图

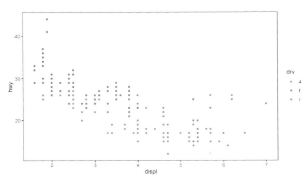

图 3.35　选择主题

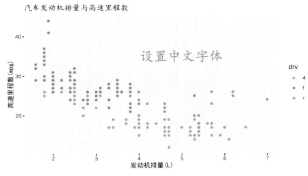

图 3.36　在 ggplot 生成的图中使用中文字体

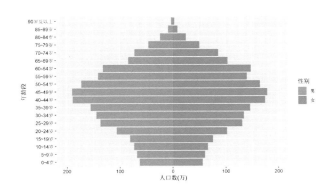

图 3.42　人口金字塔图

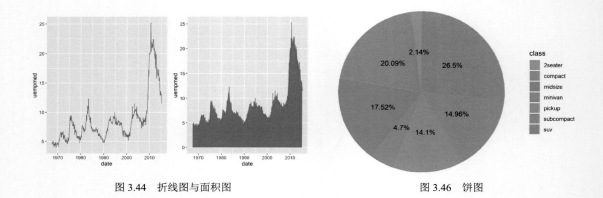

图 3.44　折线图与面积图　　　　　　　　　　　　图 3.46　饼图

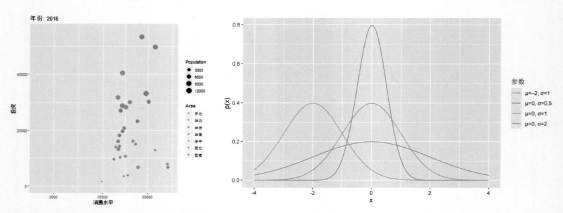

图 3.48　用 gganimate 绘制动态可视化图形　　　　图 4.1　不同均值标准差对应的正态分布

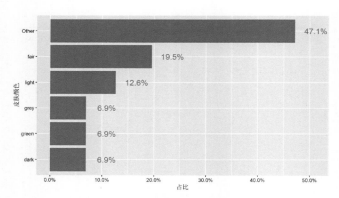

图 4.4　标记频率的水平条形图

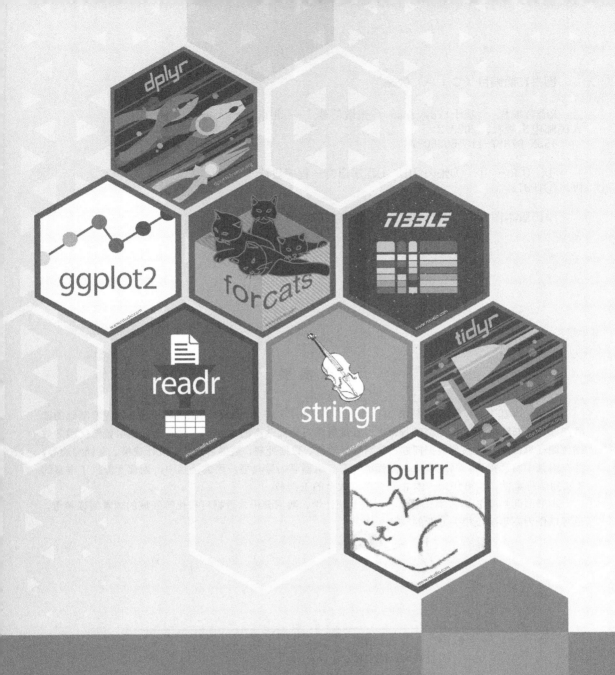

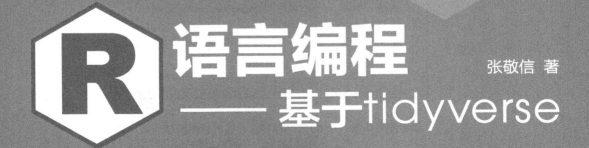

R语言编程

张敬信 著

——基于tidyverse

人民邮电出版社

北 京

图书在版编目（CIP）数据

R语言编程：基于tidyverse / 张敬信著. -- 北京：
人民邮电出版社，2023.2
ISBN 978-7-115-60380-7

Ⅰ. ①R… Ⅱ. ①张… Ⅲ. ①程序语言－程序设计
Ⅳ. ①TP312

中国版本图书馆CIP数据核字（2022）第206209号

内 容 提 要

这是一本基于 tidyverse 入门 R 语言编程的书，本书从基本的编程语法讲起，适合编程零基础的读者阅读。本书结合新的 R 语言编程范式，让读者学习更高效率的 R 编程，尤其是真正用整洁优雅的数据化编程思维解决一系列数据问题，包括数据清洗、数据处理、数据可视化、统计建模、文档沟通等，并在附录中将透视表、网络爬虫、高性能计算、机器学习等典型应用囊括其中，为读者提供了丰富的 R 实用编程案例，也可作为一本 R 语言语法大全的工具书。

本书面向热爱 R 语言编程的读者，适合统计学、数据分析、数据可视化等领域的读者阅读参考，也可以作为高等院校相关专业的 R 语言教材。

◆ 著　　　　　张敬信
责任编辑　胡俊英
责任印制　王　郁　焦志炜
◆ 人民邮电出版社出版发行　　北京市丰台区成寿寺路 11 号
邮编　100164　　电子邮件　315@ptpress.com.cn
网址　https://www.ptpress.com.cn
北京科印技术咨询服务有限公司数码印刷分部印刷
◆ 开本：787×1092　1/16　　　　彩插：2
印张：20.5　　　　　　　　　　2023 年 2 月第 1 版
字数：502 千字　　　　　　　　2025 年 4 月北京第 13 次印刷

定价：89.80 元

读者服务热线：(010)81055410　印装质量热线：(010)81055316
反盗版热线：(010)81055315

前　　言

　　R 语言是以统计和分析见长的专业的编程语言，具有优秀的绘图功能，且开源免费，有丰富的扩展包和活跃的社区。R 语言的这些优质特性，使其始终在数据统计分析领域的 SAS、Stata、SPSS、Python、Matlab 等同类软件中占据领先地位。

　　R 语言曾经最为人们津津乐道的是 Hadley 开发的 ggplot2 包，其泛函式图层化语法赋予了绘图一种"优雅"美。近年来，R 语言在国外蓬勃发展，ggplot2 这个"点"自 2016 年以来，已被 Hadley "连成线、张成面、形成体（系）"，从而形成了 tidyverse 包。该包将"数据导入、数据清洗、数据操作、数据可视化、数据建模、可重现与交互报告"整个数据科学流程整合起来，以"现代的""优雅的"方式和管道式、泛函式编程技术实现。不夸张地说，用 tidyverse 操作数据比 pandas 更加好用、易用！再加上可视化本来就是 R 所擅长的，可以说 R 在数据科学领域不次于 Python。

　　这种整洁、优雅的 tidy 流，又带动了 R 语言在很多研究领域涌现出一系列 tidy 风格的包：tidymodels（统计与机器学习）、mlr3verse（机器学习）、rstatix（应用统计）、tidybayes（贝叶斯模型）、tidyquant 和 modeltime（金融）、fpp3 和 timetk（时间序列）、quanteda（文本挖掘）、tidygraph（网络图）、sf（空间数据分析）、tidybulk（生物信息）、sparklyr（大数据）等。

　　在机器学习和数据挖掘领域，曾经的 R 包总是在单打独斗，如今也正在从整合技术方面迎头赶上 Python，出现了 tidy 风格的 tidymodels 包，以及新一代的用于机器学习的 mlr3verse 包，这些包基于 R6 类面向对象、data.table 神速数据底层和开创性的 Graph-流模式（图/网络流有别于通常的线性流）。

写作本书的目的

　　我发现近几年出现的 R 语言新技术很少有人问津，绝大多数 R 语言的教师和学习者，以及教材、博客文章仍在沿用那些过时的、晦涩的 R 语法，对 R 语言的印象仍停留在几年前：语法晦涩难懂、速度慢，做统计分析和绘图还行，没有统一的机器学习框架，无法用于深度学习、大数据、工业部署等。

　　有感于此，我想写一本用新 R 的技术，方便新手真正快速入门 R 语言编程的书，来为 R 语言正名。我是一名大学数学教师，热爱编程、热爱 R 语言，奉行终身学习的理念，一直喜欢跟踪和学习新知识、新技能。我对编程和 R 语言有一些独到的理解，因为我觉得数学语言与编程语言是相通的，都是用语法元素来表达和解决问题，我想把这些理解和体会用简洁易懂的方式表达出来。

　　希望这本书能让你学到正确的编程思想，学到新的 R 语言编程知识和编程思维，能真正让你完成 R 语言入门或将 R 知识汰旧换新。

本书的目标读者

没有 R 语言基础，想要系统地学习 R 语言编程，特别是想要学习新兴 R 技术的人。

具备一定的 R 语言基础，想升级 R 语言编程技术的人。

想要理解编程思想，锻炼向量化编程思维、函数式编程思维，以及想要真正掌握数据思维的人。

想要以 R 语言为工具，从事统计分析、数据挖掘、机器学习工作的人，特别是想学习使用机器学习包（`tidymodels` 和 `mlr3verse`）的人。

高校里对 R 语言及相关课程有需求的师生及科研人员，特别是将来想要在时间序列、金融、空间数据分析、文本挖掘等领域使用 `fpp3`、`modeltime`、`tidyquant`、`sf`、`quanteda` 等包的人。

本书特色

1．内容新颖

本书绝大部分内容参考新版本 R 包的相关文档，全面采用新的 R 语言技术编写，特别强调"整洁流、管道流、泛函流"数据科学思维（tidyverse）。

2．真正融入编程思维

很多 R 语言编程书只是罗列编程语法，很难让初学者学透它们。本书真正融入编程思维：由编程思想引导，了解编程语法到底是怎么回事，应该用于何处以及怎么使用。

3．精心准备实例

讲解编程语法必须配以合适的实例来演示，也建议读者一定要将编程语法讲解与配套实例结合起来阅读，比起将实例代码调试通过，更重要的是借助实例代码透彻地理解编程语法所包含的编程思维。本书后半部分是 R 语言在应用统计、探索性数据分析、文档沟通方面的应用，所配案例力求能让读者上手使用。

4．程序代码优雅、简洁、高效

本书程序代码都是基于 `tidyverse` 编写的，自然就很优雅。此外，本书尽量采用向量化编程和泛函式编程，更体现其简洁、高效。可以说，读者如果用这本书入门 R 语言，或者更新你的 R 知识库，就会自动跳过写烦琐、低效代码的阶段，直接进入"高手级"的行列。

本书内容安排

本书的结构是围绕如何学习 R 语言编程来展开的，全书内容共分为 6 章。冯国双老师在《白话统计》中写道：

"一本书如果没有作者自己的观点，而只是知识的堆叠，那么这类书是没有太大价值的。"

尤其在当前网络发达的时代，几乎任何概念和知识点都可以从网络上查到。但有一点你很难查到，对于编程书来说，那就是编程思维。本书最大的特点之一就是无论是讲编程思想还是讲编程语法知识点，都把编程思维融入进去。

很多人学编程始终难以真正入门，学习编程语言要在编程思想的指导下才能事半功倍。本书的导语就先来谈编程思维，包括如何理解编程语言，用数学建模的思维引领读者从理解实际问题到自己写代码解决问题，了解 R 语言的编程思想（面向函数、面向对象、面向向量）。

第 1 章讲述 R 语言编程的基本语法，同时涉及向量化编程、函数式编程。这些语法在其他编程语言中也是相通的，包括搭建 R 语言环境以及常用数据结构（存放数据的容器），例如向量、矩阵、数据框、因子、字符串（及正则表达式）、日期时间，此外还涉及分支结构、循环结构、自定义函数等。这些基本语法是编写 R 代码的基本元素，学透它们非常重要，只有学透它们才能将其任意组合、恰当使用，以写出解决具体问题的 R 代码。同样是讲 R 语言的基本语法，本书的不同之处在于，用 tidyverse 中更一致、更好用的相应包加以代替，例如用 tibble 代替 data.frame、用 forcats 包处理因子、用 stringr 讲字符串（及正则表达式）、用 lubridate 包讲日期时间、在循环结构中用 purrr 包的 map_* 函数代替 apply 系列函数，另外还特别讲到泛函式编程。

第 2 章正式进入 tidyverse 核心部分，即数据操作。本章侧重讲解数据思维，先简单介绍 tidyverse 包以及编程技术之管道操作，接着围绕各种常用数据操作展开，包括数据读写（各种常见数据文件的读写及批量读写、用 R 连接数据库、中文编码问题及解决办法），数据连接（数据按行/列拼接、SQL 数据库连接），数据重塑（"脏"数据变"整洁"数据，长宽表转换、拆分与合并列），数据操作（选择列、筛选行、对行进行排序、修改列、分组汇总）、其他数据操作（按行汇总、窗口函数、滑窗迭代、整洁计算），以及 data.table 基本使用（常用数据操作的 dplyr 语法与 data.table 语法对照）。tidyverse 最大的优势就是以"管道流"和"整洁语法"操作数据，这些语法真正让数据操作从 Base R 的晦涩、难记、难用，到 tidyverse 的"一致""整洁"、好记、好用，甚至比 Python 的 pandas 还好用！为了最大限度地降低理解负担，本书特意选用中文的学生成绩数据作为演示数据，让读者只关心语法就好。另外，tidyverse 的这些数据操作，实际上已经在语法层面涵盖了日常 Excel 数据操作、SQL 数据库操作，活用 tidyverse 数据操作语法已经可以完成很多常见任务。

第 3 章，可视化与建模技术。可视化只介绍流行的可视化包 ggplot2，先从 ggplot2 的图层化绘图语法开始，依次介绍 ggplot2 的几大部件：数据、映射、几何对象、标度、统计变换、坐标系、位置调整、分面、主题、输出；接着介绍功能上的图形分类：类别比较图、数据关系图、数据分布图、时间序列图、局部整体图、地理空间图和动态交互图，对每一类图形分别选择其中有代表性的用实例加以演示。建模技术包括三项内容：（1）用 broom 包提取统计模型结果为整洁数据框，方便后续访问和使用；（2）modelr 包中一些有用的辅助建模函数；（3）批量建模技术，例如要对各地区的数据分别建立模型、提取模型结果，当然这可以用 for 循环实现，但这里采用更加优雅的分组嵌套以及 mutate+map_* 实现。

第 4 章，应用统计。R 语言是专业的统计分析软件，广泛应用于统计分析与计算领域。本章将从 4 个方面展开：（1）描述性统计，介绍适合描述不同数据的统计量、统计图、列联表；（2）参数估计，主要介绍点估计与区间估计，包括用 Bootstrap 法估计置信区间，以及常用的参数估计方法（最小二乘估计、最大似然估计）；（3）假设检验，介绍假设检验原理，基于理论的假设检验（以方差分析、卡方检验为例，并用整洁的 rstatix 包实现），以及基于重排的假设检验（以 t 检验为例，用 infer 包实现）；（4）回归分析，从线性回归原理、回归诊断，借助具体实例讲解多元线性回归的整个过程，并介绍广泛应用于机器学习的梯度下降法以及广义线性模型原理。

第 5 章，探索性数据分析。主要讨论三方面内容：（1）数据清洗，包括缺失值探索与处理、异常值识别与处理；（2）特征工程，包括特征缩放（标准化、归一化、行规范化、数据平滑）、特征变换（非线性特征、正态性变换、连续变量离散化）、基于 PCA 的特征降维；（3）探索变量间的关系，包括分类变量之间、分类变量与连续变量之间、连续变量之间的关系。

第 6 章，文档沟通，讨论如何进行可重复研究，用 R Markdown 家族生成各种文档，介绍 R markdown 的基本使用，R 与 Latex 交互编写期刊论文、PPT、图书、R 与 Git/GitHub 交互进行版本控制、用 R Shiny 轻松制作交互网络应用程序（Web App）以及开发和发布 R 包的工作流程。

附录部分是对正文内容的补充和扩展，分别介绍 R6 类面向对象编程、错误与调试、用 R

实现 Excel 中的 VLOOKUP 与透视表、非等连接与滚动连接、R 与网络爬虫、R 与高性能计算、R 机器学习框架——mlr3verse 和 tidymodels。

大家可以根据自己的需求选择阅读的侧重点，不过我还是希望你能够按照顺序完整地阅读，这样才能彻底地更新一遍你的 R 知识，避免将 Base R 与 tidyverse 混用，因为二者在编写 R 代码时不是一种思维，强行搭在一起反而效率低。

本书所用的软件

本书在编写时，使用当时最新的 R 语言版本 4.2.2 和 RStudio-2022.07.2-576，使用的 R 包主要是 tidyverse 1.3.2 系列。

本书的配套资源下载

本书的 R 程序均作为 R markdown 中的代码调试通过，所有示例的数据、R 程序、教学 PPT 都可以在异步社区官网、GitHub（https://github.com/zhjx19/introR）、码云（https://gitee.com/zhjx19/introR）下载。

致谢

感谢 Hadley 的《R 数据科学》（*R for Data Science*）一书让我实现了 tidy 方式的数据科学入门；感谢 Desi Quintans 和 Jeff Powell 的 *Working in the Tidyverse* 一书让我真正开始对用 tidyverse 操作数据产生兴趣。也正是这些启蒙和启发令本书得以诞生。

感谢我的爱人及岳父岳母，在家庭生活方面给予我诸多照顾，让我能安心地创作；特别感谢我远在河北老家的母亲和弟弟，在我无能为力的时候，照顾生病住院和在家养病的父亲，免去了我的后顾之忧。

感谢 Hadley 开发的 tidyverse 包让 R 语言用起来如有神助，感谢谢益辉开发的 rmarkdown/bookdown 帮助我高效地编写书稿，感谢黄湘云&叶飞整合的 ElegantBookdown 模板。

感谢知乎平台及知乎上的读者们，你们让本书有机会为广大的读者知晓。感谢 "tidy-R" "Use R！" "数据之美" QQ 群的群主和群里的很多朋友，大家一起学习 R 语言，一起解答问题，非常开心！也谢谢大家对我的支持以及对本书的期待，你们给了我写作的动力！谢谢群友们帮忙指出书中的错误，特别感谢好友楚新元、"随鸟走天涯""庄闪闪"等，对本书部分章节中的内容给予很好的建议和很大的帮助。感谢 "无安书" 等人在 "tidy-R" 群热心解答群友问题。

感谢胡俊英编辑通过知乎平台找到我，并全力促成了本书的出版，为本书的出版做了大量认真细致的工作。感谢在工作和生活中帮助过我的领导、同事、朋友们，感谢你们，正是因为有了你们，才有了本书的面世。

本书是在黑龙江省哲学社科项目青年项目：全面二孩政策对黑龙江省人口的影响及对策研究（项目号：17TJC134）资助下完成，在此一并表示感谢！

关于勘误

虽然花了很多时间和精力去核对书中的文字、代码和图片，但因为时间仓促和水平有限，本书仍难免会有一些错误和纰漏。如果大家发现问题或有什么疑问，恳请反馈给我，也非常欢迎大家与我探讨 R 语言编程相关的技术，相关信息可发到我的邮箱 zhjx_19@hrbcu.edu.cn，或者在本书的读者群 "tidy-R 语言 2" QQ 群（222427909）在线交流，也可以在我的知乎（知乎昵称"张敬信"）专栏相关文章下面评论或私信，我肯定会努力解答疑问或者指出一个正确的方向。

导　　语

开篇先来谈一谈，我所理解的编程之道。具体讨论怎么学习编程语言、R 语言与数据科学、R 语言编程思想，特别是向量化编程思维。

温馨提示

导语部分为了阐述需要，会涉及一些 R 语言代码，读者可以先忽略代码细节，只当它们是计算过程，把关注点放在所传达的编程思维上。

0.1　怎么学习编程语言

编程语言是人与计算机沟通的一种语言形式，根据设计好的编程元素和语法规则，严格规范地表达我们想要做的事情的每一步（程序代码），使计算机能够明白并正确执行，最终得到期望的结果。

编程语言和数学语言很像，数学语言是最适合表达科学理论的形式语言，用数学符号、数学定义和逻辑推理可以规范地表达科学理论。

很多人说："学数学，就是靠大量刷题；学编程，就是照着别人的代码敲代码"。

我不认可这种观点，这样的学习方法事倍功半，关键是这样做你学不会真正的数学，也学不会真正的编程！

那么应该怎么学习编程语言呢？

打个比方，要成为一个好的厨师，首先得熟悉各种常见食材的特点，掌握各种基本的烹饪方法，然后就能根据客人需要随意组合食材和烹饪方法制作出各种可口的大餐。

数学的食材就是**定义**，烹饪方法就是**逻辑推理**，一旦你真正掌握了**定义和逻辑推理**，各种基本的数学题都不在话下，而且你还学会了数学知识。

同理，编程的食材和烹饪方法就是**编程元素**和**语法规则**，例如数据结构（如容器）、分支/循环结构、自定义函数等。一旦你掌握了这些**编程元素**和**语法规则**，根据问题的需要，你就能自由组合并优化它们，从而写出代码解决问题。

学习任何一门编程语言，根据我的经验，有这么几点建议（步骤）。

（1）理解该编程语言的核心思想，比如 Python 面向对象，R 语言面向函数也面向对象。另外，高级编程语言还倡导向量化编程。读者应在核心思想的引领下学习编程语言并思考如何编写代码。

（2）学习该编程语言的基础知识，这些基础知识本质上是相通的，只是不同的编程语言有其对应的编程语法，相关的基础知识包括数据类型及数据结构（容器）、分支/循环结构、自定义函数、文件读写、可视化等。

（3）前两步完成之后，就算基本入门[①]了。读者可以根据需要，结合遇到的问题，借助网络搜索或他人的帮助，分析问题并解决问题，逐步提升编程技能，用得越多会得到越多，也越熟练。

以上是学习编程语言的正确、快速、有效的方法，切忌不学基础语法，用到什么就学什么，基于别人的代码乱改。这样的结果是，**自以为节省时间，实际上是浪费了更多的时间**，关键是始终无法入门，更谈不上将来提高。其中的道理也很简单，总是在别人的代码上乱改，是学不到真正的编程知识的，也很难真正地入门编程。当你完整地学习了编程语法，再去基于别人的代码进行修改，这实际上是在验证你所学的编程知识，那么你的编程水平自然也会逐步提高。

再来谈一个学编程过程中普遍存在的问题：如何跨越**"能看懂别人的代码"**到**"自己写代码"**之间的鸿沟。

绝大多数人在编程学习过程中，都要经历这样一个过程：

第 1 步：学习基本语法

第 2 步：能看懂并调试别人的代码

    ↓（"编程之门"）

第 3 步：自己编写代码

前两步没有任何难度，谁都可以做到。从第 2 步到第 3 步是一个"坎"，很多人困惑于此而无法真正进入"编程之门"。网上也有很多讲到如何跨越这一步的文章，但基本都是脱离实际操作的空谈（比如照着编写书上的代码之类），往往治标不治本（只能提升编程基本知识）。

我所倡导的理念也很简单，无非就是**"分解问题 + 实例梳理 + '翻译'及调试"**，具体如下：

- 将难以入手的大问题分解为可以逐步解决的小问题；
- 用计算机的思维去思考并解决每个小问题；
- 借助类比的简单实例和代码片段，梳理出详细的算法步骤；
- 将详细的算法步骤用编程语法逐片段地"翻译"成代码并调试通过。

高级编程语言的程序代码通常是逐片段调试的，借助简单的实例按照算法步骤从上一步的结果调试得到下一步的结果，依次向前推进直至到达最终的结果。另外，**写代码时，随时跟踪并关注每一步的执行结果，观察变量、数据的值是否到达你所期望的值，非常有必要！**

这是我用数学建模的思维得出的比较科学的操作步骤。为什么大家普遍感觉在自己写代码解决具体问题时有些无从下手呢？

这是因为你总想一步就从**问题**到**代码**，没有中间的过程，即使编程高手也做不到。当然，编程高手也许能缩减这个过程，但不能省略这个过程。其实你平时看编程书是被表象"欺骗"了：编程书上只介绍问题（或者简单分析问题）紧接着就提供代码，给人的感觉就是应该从问题直接到代码，其实不然。

改变从**问题**直接到**代码**的固化思维，可以参考前面说的步骤（分解问题+实例梳理+"翻译"及调试）去操作，每一步是不是都不难解决？这样一来，自然就从无从下手转变到能锻炼自己独立写代码了。

---

① 至少要经历过一种编程语言的入门，再学习其他编程语言就会快很多。

开始你或许只能通过写代码解决比较简单的问题，但是慢慢就会有成就感，再加上慢慢锻炼，写代码的能力会越来越强，能解决的问题也会越来越复杂。当然这一切的前提是，你已经真正掌握了基本编程语法，可以随意取用。当然二者也是相辅相成和共同促进的。

好，说清了这个道理，接下来用一个具体的小案例来演示一下。

例 0.1　计算并绘制 ROC 曲线

ROC 曲线是二分类机器学习模型的性能评价指标，已知测试集或验证集中每个样本的真实类别及其模型预测概率值，就可以计算并绘制 ROC 曲线。

先来梳理一下问题，ROC 曲线是在不同分类阈值上对比真正率（TPR）与假正率（FPR）的曲线。

分类阈值就是根据预测概率判定预测类别的阈值，要让该阈值从 0 到 1 以足够小的步长变化，对于每个阈值 c（如 0.85），则当预测概率≥0.85 时，判定为"Pos"；当预测概率＜0.85 时，判定为"Neg"。这样就得到了预测类别。

根据真实类别和预测类别，就能计算混淆矩阵，各单元格含义如图 0.1 所示。

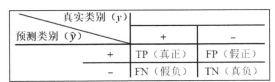

图 0.1　混淆矩阵示意图

进一步就可以计算：

$$TPR = \frac{TP}{TP+FN}, \ FPR = \frac{FP}{FP+TN}$$

有一个阈值，就能计算一组 *TPR* 和 *FPR*，循环迭代并计算所有的 *TPR* 和 *FPR*，且将相关数值进行保存。再以 *FPR* 为 *x* 轴，以 *TPR* 为 *y* 轴进行绘制，就可以得到 ROC 曲线。

在此，我们梳理一下经过分解后的问题。

- 让分类阈值以某步长在[1,0]上变化取值。
- 对某一个阈值：
  - ♦ 计算预测类别；
  - ♦ 计算混淆矩阵；
  - ♦ 计算 *TPR* 和 *FPR*。
- 循环迭代，计算所有阈值的 *TPR* 和 *FPR*。
- 根据 *TPR* 和 *FPR* 数据绘制 ROC 曲线。

下面以一个小数据为例，借助代码片段来推演上述过程。现在读者不用纠结于代码，更重要的是体会自己写代码并解决实际问题的过程。

```
library(tidyverse)
df = tibble(
  ID = 1:10,
  真实类别 = c("Pos","Pos","Pos","Neg","Pos","Neg","Neg","Neg","Pos","Neg"),
  预测概率 = c(0.95,0.86,0.69,0.65,0.59,0.52,0.39,0.28,0.15,0.06))
knitr::kable(df)
```

以上代码的运行结果如表 0.1 所示。

表 0.1 真实类别和预测概率

ID	真实类别	预测概率
1	Pos	0.95
2	Pos	0.86
3	Pos	0.69
4	Neg	0.65
5	Pos	0.59
6	Neg	0.52
7	Neg	0.39
8	Neg	0.28
9	Pos	0.15
10	Neg	0.06

先对某一个阈值，计算对应的 *TPR* 和 *FPR*，这里以 $c = 0.85$ 为例。

计算预测类别，实际上就是 if-else 语句根据条件赋值，当然是用整洁的 tidyverse 来做。顺便多做一件事情：把类别变量转化为因子型，以保证"Pos"和"Neg"的正确顺序，与混淆矩阵中一致。

```
c = 0.85
df1 = df %>%
  mutate(
    预测类别 = ifelse(预测概率 >= c, "Pos", "Neg"),
    预测类别 = factor(预测类别, levels = c("Pos", "Neg")),
    真实类别 = factor(真实类别, levels = c("Pos", "Neg")))
knitr::kable(df1)
```

上述代码的运行结果如表 0.2 所示。

表 0.2 真实类别、预测概率和预测类别

ID	真实类别	预测概率	预测类别
1	Pos	0.95	Pos
2	Pos	0.86	Pos
3	Pos	0.69	Neg
4	Neg	0.65	Neg
5	Pos	0.59	Neg
6	Neg	0.52	Neg
7	Neg	0.39	Neg
8	Neg	0.28	Neg
9	Pos	0.15	Neg
10	Neg	0.06	Neg

计算混淆矩阵，实际上就是统计交叉频数（例如真实值为"Pos"且预测值也为"Pos"的情况有多少，等等）。用 R 自带的 table() 函数就能搞定：

```
cm = table(df1$预测类别, df1$真实类别)
cm

##
##      Pos Neg
##  Pos   2   0
##  Neg   3   5
```

计算 *TPR* 和 *FPR* 比较简单，根据计算公式，从混淆矩阵中取值进行计算即可。这里咱们再高级一点，用向量化编程来实现。向量化编程是对一列矩阵中的数同时做同样的操作，既提升程序效率又大大简化代码。

向量化编程关键是要用整体考量的思维来思考和表示运算。比如这里计算 *TPR* 和 *FPR*，通过观察可以发现：混淆矩阵的第 1 行的各个元素，都除以其所在列的和，正好是 *TPR* 和 *FPR*。

```
cm["Pos",] / colSums(cm)

## Pos Neg
## 0.4 0.0
```

这就完成了本问题的核心部分。接下来，要进行循环迭代，对每个阈值都计算一遍 *TPR* 和 *FPR*。用 for 循环当然可以，但咱们仍然更高级一点，使用泛函式编程。

先把上述计算封装成一个**自定义函数**，该函数只要接收一个原始的数据框 df 和一个阈值 c，就能返回来你想要的 *TPR* 和 *FPR*。然后，再把该函数应用到数据框 df 和一系列的阈值上，循环迭代自然就完成了。这就是**泛函式编程**。

```
cal_ROC = function(df, c) {
  df = df %>%
  mutate(
    预测类别 = ifelse(预测概率 >= c, "Pos", "Neg"),
    预测类别 = factor(预测类别, levels = c("Pos", "Neg")),
    真实类别 = factor(真实类别, levels = c("Pos", "Neg")))
  cm = table(df$预测类别, df$真实类别)
  t = cm["Pos",] / colSums(cm)
  list(TPR = t[[1]], FPR = t[[2]])
}
```

测试一下这个自定义函数，能不能算出来刚才的结果：

```
cal_ROC(df, 0.85)

## $TPR
## [1] 0.4
##
## $FPR
## [1] 0
```

没问题，下面将该函数应用到一系列阈值上（循环迭代），并一步到位将每次计算的两个结果按行合并到一起，这就彻底完成了数据计算：

```
c = seq(1, 0, -0.02)
rocs = map_dfr(c, cal_ROC, df = df)
head(rocs)          # 查看前 6 个结果

## # A tibble: 6 x 2
##     TPR    FPR
##   <dbl>  <dbl>
## 1     0      0
## 2     0      0
## 3     0      0
## 4   0.2      0
## 5   0.2      0
## 6   0.2      0
```

最后，用著名的 ggplot2 包绘制 **ROC** 曲线图形，如图 0.2 所示：

```
rocs %>%
  ggplot(aes(FPR, TPR)) +
  geom_line(size = 2, color = "steelblue") +
  geom_point(shape = "diamond", size = 4, color = "red") +
  theme_bw()
```

以上就是我所主张的学习编程的正确方法，我认为**照着别人的编程书敲代码**不是学习编程的好方法。

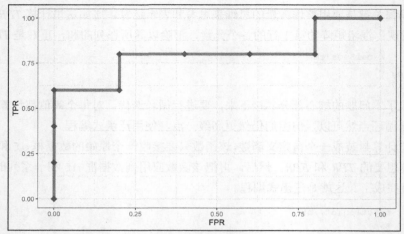

图 0.2　绘制 ROC 曲线

0.2　R 语言与数据科学

0.2.1　什么是数据科学

　　数据科学是综合了统计学、计算机科学和领域知识的交叉学科，其基本内容就是用数据的方法研究科学，用科学的方法研究数据。数据科学与当前热门的人工智能、数据挖掘、机器学习、深度学习、大数据之间的关系，如图 0.3 所示。

　　Hadley Wickham 定义了数据科学的工作流程，如图 0.4 所示，即数据导入、数据清洗、数据变换、数据可视化、数据建模以及文档沟通，整个分析和探索过程，我们应当训练这样的数据思维。

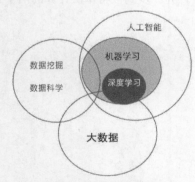

图 0.3　数据科学的位置

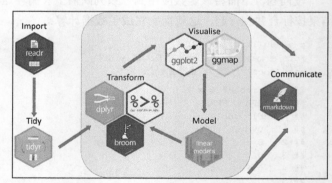

图 0.4　数据科学的工作流程

0.2.2　什么是 R 语言

　　1992 年，新西兰奥克兰大学统计学教授 Ross Ihaka 和 Robert Gentleman，为了便于给学生教授统计学课程，设计并开发了 R 语言（他们名字的首字母都是 R）。

- R 语言发展过程中的重要事件：
  ♦ 2000 年，R 1.0.0 发布；
  ♦ 2005 年，ggplot2 包（2018.8—2019.8 下载量超过 1.3 亿次）；

- ◆ 2016 年，Rstudio 公司推出 `tidyverse` 包（数据科学当前最新 R 包）；
- ◆ 2022 年，R 4.1.2 发布，目前 CRAN 上的 R 包数量为 18985，近两年增速明显加快。

TIOBE 是世界级的编程语言排行榜，能够反映编程语言的火热程度。这几年 Python 排名一路飙升，甚至冲到了第一。R 语言属于统计分析语言，近年一直在 10 至 20 名之间徘徊，曾经短暂地冲到过第 8 名（2020 年 8 月）。2022 年 12 月，排名第 11 位，如图 0.5 所示。

Dec 2022	Dec 2021	Change		Programming Language	Ratings	Change
1	1			Python	16.66%	+3.76%
2	**2**			**C**	**16.56%**	**+4.77%**
3	4	^		C++	11.94%	+4.21%
4	3	v		Java	11.82%	+1.70%
5	5			C#	4.92%	-1.48%
6	6			Visual Basic	3.94%	-1.46%
7	7			JavaScript	3.19%	+0.90%
8	9	^		SQL	2.22%	+0.43%
9	8	v		Assembly language	1.87%	-0.38%
10	12	^		PHP	1.62%	+0.12%
11	11			R	1.25%	-0.34%

图 0.5　TIOBE 最新编程语言排名

IEEE Spectrum 发布的 2021 年度编程语言排行榜，从涵盖社交网站、开源代码网站和求职网站的 8 个信息源：CareerBuilder、GitHub、Google、Hacker News、IEEE、Reddit、Stack Overflow 和 Twitter，按照 11 个指标收集数据，最终得到了数十种编程语言流行度的整体排名，如图 0.6 所示。

Rank	Language	Type	Score
1	Python∨	⊕ 🖵 ◉	100.0
2	Java∨	⊕ ▯ 🖵	95.4
3	C∨	▯ 🖵 ◉	94.7
4	C++∨	▯ 🖵 ◉	92.4
5	JavaScript∨	⊕	88.1
6	C#∨	⊕ ▯ 🖵 ◉	82.4
7	R∨	🖵	81.7
8	Go∨	⊕ 🖵	77.7
9	HTML∨	⊕	75.4
10	Swift∨	▯ 🖵	70.4

图 0.6　IEEE Spectrum 2021 年度编程语言排行榜

2019 年权威机构 KDnuggets 做过调研，调研结果显示数据科学领域最受欢迎的编程语言包括 Python 和 R：

- Python 更全能，适合将来做程序员或在企业工作；
- R 语言更侧重数据统计分析，适合将来做科研学术。

R 语言是用于统计分析、图形表示和报告的编程语言：

- R 语言是统计学家开发的，为统计计算、数据分析和可视化而设计；
- R 语言适合做数据处理和数据建模（数据预处理、数据探索性分析、识别数据隐含的模式、数据可视化）。

R 语言的优势如下：

- 免费且开源，软件体量小，可以根据需要安装扩展包，兼容各种常见操作系统，有强大且活跃的社区；
- 专门为统计和数据分析开发的语言，有丰富的扩展包；
- 拥有顶尖水准的制图功能；
- 面向对象和函数，比 Python 简单易学。
- 在热门的机器学习领域，有足以媲美 Python 的 sklearn 机器学习库的 R 机器学习包 mlr3verse 或 tidymodels（参见附录 F）。

0.2.3　改变了 R 的人

Hadley Wickham 博士是为统计应用领域做出过突出贡献的统计学家，被称为改变了 R 的人，图 0.7 所示的是著名的 R 语言专家——Hadley Wickham。

图 0.7　R 语言专家——Hadley Wickham

2019 年，在国际统计学年会上，Hadley 被授予 COPSS 奖，该奖项是国际统计学领域的最高奖项，被誉为"统计学界的诺贝尔奖"。他现在是 Rstudio 首席科学家，同时也是奥克兰大学、斯坦福大学和赖斯大学的统计系兼职教授。为了使数据科学更简洁、高效、有趣，他编写了大量知名的 R 包，主要包括下面这些。

- 数据科学相关的包 tidyverse
  - ♦ ggplot2 用于数据可视化。

- ◆ dplyr 用于数据操作。
- ◆ tidyr 用于数据清洗。
- ◆ stringr 用于处理字符串。
- ◆ lubridate 用于处理日期时间。
- 数据导入相关的包
  - ◆ readr 用于读入.csv/fwf 文件。
  - ◆ readxl 用于读入.xls/.xlsx 文件。
  - ◆ haven 用于读入 SAS/SPSS/Stata 文件。
  - ◆ httr 用于与 Web 交互的 APIs。
  - ◆ rvest 用于网页爬虫。
  - ◆ xml2 用于读入 XML 文件。
- R 开发工具
  - ◆ devtools 用于开发 R 包。
  - ◆ roxygen2 用于生成内联（in-line）文档。
  - ◆ testthat 用于单元测试。
  - ◆ pkgdown 用于创建美观的包网页。

Hadley 还出版过一系列图书，包括：

- 《R 数据科学》（*R for Data Science*）介绍用 R 做数据科学的关键工具。
- 《ggplot2：数据分析与图形艺术》（*ggplot2: Elegant Graphics for Data Analysis*）展示如何使用 ggplot2 创建有助于理解数据的图形。
- 《高级 R 语言编程指南》（*Advanced R*）帮助你掌握 R 语言，以及使用 R 语言的深层技巧。
- 《R 包开发》（*R Packages*）讲授良好的 R 软件项目实践，科学地创建 R 包：打包文件、生成文档、测试代码。

0.3　R 语言编程思想

0.3.1　面向对象

R 语言是一种基于对象的编程语言，即在定义类的基础上，创建与操作对象，而数值向量、函数、图形等都是对象。Python 的**一切皆为对象**也适用于 R 语言。

```
a = 1L
class(a)

## [1] "integer"
b = 1:10
class(b)

## [1] "integer"
f = function(x) x + 1
class(f)

## [1] "function"
```

早期的 R 语言和底层 R 语言中的面向对象编程是通过泛型函数来实现的，以 S3 类、S4 类为代表。新出现的 R6 类更适合用来实现通常所说的面向对象编程，包括类、属性、方法、继承、多态等概念。

面向对象的内容是 R 语言编程的高级内容，本书不做具体展开，只在附录中提供一个用 R6 类面向对象编程的简单示例。

0.3.2 面向函数

笼统地来说，R 语言的主要工作就是对数据应用操作。这个操作就是函数，包括 R 语言自带的函数，各种扩展包里的函数以及自定义的函数。

所以，使用 R 语言的大部分时间都是在与函数打交道，学会了使用函数，R 语言也就学会了一半，很多人说 R 简单易学，也是因此。

代码中的函数是用来实现某个功能。很多时候，我们使用 R 语言自带的或来自其他包中的现成函数就够了。

那么，如何找到并使用现成函数解决自己想要解决的问题？比如想做线性回归，通过查资料知道是用 R 语言自带的 lm() 函数实现。那么先通过以下命令打开该函数的帮助，如图 0.8 所示：

```
?lm
```

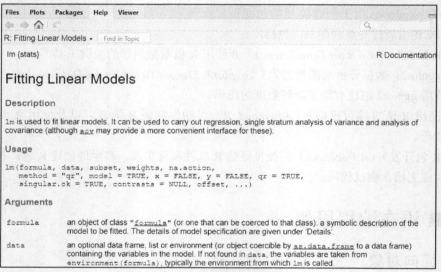

图 0.8 R 函数的帮助页面

执行"?函数名"（若函数来自扩展包需要事先加载包），在 Rstudio 右下角窗口打开函数帮助界面，一般至少包括如下内容：

- 函数描述（Description）；
- 函数语法格式（Usage）；
- 函数参数说明（Arguments）；
- 函数返回值（Value）；
- 函数示例（Examples）。

先阅读函数描述、参数说明、返回值，再调试示例，我们就能快速掌握该函数的使用方法。

函数包含很多参数，常用参数往往只是前几个。比如 lm() 的常用参数如下所示。

- formula：设置线性回归公式形式"因变量~自变量+自变量"。

- `data`: 提供数据（框）。

接下来使用自带的 `mtcars` 数据集演示，按照函数参数要求的对象类型提供实参：

```
head(mtcars)
##                    mpg cyl disp  hp drat    wt  qsec vs am gear carb
## Mazda RX4         21.0   6  160 110 3.90 2.620 16.46  0  1    4    4
## Mazda RX4 Wag     21.0   6  160 110 3.90 2.875 17.02  0  1    4    4
## Datsun 710        22.8   4  108  93 3.85 2.320 18.61  1  1    4    1
## Hornet 4 Drive    21.4   6  258 110 3.08 3.215 19.44  1  0    3    1
## Hornet Sportabout 18.7   8  360 175 3.15 3.440 17.02  0  0    3    2
## Valiant           18.1   6  225 105 2.76 3.460 20.22  1  0    3    1
```

```
model = lm(mpg ~ disp, data = mtcars)
summary(model)          # 查看回归汇总结果
##
## Call:
## lm(formula = mpg ~ disp, data = mtcars)
##
## Residuals:
##     Min      1Q  Median      3Q     Max
## -4.8922 -2.2022 -0.9631  1.6272  7.2305
##
## Coefficients:
##              Estimate Std. Error t value Pr(>|t|)
## (Intercept) 29.599855   1.229720  24.070  < 2e-16 ***
## disp        -0.041215   0.004712  -8.747 9.38e-10 ***
## ---
## Signif. codes:  0 '***' 0.001 '**' 0.01 '*' 0.05 '.' 0.1 ' ' 1
##
## Residual standard error: 3.251 on 30 degrees of freedom
## Multiple R-squared:  0.7183, Adjusted R-squared:  0.709
## F-statistic: 76.51 on 1 and 30 DF,  p-value: 9.38e-10
```

所有的 R 函数，即使是陌生的，也都可以这样来使用。

编程中一种重要的思维就是**函数式思维**，包括自定义函数（把解决某问题的过程封装成函数）和泛函式编程（把函数依次应用到一系列的对象上）。

如果找不到现成的函数解决自己的问题，那就需要自定义函数，R 自定义函数的基本语法如下：

```
函数名 = function(输入1, ..., 输入n) {
  ...
  return(输出)          # 若有多个输出，需要打包成一个 list
}
```

比如，想要计算很多圆的面积，就有必要把如何计算一个圆的面积定义成函数，需要输入半径，才能计算圆的面积：

```
AreaCircle = function(r) {
  S = pi * r * r
  return(S)
}
```

有了函数之后，再计算圆的面积，你只需要把输入给函数，它就能在内部进行相应处理，把你想要的输出结果返回给你。如果想批量计算圆的面积，按泛函式编程思维，只需要将该函数依次应用到一系列的半径上即可。

比如计算半径为 5 的圆的面积和批量计算半径为 2、4 和 7 的圆的面积，代码如下所示：

```
AreaCircle(5)
## [1] 78.53982
```

```
rs = c(2,4,7)
map_dbl(rs, AreaCircle)          # purrr 包
## [1]  12.56637  50.26548 153.93804
```

定义函数就好比创造一个模具，调用函数就好比用模具批量生成产品。使用函数最大的好处就是将某个功能封装成模具，从而可以反复使用。这就避免了写大量重复的代码，程序的可读性也大大加强。

0.3.3　向量化编程

高级编程语言提倡向量化编程[1]，说白了就是对一列数据、矩阵或多维数组中的数据同时做同样的操作，既提升程序效率又大大简化代码。

向量化编程关键是要用整体考量的思维来思考和表示运算，这需要用到线性代数的知识，其实我觉得线性代数最有用的知识就是用向量、矩阵表示运算。

比如考虑 n 元一次线性方程组：

$$\begin{cases} a_{11}x_1 + a_{12}x_2 + \cdots + a_{1n}x_n = b_1 \\ a_{21}x_1 + a_{22}x_2 + \cdots + a_{2n}x_n = b_2 \\ \qquad\cdots\cdots \qquad\qquad \cdots\cdots \\ a_{m1}x_1 + a_{m2}x_2 + \cdots + a_{mn}x_n = b_m \end{cases}$$

若从整体的角度来考量，可以引入矩阵和向量：

$$A = \begin{bmatrix} a_{11} & a_{12} & \cdots & a_{1n} \\ a_{21} & a_{22} & \cdots & a_{2n} \\ \vdots & \vdots & \ddots & \vdots \\ a_{m1} & a_{m2} & \cdots & a_{mn} \end{bmatrix}, \, x = \begin{bmatrix} x_1 \\ x_2 \\ \vdots \\ x_n \end{bmatrix}, \, b = \begin{bmatrix} b_1 \\ b_2 \\ \vdots \\ b_m \end{bmatrix}$$

前面的 n 元一次线性方程组，可以向量化表示为：

$$Ax = b$$

可见，向量化表示大大简化了表达式。这放在编程中，就相当于本来用两层 for 循环才能表示的代码，简化为短短一行代码。

向量化编程其实并不难，关键是要转变思维方式：很多人学完 C 语言的"后遗症"，就是首先想到的总是使用 for 循环。想摆脱这种思维，可以调动头脑里的线性代数知识，尝试用向量、矩阵表示，长此以往，向量化编程思维就有了。

下面以计算决策树算法中的样本经验熵为例来演示向量化编程。

对于分类变量 D，$\dfrac{|D_k|}{|D|}$ 表示第 k 类数据所占的比例，则 D 的样本经验熵为：

$$H(D) = -\sum_{k=1}^{K} \frac{|D_k|}{|D|} \ln \frac{|D_k|}{|D|}$$

其中，$|\cdot|$ 表示集合包含的元素个数。

在实际需求中，我们经常遇到要把数学式子变成代码，与前文所谈到的一样，首先你要看懂式子，用简单实例逐代码片段调试就能解决。

以著名的"西瓜书"（《机器学习》）中的西瓜分类数据中的因变量"好瓜"为例，表示是否为好瓜，取值为"是"和"否"：

```
y = c(rep("是", 8), rep("否", 9))
y
```

---

[1] 向量化编程中的向量，泛指向量、矩阵、多维数组。

```
##  [1] "是" "是" "是" "是" "是" "是" "是" "是" "否" "否" "否" "否" "否"
## [14] "否" "否" "否" "否"
```

则 D 分为两类：D_1 为好瓜类，D_2 为坏瓜类。

从内到外先要计算 $|D_k|/|D|, k = 1, 2$，用向量化的思维同时计算，就是统计各分类的样本数，再除以总样本数：

```
table(y)                    # 计算各分类的频数，得到向量

## y
## 否 是
##  9  8

p = table(y) / length(y)    # 向量除以标量
p

## y
##        否        是
## 0.5294118 0.4705882
```

继续代入公式计算，谨记 R 自带的函数天然就接受向量做输入参数：

```
log(p)                      # 向量取对数

## y
##         否         是
## -0.6359888 -0.7537718

p * log(p)                  # 向量乘以向量，对应元素做乘法

## y
##         否         是
## -0.3366999 -0.3547161

- sum(p * log(p))           # 向量求和

## [1] 0.6914161
```

看着挺复杂的公式用向量化编程之后，核心代码只有两行：计算 p 和最后一行。这个实例虽然简单，但基本涉及所有常用的向量化操作：

- 向量与标量做运算；
- 向量与向量做四则运算；
- 把函数作用到向量。

拓展学习

读者如果想进一步了解 R 语言基础知识，建议大家阅读王敏杰编写的《数据科学中的 R 语言》。

读者如果想进一步了解 R6 面向对象，建议大家阅读 Hadley 编写的 *Advance R* 的第 14 章。

资源与支持

本书由异步社区出品，社区（https://www.epubit.com）为您提供相关资源和后续服务。

配套资源

本书提供配套资源（源代码＋配套数据＋配套课件），要获得以上配套资源，请在异步社区本书页面中单击 **配套资源** ，跳转到下载界面，按提示进行操作即可。注意：为保证购书读者的权益，该操作会给出相关提示，要求输入提取码进行验证。

勘误

作者和编辑尽最大努力来确保书中内容的准确性，但难免会存在疏漏。欢迎您将发现的问题反馈给我们，帮助我们提升图书的质量。

若读者发现错误，请登录异步社区，按书名搜索，进入本书页面，单击"提交勘误"，输入勘误信息，单击"提交"按钮即可。本书的作者和编辑会对读者所提交的勘误进行审核，确认并接受后，将赠予读者异步社区的 100 积分（积分可用于在异步社区兑换优惠券、样书或奖品）。

扫码关注本书

扫描下方二维码，读者会在异步社区微信服务号中看到本书信息及相关的服务提示。

与我们联系

我们的联系邮箱是 contact@epubit.com.cn。

如果读者对本书有任何疑问或建议，请发邮件给我们，并请在邮件标题中注明本书书名，以便我们更高效地做出反馈。

如果读者有兴趣出版图书、录制教学视频，或者参与图书翻译、技术审校等工作，可以发邮件给我们；有意出版图书的作者也可以到异步社区在线投稿（直接访问 www.epubit.com/selfpublish/submission 即可）。

如果读者来自学校、培训机构或企业，想批量购买本书或异步社区出版的其他图书，也可以发邮件给我们。

如果读者在网上发现有针对异步社区出品图书的各种形式的盗版行为，包括对图书全部或部分内容的非授权传播，请将怀疑有侵权行为的链接发邮件给我们。这一举动是对作者权益的保护，也是我们持续为广大读者提供有价值的内容的动力之源。

关于异步社区和异步图书

"异步社区"是人民邮电出版社旗下 IT 专业图书社区，致力于出版精品 IT 图书和相关学习产品，为作译者提供优质出版服务。异步社区创办于 2015 年 8 月，提供大量精品 IT 图书和电子书，以及高品质技术文章和视频课程。更多详情请访问异步社区官网 https://www.epubit.com。

"异步图书"是由异步社区编辑团队策划出版的精品 IT 专业图书的品牌，依托于人民邮电出版社近 40 年的计算机图书出版积累和专业编辑团队，相关图书在封面上印有异步图书的LOGO。异步图书的出版领域包括软件开发、大数据、人工智能、测试、前端、网络技术等。

异步社区

微信服务号

目　录

1 基础语法

本章介绍 R 语言基本语法，也是与其他编程语言相通的部分，包括搭建 R 环境、常用数据类型（数据结构）、控制结构（分支、循环）、自定义函数。

本章的目的是让读者打好 R 语言基本语法的基础，训练**函数式编程思维**。**基本语法**是**编程元素**和**语法规则**，所有程序都是用它们组合出来的。**函数式编程**是训练**数据思维**的基础。**函数式编程和数据思维**是 R 语言编程的核心思维，这些也是学习本书和学习 R 语言的关键所在。

1.1 搭建 R 环境及常用操作

1.1.1 搭建 R 环境

打开 R 语言原生官网速度较慢，建议直接到 R 镜像站，目前国内有 11 个镜像站，我最近常用的是北京外国语大学的镜像站，其网址为：

https://mirrors.bfsu.edu.cn/CRAN/

读者可以根据自己的操作系统，下载相应的 R 语言版本即可（本书采用的是 R-4.2.2）。在 Windows 系统安装 R 时，可根据系统选择 32 位或 64 位版本，建议取消勾选 Message Translations。

> 建议安装在 D 盘，不要有中文路径，且路径名称不要有空格。
> 切记：若 Windows 系统用户名为中文，要先改成英文！
> 注意，最好保证计算机里有且只有一个版本的 R，否则 RStudio 不会自动关联 R，需要手动关联到其中一个 R 版本。

安装完成后，打开 R，界面如图 1.1 所示。

1. 安装 RStudio

不要直接使用 R，建议使用更好用的 R 语言集成开发环境 Rstudio。

下载并安装（或直接下载 zip 版解压）RStudio 之后，RStudio 将自动关联已安装的 R。打开 RStudio，操作界面各窗格及功能简介如图 1.2 所示。

2. 一些必要的设置

- 切换安装扩展包的国内镜像源（任选其一），操作界面如图 1.3 所示。

Tools -> Global Options… -> Options -> Packages，单击 Change 可修改镜像源，比如本书使用了北京外国语大学镜像源（Beijing Foreign Studies University）。

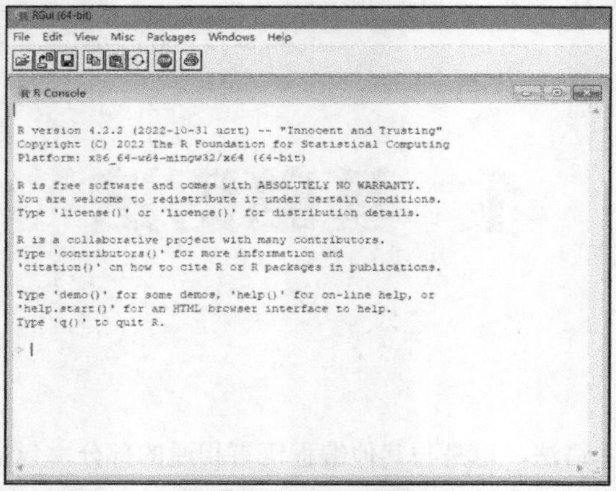

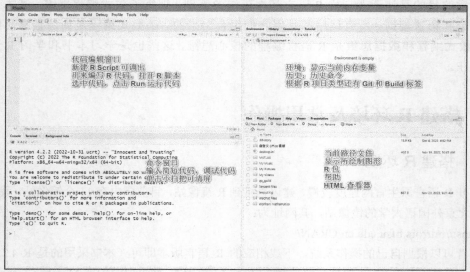

图 1.1 R 4.2.2 软件界面

图 1.2 RStudio 操作界面

图 1.3 为 RStudio 设置国内镜像源

- 设置保存文件的默认编码方式为 UTF-8，操作界面如图 1.4 所示。

图 1.4　R Studio 设置 code 编码

Tools -> Global Options… -> code -> Saving，在 Default text encoding 框，单击 change，将相关设置修改为 UTF-8。

这样保存出来的各种 R 文件，都将采用 UTF-8 编码，这能够尽量避免含有中文字符的文件在其他计算机上打开显示乱码。

建议顺便再勾选 Code -> Display 下的 Rainbow parentheses 选项，这样代码中的配对括号将用不同颜色匹配。

另外，还建议在 General -> Workspace 菜单下取消勾选 "Restore .RData into workspace at startup"，并将其下的 "save workspace to .RData on exit:" 改为 "Never."，这可以避免每次打开 RStudio 都加载之前的内存数据。

1.1.2　常用操作

1. 安装包

扩展包（package），简称包。通常 R 包都来自 CRAN，R 包的审核比较严格，包的质量相对更有保障。建议使用命令安装 R 包，以下命令用于安装 openxlsx 包：

```
install.packages("openxlsx")
```

openxlsx 为包名，必须要加引号（在 R 中，单双引号可通用）。

有些包不能自动安装，可以手动从网上搜索并下载 .zip 或 .tar.gz 文件到本地，再手动安装（不建议手动安装），手动安装可依次单击 Tools -> Install Packages，修改 Install from，然后浏览安装，如图 1.5 所示。

手动安装包经常容易安装失败，通常是因为没有先安装该包的依赖包，故需要去包的网页查询其依赖包。若确定未安装对应的依赖包，则需要先安装它们。因为这往往又涉及依赖包的依赖包，所以最好不要手动安装包。另外，建议大家尽量用最新版本的 R。

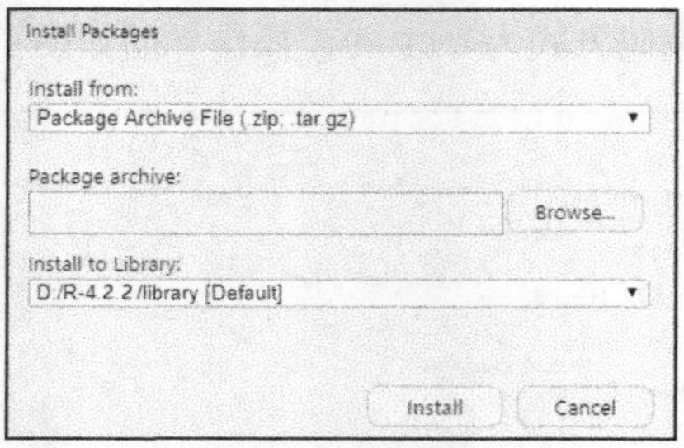

图 1.5　手动安装 R 包

　　GitHub 也是 R 包的重要来源，有些作者自己开发的 R 包只放在 GitHub，也有很多 CRAN R 包的最新开发版位于 GitHub，大家可以先安装 devtools 或 remotes 包，再通过 install_github() 安装 GitHub 来源的包：

```
devtools::install_github("tidyverse/dplyr")   # 或者
remotes::install_github("tidyverse/dplyr")
```

在以上命令中，::的前面是包名，这是不单独加载包而使用包中函数的写法。
tidyverse 是 GitHub 用户名，dplyr 为该用户的名为 dplyr 的 repository（仓库），也是包名。
此外，通过"包名::"前缀可以访问包的内部函数。注意，不是所有的仓库都是 R 包（含有 DESCRIPTION 文件是 R 包的标志）。

　　若因为网络等因素，导致直接从 GitHub 安装包失败，也可以将整个包文件夹从网页下载下来，解压缩到当前路径（或提供完整路径），再从本地安装：

```
install.packages("dplyr-master", repos=NULL, type="source")
```

　　另外，在 R 中生物信息领域自成一派，有专门的包，可以从 bioconductor 网站获取：

　　我们需要先安装 BiocManager 包，再用 install() 函数安装 bioconductor 来源的包：

```
BiocManager::install("openxlsx")
```

实用场景：R 包默认安装在 ../R-4.x.x/library 路径下。
你在自己的计算机上搭建好 R 语言环境，并安装好了很多常用包，然后又想到一台没有 R 环境、没有联网的计算机上复现代码。
具体方法：你只需要在那台计算机上安装相同版本的 R 软件，并安装到相同路径下，将新的 library 文件夹完全替换为自己计算机里的 library 文件夹即可[1]，这样运行起 R 代码跟自己计算机的效果没有任何区别。

2．加载包

```
library(openxlsx)
```

3．更新包

```
update.packages("openxlsx")
update.packages()                    # 更新所有包
```

4．删除包

```
remove.packages("openxlsx")
```

---

[1] 可以用添加压缩包再解压的方式，这样速度能快一些。

5. 获取或设置当前路径

```
getwd()
setwd("D:/R-4.2.2/tests")
```

特别注意：路径中的"\"必须用"/"或"\\"代替。

提示：关于更新 R 版本和更新包，笔者一般是紧跟最新 R 版本，顺便重新安装一遍所有包。为了省事，笔者是将所有自己常用包的安装命令（install.package("...")）都放在一个 R 脚本中，并选择国内镜像，再全部运行即可。

6. 赋值

R 标准语法中赋值不是用 =，而是 <- 或 ->，代码如下：

```
x <- 1:10
x + 2
## [1]  3  4  5  6  7  8  9 10 11 12
```

R 也允许用"="赋值，建议用更现代和简洁的"="赋值。

在 R 中，为一行代码添加注释语句用 #。

7. 基本运算

- 数学运算
  - ♦ + - * /、^(求幂)、%%（按模求余[①]）、%/%（整除）。
- 比较运算
  - ♦ >、<、>=、<=、==、!= ;
  - ♦ identical(x,y)——判断两个对象是否严格相等；
  - ♦ all.equal(x,y) 或 dplyr::near(x,y)——判断两个浮点数是否近似相等（误差为 1.5e-8）。

```
0L == 0
## [1] TRUE
identical(0L, 0)
## [1] FALSE
sqrt(2)^2 == 2
## [1] FALSE
identical(sqrt(2)^2, 2)
## [1] FALSE
all.equal(sqrt(2)^2, 2)
## [1] TRUE
dplyr::near(sqrt(2)^2, 2)
## [1] TRUE
```

- 逻辑运算
  - ♦ |（或）、&（与）、!（非）、xor()（异或）

&&和||是短路运算，即遇到 TRUE(FALSE)则返回 TRUE(FALSE)而不继续往下计算；而&和|是向量运算符，对向量中所有元素分别进行运算。

---

① 可以对小数按模求余，例如 5.4 %% 2.3 结果为 0.8。

8．基本数据类型

- R 的基本数据类型
  - ◆ numeric——数值型，又分为 integer（整数型）和 double（浮点型）；
  - ◆ logical——逻辑型，只有 TRUE 和 FALSE，或 T 和 F；
  - ◆ character——字符型，引号①括起来的若干字符。
- R 中用 NA 表示缺失值，NULL 表示空值，NaN 表示非数，Inf 表示无穷大。
- 对于 R 中的大多数函数，NA 具有"传染性"，即 NA 参与的运算，结果会变成 NA。R 自带的很多函数都提供 na.rm 参数设置，以便于设定计算时是否忽略缺失值。
  - ◆ 特别要注意：判断 x 是否为 NA，不是用 x==NA，而是用 is.na(x)。
- 可用函数 class(x) / typeof(x) / mode(x) 查看对象 x 的类型。
  - ◆ 在展现数据的细节方面，mode() 性能最弱，class() 性能一般，typeof() 性能最强。
  - ◆ str(x) 可以显示对象 x 的结构。

9．保存和载入数据

```
save(x, file = "data/dat.Rda")
load("data/dat.Rda")
```

关于相对路径与绝对路径

编程中的文件路径，可以用绝对路径也可以用相对路径。

绝对路径是从盘符开始的完整路径，比如 E:/R 语言/data/a123.csv。

相对路径是相对于当前路径的路径，因为通常操作的文件都是在当前路径，那么"从盘符到当前路径"这部分是大家所共有的，所以可以省略不写，只写从当前路径再往下的路径即可。比如，当前文件夹 E:/R 语言中有 data 文件夹，里面有数据文件 a123.csv，要想访问到它的路径，只需写 data/a123.csv。

10．清屏和清除内存变量

按"Ctrl + L"组合键或单击命令窗口右上角的"小刷子"图标可对命令窗口清屏。

若要清除当前变量，使用以下命令：

```
rm(x)                        # 清除变量 x
rm(list = ls(all = TRUE))    # 清除所有当前变量
```

注意：单击 Environment 窗口的"小刷子"图标也可以清除所有当前变量。

11．获取帮助

学习编程语言最好的资料就是**帮助**。

- 函数帮助

命令窗口执行：

```
?plot
```

则在 help 窗口打开 plot() 函数的帮助：包括函数来自哪个包、函数的描述、参数说明、更多解释、实例等。

- 在线帮助（需联网）

---

① 在 R 中，单双引号通用。

若想根据某算法的名字或关键词，搜索哪个包能实现该算法：

```
RSiteSearch("network")
```

- 其他主要网络资源

R 官方镜像站（例如本书作者所使用的就是北京外国语大学的镜像站 https://mirrors.bfsu. edu.cn/CRAN/），镜像站下的各种资源，建议读者去详细了解。比如，常用的是包的帮助文档：在镜像站，单击左侧的 Packages，再单击 "sort by name"，则出现所有可用的 CRAN 包列表。单击某个包名，则进入该包的介绍页，比如 tidyverse 包的官方介绍页如图 1.6 所示。

Reference manual 是参考手册，包含该包所有函数和自带数据集的说明，供查阅使用；Vignettes 是包的作者写的使用文档，它是该包的最佳学习资料。

在使用 R 语言的过程中遇到各种问题，建议将报错信息设置为英文：Sys.setenv(LANGUAGE = "en")，建议用 bing 国际版搜索报错信息，更容易找到答案。另外，GitHub 是丰富的程序代码仓库，在 bing 搜索时，加上 GitHub 关键词，可能有意想不到的收获。

其他开放的 R 社区如下：

- Stack overflow；
- R-Bloggers；
- Tidyverse；
- Rstudio；
- 统计之都。

---

12. R Script 与 R Project

R 脚本是单个可执行的 R 代码文件，后缀名为 .R，单击 New File 按钮，选择 R Script，或使用快捷键（Ctrl + Shift + N），可以新建 R 脚本。

R 脚本中都是可执行的 R 代码和注释，选中部分代码，单击 Run 按钮即可运行选中的代码。

R 项目（Project）是完成某个项目或任务的一系列文件的合集（文件夹），包括数据文件、若干 R 脚本及其他附件，还包含一个 *.Rproj 文件；

强烈建议读者使用 R 项目和相对路径，这样能系统地管理服务于共同目的的一系列文件，可以方便移动文件，而不需要做任何有关路径的代码修改就能成功运行。

创建 R 项目：单击 Create a Project 按钮，进入创建 R Project 向导，如图 1.7 所示。

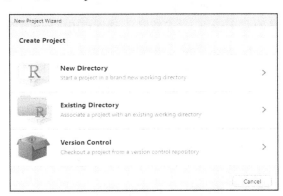

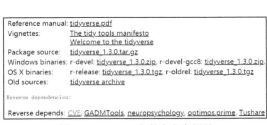

图 1.6　tidyverse 包的官方介绍页　　　　图 1.7　创建 R Project 向导

若在某个已存在的文件夹下创建项目，则选择 Existing Directory；若需要新建文件夹创建项目，则选择 New Directory。

创建完成后，在文件夹下出现一个 `*.Rproj` 文件，双击它（关联 **RStudio** 打开），则进入该 R 项目，可以完成访问、编辑文件和运行脚本等操作。

13．R Markdown

后缀名为 `.Rmd` 的交互式文档，是 `markdown` 语法与 R 脚本的结合，可以将可执行的 R 代码和不可执行的文字叙述，融为一个文件。

单击 New File 按钮，选择 R Markdown 即可创建，建议优先使用自带的模板和来自网络的现成模板。

R Markdown 适合编写包含 R 语言代码的学习笔记、演示文档、论文等，可以生成 docx、pptx、html、pdf 等多种文档格式。更多有关 R Markdown 的内容将在第 6 章展开讨论。

此外，近期 RStudio 推出了新一代文档沟通工具 Quarto，其用法与 R Markdown 基本一致，具体使用方法请参阅官方文档。

1.2 数据结构：向量、矩阵、多维数组

数据结构是为了便于存储不同类型的数据而设计的**数据容器**。学习数据结构，就是要把各个数据容器的特点、适合存取什么样的数据理解透彻，只有这样才能在实践中选择最佳的数据容器，数据容器选择得合适与否，直接关系到代码是否高效简洁，甚至关系到能否解决问题。

R 中常用的数据结构可划分为：

- 同质数据类型（homogeneous），即所存储的一定是相同类型的元素，包括向量、矩阵、多维数组；
- 异质数据类型（heterogeneous），即可以存储不同类型的元素，这大大提高了存储的灵活性，但同时也降低了存储效率和运行效率，包括列表、数据框。

另外，还有字符串、日期时间数据、时间序列数据、空间地理数据等。

R 中的数据结构还有一种从**广义向量（可称之为序列）**①的角度进行划分。

- **原子向量**：各个值都是同类型的，包括 6 种类型：logical、integer、double、character、complex、raw，其中 integer 和 double 也统称为 numeric。
- **列表**：各个值可以是不同类型的，NULL 表示空向量（长度为 0 的向量）。

向量有两个属性：type（类型）和 length（长度）；还能以属性的方式向向量中任意添加额外的 metadata（元数据），属性可用来创建扩展向量，以执行一些新的操作。常用的扩展向量有：

- 基于整数型向量构建的因子；
- 基于数值型向量构建的日期和日期时间；
- 基于数值型向量构建的时间序列；
- 基于列表构建的数据框和 tibble。

列表是序列，从这个角度有助于理解 purrr::map_*() 系列的泛函式编程。

1.2.1 向量（一维数据）

向量是由一组相同类型的原子值构成的序列，可以是一组数值、一组逻辑值、一组字符串等。

---

① 广义向量由一系列可以根据位置索引的元素构成，元素可以是复杂类型的，也可以是不同类型的。

常用的向量有数值向量、逻辑向量、字符向量。

1. 数值向量

数值向量就是由数值组成的向量，单个数值是长度为 1 的数值向量，例如：

```
x = 1.5
x
## [1] 1.5
```

我们可以用 numeric() 创建一个全为 0 的指定长度的数值向量，如下所示：

```
numeric(10)
## [1] 0 0 0 0 0 0 0 0 0 0
```

在 R 中经常用函数 c() 将多个对象合并到一起：

```
c(1, 2, 3, 4, 5)
## [1] 1 2 3 4 5
c(1, 2, c(3, 4, 5))      # 将多个数值向量合并成一个数值向量
## [1] 1 2 3 4 5
```

创建等差的数值向量，用 : 或者函数 seq()，基本格式为：

```
seq(from, to, by, length.out, along.with, ...)
```

from：设置首项（默认为 1）。

to：设置尾项。

by：设置等差值（默认为 1 或 −1）。

length.out：设置序列长度。

along.with：以该参数的长度作为序列长度。

```
1:5                      # 同 seq(5) 或 seq(1,5)
## [1] 1 2 3 4 5
seq(1, 10, 2)            # 从 1 开始，到 10 结束，步长为 2
## [1] 1 3 5 7 9
seq(3, length.out=10)
## [1]  3  4  5  6  7  8  9 10 11 12
```

创建重复的数值向量用函数 rep()，基本格式为：

```
rep(x, times,length.out, each, ...)
```

x：为要重复的序列。

times：设置序列的重复次数。

length.out：设置所产生的序列的长度。

each：设置每个元素分别重复的次数（默认为 1）。

```
x = 1:3
rep(x, 2)
## [1] 1 2 3 1 2 3
rep(x, each = 2)
## [1] 1 1 2 2 3 3
rep(x, c(2, 1, 2))                # 按照规则重复序列中的各元素
## [1] 1 1 2 3 3
rep(x, each = 2, length.out = 4)
## [1] 1 1 2 2
rep(x, times = 3, each = 2)
## [1] 1 1 2 2 3 3 1 1 2 2 3 3 1 1 2 2 3 3
```

向量可以做 "+、−、*、/" 四则运算，即对应元素分别做运算的向量化运算。注意，将 R 中两个不同长度的向量做运算，短的会自动循环补齐以配合长的。

```
2:3 + 1:5
## [1] 3 5 5 7 7
```

2. 逻辑向量

逻辑向量是由逻辑值（TRUE 或 FALSE，或简写为 T 或 F）组成的向量。

对向量做逻辑运算，得到的结果是逻辑向量：

```
c(1, 2) > c(2, 1)              # 等价于 c(1 > 2, 2 > 1)
## [1] FALSE  TRUE
c(2, 3) > c(1, 2, -1, 3)  # 等价于 c(2 > 1, 3 > 2, 2 > -1, 3 > 3)
## [1]  TRUE  TRUE  TRUE FALSE
```

除了比较运算符外，还可以用 %in% 判断元素是否属于集合：

```
c(1, 4) %in% c(1, 2, 3)      # 左边向量每一个元素是否属于右边集合
## [1]  TRUE FALSE
```

在构造筛选行的条件时，经常有人用错语法，请参考以下规则。

- %in% 表示属于，用于判断（左边）元素是否属于（右边）集合。
- == 表示等于，用于判断（左边）元素是否等于（右边）元素。

3. 字符向量

字符（串）向量，是由一组字符串组成的向量，在 R 中单引号和双引号都可以用来生成字符向量。

```
"hello, world!"
## [1] "hello, world!"
c("Hello", "World")
## [1] "Hello" "World"
c("Hello", "World") == "Hello, World"
## [1] FALSE FALSE
```

要想字符串中出现单引号或双引号，可以将单双引号错开，或者用转义字符 "\" 来做转义，用 writeLines() 函数输出纯字符串内容，如下所示：

```
'Is "You" a Chinese name?'
# [1] "Is \"You\" a Chinese name?"
writeLines("Is \"You\" a Chinese name?")
# Is "You" a Chinese name?
```

> R 中还有不常用的复数向量、原始型（raw）向量。

4. 访问向量子集

访问向量子集即访问向量的一些特定元素或者某个子集。注意，R 中的索引是从 1 开始的。

使用元素的位置来访问，形式如下所示：

```
v1 = c(1, 2, 3, 4)
v1[2]                        # 第 2 个元素
v1[2:4]                      # 第 2~4 个元素
v1[-3]                       # 除了第 3 个之外的元素
```

也可以访问任意位置的数值向量，但是注意索引不能既有正数又有负数：

```
v1[c(1,3)]
v1[c(1, 2, -3)]          # 报错
```

访问不存在的位置也是可以的，此时返回 NA：

```
v1[3:6]
```

使用逻辑向量来访问，输入与向量相同长度的逻辑向量，以此决定每一个元素是否要被获取：

```
v1[c(TRUE, FALSE, TRUE, FALSE)]
```

这可以引申为"根据条件访问向量子集"：

```
v1[v1 <= 2]          # 同 v1[which(v1 <= 2)]或 subset(v1, v1<=2)
v1[v1 ^ 2 - v1 >= 2]
which.max(v1)        # 返回向量 v1 中最大值所在的位置
which.min(v1)        # 返回向量 v1 中最小值所在的位置
```

5. 为向量子集赋值，替换相应元素

为向量子集赋值，就是先访问到向量子集，再赋值。

```
v1[2] = 0
v1[2:4] = c(0, 1, 3)
v1[c(TRUE, FALSE, TRUE, FALSE)] = c(3, 2)
v1[v1 <= 2] = 0
```

注意，若对不存在的位置赋值，前面将用 NA 补齐：

```
v1[10] = 8
v1
```

6. 为向量元素命名

你可以在创建向量的同时对其每个元素命名，代码如下：

```
x = c(a = 1, b = 2, c = 3)
x
## a b c
## 1 2 3
```

命名后，就可以通过名字来访问向量元素，代码如下：

```
x[c("a", "c")]
x[c("a", "a", "c")]      # 重复访问也是可以的
x["d"]                   # 访问不存在的名字
```

获取向量元素的名字，代码如下：

```
names(x)
## [1] "a" "b" "c"
```

更改向量元素的名字，代码如下：

```
names(x) = c("x", "y", "z")
x["z"]
## z
## 3
```

移除向量元素的名字，代码如下：

```
names(x) = NULL
x
## [1] 1 2 3
```

[ ] 与[[ ]] 的区别

[ ]可以提取对象的子集，[[ ]]可以提取对象内的元素。

二者的区别：以向量为例，可以将一个向量比作10盒糖果，你可以使用[ ]获取其中的3盒糖果，使用[[ ]]打开盒子并从中取出一颗糖果。

对于未对元素命名的向量，使用[ ]和[[ ]]取出一个元素会产生相同的结果。但对于已对元素命名的向量，二者会产生不同的结果，如下所示：

```
x = c(a = 1, b = 2, c = 3)
x["a"]              # 取出标签为"a"的糖果盒
## a
## 1
x[["a"]]            # 取出标签为"a"的糖果盒里的糖果
## [1] 1
```

由于[[ ]]只能用于提取出一个元素，不适用于提取多个元素的情况，因此[[ ]]不能用于负整数，负整数意味着提取除特定位置之外的所有元素。

使用含有不存在的位置或名称来创建向量子集时将会产生缺失值。但当使用[[ ]]提取一个位置超出范围或者对应名称不存在的元素时，该命令将会无法运行并产生错误信息。

例如，以下三个语句会报错：

```
x[[c(1, 2)]]
x[[-1]]
x[["d"]]
```

---

7. 对向量排序

向量排序函数 sort()，基本格式为：

```
sort(x, decreasing, na.last, ...)
```

- x：为排序对象（数值型或字符型）。
- decreasing：默认为 FALSE 即升序，TRUE 为降序。
- na.last：默认为 FALSE，若为 TRUE，则将向量中的 NA 值放到序列末尾。

函数 order()可以返回元素排好序的索引，以其结果作为索引访问元素，正好是排好序的向量。

函数 rank()的返回值是该向量中对应元素的"排名"，参数"ties.method"用于设置相同值的处理方法。

```
x = c(1,5,8,2,9,7,4)
sort(x)
## [1] 1 2 4 5 7 8 9
order(x)       # 默认升序，排名第2的元素在原向量的在4个位置
## [1] 1 4 7 2 6 3 5
x[order(x)]    # 同sort(x)
## [1] 1 2 4 5 7 8 9
rank(x)        # 默认升序，第2个元素排在第4位
## [1] 1 4 6 2 7 5 3
```

函数 rev()可将序列进行反转，即把1,2,3变成3,2,1。

1.2.2 矩阵（二维数据）

矩阵是用两个维度表示和访问的向量。因此，适用于向量的性质和方法大多也适用于矩阵，

矩阵也要求元素是同一类型，如数值矩阵、逻辑矩阵等。

1．创建矩阵

函数 matrix() 将一个向量创建为矩阵，其基本格式为：

```
matrix(x, nrow, ncol, byrow, dimnames, ...)
```

x：为数据向量作为矩阵的元素；

nrow：设定行数；

ncol：设定列数；

byrow：设置是否按行填充，默认为 FALSE（按列填充）；

dimnames：用字符型向量表示矩阵的行名和列名。

```
matrix(c(1, 2, 3,
         4, 5, 6,
         7, 8, 9), nrow = 3, byrow = FALSE)
##      [,1] [,2] [,3]
## [1,]    1    4    7
## [2,]    2    5    8
## [3,]    3    6    9
matrix(c(1, 2, 3,
         4, 5, 6,
         7, 8, 9), nrow = 3, byrow = TRUE)
##      [,1] [,2] [,3]
## [1,]    1    2    3
## [2,]    4    5    6
## [3,]    7    8    9
```

为矩阵的行列命名：

```
matrix(1:9, nrow = 3, byrow = TRUE,
       dimnames = list(c("r1","r2","r3"), c("c1","c2","c3")))
##    c1 c2 c3
## r1  1  2  3
## r2  4  5  6
## r3  7  8  9
```

也可以创建后再命名：

```
m1 = matrix(c(1, 2, 3, 4, 5, 6, 7, 8, 9), ncol = 3)
rownames(m1) = c("r1", "r2", "r3")
colnames(m1) = c("c1", "c2", "c3")
```

特殊矩阵：

```
diag(1:4, nrow = 4)         # 对角矩阵
##      [,1] [,2] [,3] [,4]
## [1,]    1    0    0    0
## [2,]    0    2    0    0
## [3,]    0    0    3    0
## [4,]    0    0    0    4
```

函数 as.vector() 可将矩阵转化为向量，其元素是按列读取的。

2．访问矩阵子集

矩阵是用两个维度表示和访问的向量，可以用一个二维存取器 [,] 来访问，这类似于构建向量子集时用的一维存取器 []。

我们可以为每个维度提供一个向量来确定一个矩阵的子集。方括号中的第 1 个参数是行选择器，第 2 个参数是列选择器。与构建向量子集一样，我们可以在两个维度中使用数值向量、逻辑向量和字符向量。

```
m1[1,2]                   # 提取第1行，第2列的单个元素
m1[1:2, 2:4]              # 提取第1至2行，第2至4列的元素
m1[c("r1","r3"), c("c1","c3")]  # 提取行名为r1和r3，列名为c1和c3的元素
```

若一个维度空缺，则选出该维度的所有元素：

```
m1[1,]                    # 提取第1行，所有列元素
m1[,2:4]                  # 提取所有行，第2至4列的元素
```

负数表示在构建矩阵子集时可排除该位置，这和向量中的用法一致：

```
m1[-1,]                   # 提取除了第1行之外的所有元素
m1[,-c(2,4)]              # 提取除了第2和4列之外的所有元素
```

注意，矩阵是用两个维度表示和访问的向量，但它本质上仍然是向量。因此，向量的一维存取器也可以用来构建矩阵子集：

```
m1[3:7]
```

```
## [1] 3 4 5 6 7
```

由于向量只包含相同类型的元素，矩阵也是如此，因此它们的操作方式也相似。若输入一个不等式，则返回同样大小的逻辑矩阵：

```
m1 > 3
```

```
##       c1    c2    c3
## r1 FALSE  TRUE  TRUE
## r2 FALSE  TRUE  TRUE
## r3 FALSE  TRUE  TRUE
```

根据逻辑矩阵可以选择矩阵元素或赋值：

```
m1[m1 > 3]    # 注意选出来的结果是向量
```

```
## [1] 4 5 6 7 8 9
```

3．矩阵运算

- A+B, A-B, A*B, A/B：矩阵四则运算要求矩阵同型，类似 MATLAB 中的点运算，分别将对应位置的元素做四则运算；
- A %*% B：矩阵乘法要求矩阵 A 的列数等于矩阵 B 的行数。

1.2.3 多维数组（多维数据）

具体来说，多维数组就是一个维度更高（通常大于2）、可访问的向量，是向量/矩阵向更高维度的自然推广。多维数组也要求元素是同一类型。

1．创建多维数组

用函数 array() 将一个向量创建为多维数组，基本格式为：

```
array(x, dim, dimnames, ...)
```

x：为数据向量作为多维数组的元素。
dim：设置多维数组各维度的维数。
dimnames：设置多维数组各维度的名称。

```
a1 = array(1:24, dim = c(3, 4, 2))
a1
```

```
##,, 1
##
##      [,1] [,2] [,3] [,4]
## [1,]    1    4    7   10
```

```
## [2,]    2    5    8   11
## [3,]    3    6    9   12
##
##,, 2
##
##      [,1] [,2] [,3] [,4]
## [1,]   13   16   19   22
## [2,]   14   17   20   23
## [3,]   15   18   21   24
```

也可以在创建数组时对每个维度进行命名：

```
a1 = array(1:24, dim = c(3, 4, 2),
           dimnames=list(c("r1","r2","r3"),
                       c("c1","c2","c3","c4"), c("k1","k2")))
```

或者创建之后再命名[1]：

```
a1 = array(1:24, dim = c(3, 4, 2))
dimnames(a1) = list(c("r1","r2","r3"),
                    c("c1","c2","c3","c4"), c("k1","k2"))
```

2．访问多维数组子集

第 3 个维度姑且称为"页"：

```
a1[2,4,2]            # 提取第 2 行,第 4 列,第 2 页的元素
a1["r2","c4","k2"]   # 提取第 r2 行,第 c4 列,第 k2 页的元素
a1[1,2:4,1:2]        # 提取第 1 行,第 2 至 4 列,第 1 至 2 页的元素
a1[,,2]              # 提取第 2 页的所有元素
dim(a1)              # 返回多维数组 a1 的各维度的维数
```

> 在想象多维数组时，为了便于形象地理解，可以将其维度依次想象成与"书"相关的概念：行、列、页、本、层、架、室……

1.3　数据结构：列表、数据框、因子

1.3.1　列表

列表（list）可以包含不同类型的对象，甚至可以包括其他列表。列表的灵活性使得它非常有用。

例如，用 R 拟合一个线性回归模型，其返回结果就是一个列表，其中包含了线性回归的详细结果，如线性回归系数（数值向量）、残差（数值向量）、QR 分解（包含一个矩阵和其他对象的列表）等。因为这些结果全都被打包到一个列表中，就可以很方便地提取所需信息，而无须每次调用不同的函数。

列表最大的好处就是能够将多个不同类型的对象打包到一起，以便可以根据位置和名字访问它们。

1．创建列表

可以用函数 list()创建列表。不同类型的对象可以放入同一个列表中。

例如，创建一个列表，包含 3 个成分：一个单元素的数值向量、一个两元素的逻辑向量和一个长度为 3 的字符向量：

```
l0 = list(1, c(TRUE, FALSE), c("a", "b", "c"))
l0
```

---

[1] 下方代码中的 list 用于创建列表（参见 1.3 节）。

```
## [[1]]
## [1] 1
##
## [[2]]
## [1]  TRUE FALSE
##
## [[3]]
## [1] "a" "b" "c"
```

可以在创建列表时，为列表的每个成分指定名字：

```
l1 = list(A = 1, B = c(TRUE, FALSE), C = c("a", "b", "c"))
l1
## $A
## [1] 1
##
## $B
## [1]  TRUE FALSE
##
## $C
## [1] "a" "b" "c"
```

也可以创建列表后再对列表成分命名或修改名字：

```
names(l1) = NULL           # 移除列表成分的名字
names(l1) = c("x","y","z")
```

2. 从列表中提取成分的内容

提取列表中某成分下的内容，最常用的方法是用$，通过成分名字来提取该成分下的内容：

```
l1$y
l1$m                       # 访问不存在的成分 m, 将会返回 NULL
```

也可以用[[n]]来提取列表第 n 个成分的内容，n 也可以换成成分的名字：

```
l1[[2]]                    # 同 l1[["y"]]
```

用[[]]提取列表中某个成分的内容则更加灵活，可用在函数调用中，通过参数来传递成分的名字或索引：

```
p = "y"                    #想要提取其内容的成分名字
l1[[p]]
```

3. 提取列表子集

R 语言也经常需要从列表中提取多个成分及其内容，由这些成分组成的列表构成了原列表的一个子集。

就像提取向量和矩阵的子集一样，提取一个列表子集是用[]，可以取出列表中的一些成分，作为一个新的列表。

在[]中可以用字符向量表示成分名字，用数值向量表示成分位置，或用逻辑向量指定是否选择来取出列表成分。

```
l1["x"]                    # 同 l1[1]
l1[c("x", "z")]            # 同 l1[c(1, 3)], l1[c(TRUE, FALSE, TRUE)]
```

> 用[]提取若干成分时，返回列表的子集，还是一个列表；用[[ ]]提取单个成分的元素，返回的是对应成分的元素。
> 总之，[]用于提取对象的子集，类型仍是该对象；[[]]用于提取对象的内容（即下一级元素）。

4. 为列表的成分赋值

即先访问（提取）到列表的成分，再赋以相应的值。注意，若给一个不存在的成分赋值，列表会自动地在对应名称或位置下增加一个新成分。

```
l1$x = 0    # 将列表的成分 x 赋值为 0
```

也可以同时给多个列表成分赋值：

```
l1[c("x", "y")] = list(x = "new value for y", y = c(3, 1))
```

若要移除列表中的某些成分，只需赋值为 NULL：

```
l1[c("z", "m")] = NULL
```

5. 列表函数

用函数 as.list() 可将向量转换成列表：

```
l2 = as.list(c(a = 1, b = 2))
l2
## $a
## [1] 1
##
## $b
## [1] 2
```

通过去列表化函数 unlist() 可将一个列表打破成分界线，强制转换成一个向量[①]：

```
unlist(l2)
## a b
## 1 2
```

> 为了方便操作列表，tidyverse 系列中的 purrr 包提供了一系列列表相关的函数，建议读者查阅并使用。
> - pluck()：同[[]]提取列表中的元素。
> - keep()：保留满足条件的元素。
> - discard()：删除满足条件的元素。
> - compact()：删除列表中的空元素。
> - append()：在列表末尾增加元素。
> - flatten()：摊平列表（只摊平一层）。

1.3.2 数据框（数据表）

R 语言中用于统计分析的样本数据，都是按数据框类型操作的。

数据框是指有若干行和列的数据集，它与矩阵类似，但并不要求所有列都是相同的类型。本质上讲，数据框就是一个列表，它的每个成分都是一个向量，并且长度相同，以表格的形式展现。总之，**数据框是由列向量组成、有着矩阵形式的列表**。

数据框与常见的数据表是一致的：每一列代表一个变量属性，每一行代表一条样本数据。以表 1.1 所示的数据表为例。

表 1.1 数据表示例

Name	Gender	Age	Major
Ken	Male	24	Finance
Ashley	Female	25	Statistics
Jennifer	Female	23	Computer Science

---

① 若列表的成分具有不同类型，则自动向下兼容到同一类型。

R 中自带的数据框是 data.frame，建议改用更现代的数据框：tibble[①]。

Hadley 在 tibble 包中引入了一种 tibble 数据框，以代替 data.frame，而且 tidyverse 包都是基于 tibble 数据框的。

tibble 对比 data.frame 的优势如下所示。

- tibble() 比 data.frame() 做的更少：不改变输入变量的类型（**注：R 4.0.0 之前默认将字符串转化为因子**），不会改变变量名，不会创建行名。
- tibble 对象的列名可以是 R 中的"非法名"：非字母开头、包含空格，但定义和使用变量时都需要用反引号\`括起来。
- tibble 在输出时不自动显示所有行，避免数据框较大时显示出很多内容。
- 用[]选取列子集时，即使只选取一列，返回结果仍是 tibble，而不自动简化为向量。

1. 创建数据框

用 tibble() 根据若干列向量创建 tibble：

```
library(tidyverse)           # 或 tibble
persons = tibble(
  Name = c("Ken", "Ashley", "Jennifer"),
  Gender = c("Male", "Female", "Female"),
  Age = c(24, 25, 23),
  Major = c("Finance", "Statistics", "Computer Science"))
persons

## # A tibble: 3 x 4
##   Name     Gender  Age Major
##   <chr>    <chr>  <dbl> <chr>
## 1 Ken      Male     24 Finance
## 2 Ashley   Female   25 Statistics
## 3 Jennifer Female   23 Computer Science
```

用 tribble() 通过按行录入数据的方式创建 tibble：

```
tribble(
  ~Name, ~Gender, ~Age, ~Major,
  "Ken", "Male", 24, "Finance",
  "Ashley", "Female", 25, "Statistics",
  "Jennifer", "Female", 23, "Computer Science")
```

用 as_tibble() 可将 data.frame 和 matrix 这种各成分等长度的 list 转换为 tibble。

将不等长的列表转化为数据框：

```
a = list(A = c(1, 3, 4), B = letters[1:4])
a

## $A
## [1] 1 3 4
##
## $B
## [1] "a" "b" "c" "d"
```

```
# lengths() 获取 list 中每个成分的长度
map_dfc(a, `length<-`, max(lengths(a)))     # map 循环参阅 1.6.2 节

## # A tibble: 4 x 2
##       A B
##   <dbl> <chr>
## 1     1 a
## 2     3 b
## 3     4 c
## 4    NA d
```

---

① 读者若习惯用 R 自带的 data.frame，只需要换个名字，将 tibble 改为 data.frame 即可。

数据框既是列表的特例，也是广义的矩阵，因此访问这两类对象的方式都适用于数据框。例如与矩阵类似，对数据框的各列重命名，代码如下：

```
df = tibble(id = 1:4,
            level = c(0, 2, 1, -1),
            score = c(0.5, 0.2, 0.1, 0.5))
names(df) = c("id", "x", "y")
df
## # A tibble: 4 x 3
##      id     x     y
##   <int> <dbl> <dbl>
## 1     1     0   0.5
## 2     2     2   0.2
## 3     3     1   0.1
## 4     4    -1   0.5
```

2．提取数据框的元素、子集

数据框是由列向量组成、有着矩阵形式的列表，可以用两种操作方式来访问数据框的元素和子集。

（1）以列表方式提取数据框的元素、子集

若把数据框看作由向量组成的列表，则可以沿用列表的操作方式来提取元素或构建子集。例如，可以用 $ 按列名来提取某一列的值，或者用[[]]按照位置或列名提取。

例如，提取列名为 x 的值，并得到向量：

```
df$x                 # 同 df[["x"]], df[[2]]
## [1]  0  2  1 -1
```

以列表形式构建子集完全适用于数据框，同时也会生成一个新的数据框。提取子集的操作符[]允许用数值向量表示列的位置，用字符向量表示列名，或用逻辑向量指定是否选择。

例如，提取数据框的一列或多列，可以得到子数据框：

```
df[1]                # 提取第 1 列，同 df["id"]
## # A tibble: 4 x 1
##      id
##   <int>
## 1     1
## 2     2
## 3     3
## 4     4
```

```
df[1:2]              # 同 df[c("id","x")], df[c(TRUE,TRUE,FALSE)]
## # A tibble: 4 x 2
##      id     x
##   <int> <dbl>
## 1     1     0
## 2     2     2
## 3     3     1
## 4     4    -1
```

（2）以矩阵方式提取数据框的元素、子集

以列表形式操作并不支持行选择，以矩阵形式操作则更加灵活。若将数据框看作矩阵，其二维形式的存取器可以很容易地获取一个子集的元素，同时支持列选择和行选择。

换句话说，可以使用[i, j]指定行或列来提取数据框子集，[,]内可以是数值向量、字符向量或者逻辑向量。

若行选择器为空，则只选择列（所有行）：

```
df[, "x"]
## # A tibble: 4 x 1
##       x
##   <dbl>
```

```
## 1      0
## 2      2
## 3      1
## 4     -1
```

```
df[, c("x","y")]    # 同 df[,2:3]
```

```
## # A tibble: 4 x 2
##       x      y
##   <dbl>  <dbl>
## 1     0    0.5
## 2     2    0.2
## 3     1    0.1
## 4    -1    0.5
```

若列选择器为空，则只选择行（所有列）：

```
df[c(1,3),]
```

```
## # A tibble: 2 x 3
##      id      x      y
##   <int>  <dbl>  <dbl>
## 1     1      0    0.5
## 2     3      1    0.1
```

同时选择行和列：

```
df[1:3, c("id","y")]
```

```
## # A tibble: 3 x 2
##      id      y
##   <int>  <dbl>
## 1     1    0.5
## 2     2    0.2
## 3     3    0.1
```

根据条件筛选数据。例如用 y >= 0.5 筛选 df 的行，并选择 id 和 y 两列：

```
df[df$y >= 0.5, c("id","y")]
```

```
## # A tibble: 2 x 2
##      id      y
##   <int>  <dbl>
## 1     1    0.5
## 2     4    0.5
```

按列名属于集合 {x, y, w} 来筛选 df 的列，并选择前两行：

```
ind = names(df) %in% c("x","y","w")
df[1:2, ind]
```

```
## # A tibble: 2 x 2
##       x      y
##   <dbl>  <dbl>
## 1     0    0.5
## 2     2    0.2
```

3. 给数据框赋值

给数据框赋值就是选择要赋值的位置，再准备好同样大小且格式匹配的数据，赋值给那些位置即可，同样有列表方式和矩阵方式。

（1）以列表方式给数据框赋值

用 $ 或 [[ ]]对数据框的某列赋值

```
df$y = c(0.6,0.3,0.2,0.4)    # 同 df[["y"]] = c(0.6,0.3,0.2,0.4)
```

利用现有列，创建（计算）新列：

```
df$z = df$x + df$y
df
```

```
## # A tibble: 4 x 4
##      id      x      y      z
```

```
##    <int> <dbl> <dbl> <dbl>
## 1     1     0   0.5   0.5
## 2     2     2   0.2   2.2
## 3     3     1   0.1   1.1
## 4     4    -1   0.5  -0.5
```

```
df$z = as.character(df$z)    # 转换列的类型
df
```

```
## # A tibble: 4 x 4
##      id     x     y z
##    <int> <dbl> <dbl> <chr>
## 1     1     0   0.5 0.5
## 2     2     2   0.2 2.2
## 3     3     1   0.1 1.1
## 4     4    -1   0.5 -0.5
```

用[]可以对数据框的一列或多列进行赋值：

```
df["y"] = c(0.8,0.5,0.2,0.4)
df[c("x", "y")] = list(c(1,2,1,0), c(0.1,0.2,0.3,0.4))
```

（2）以矩阵方式给数据框赋值

以列表方式对数据框进行赋值时，也是只能访问列。若需要更加灵活地进行赋值操作，可以通过矩阵方式进行。

```
df[1:3,"y"] = c(-1,0,1)
df[1:2,c("x","y")] = list(c(0,0), c(0.9,1.0))
```

4．一些有用的函数

把函数 str() 或 glimpse() 作用在 R 对象上，可以显示该对象的结构：

```
str(persons)
```

```
## tibble [3 x 4] (S3: tbl_df/tbl/data.frame)
##  $ Name  : chr [1:3] "Ken" "Ashley" "Jennifer"
##  $ Gender: chr [1:3] "Male" "Female" "Female"
##  $ Age   : num [1:3] 24 25 23
##  $ Major : chr [1:3] "Finance" "Statistics" "Computer Science"
```

把 summary() 作用在数据框或列表上，将生成各列或各成分的汇总信息：

```
summary(persons)
```

```
##     Name              Gender              Age
##  Length:3           Length:3           Min.   :23.0
##  Class :character   Class :character   1st Qu.:23.5
##  Mode  :character   Mode  :character   Median :24.0
##                                        Mean   :24.0
##                                        3rd Qu.:24.5
##                                        Max.   :25.0
##     Major
##  Length:3
##  Class :character
##  Mode  :character
##
##
##
```

我们经常需要将多个数据框（或矩阵）按行或按列进行合并。用函数 rbind() 增加行（样本数据），要求宽度（列数）相同；用 cbind() 函数增加列（属性变量），要求高度（行数）相同。

例如，向 persons 数据框中添加一个新记录：

```
rbind(persons,
      tibble(Name = "John", Gender = "Male",
             Age = 25, Major = "Statistics"))
```

```
## # A tibble: 4 x 4
##   Name     Gender   Age Major
##   <chr>    <chr>  <dbl> <chr>
```

```
## 1 Ken       Male      24 Finance
## 2 Ashley    Female    25 Statistics
## 3 Jennifer  Female    23 Computer Science
## 4 John      Male      25 Statistics
```

向 persons 数据框中添加两个新列，分别表示每个人是否已注册及其手头的项目数量：

```
cbind(persons, Registered = c(TRUE, TRUE, FALSE), Projects = c(3, 2, 3))
##        Name Gender Age              Major Registered Projects
## 1       Ken   Male  24            Finance       TRUE        3
## 2    Ashley Female  25         Statistics       TRUE        2
## 3  Jennifer Female  23   Computer Science      FALSE        3
```

rbind() 和 cbind() 不会修改原始数据，而是生成一个添加了行或列的新数据框。

函数 expand.grid() 可生成多个属性水平值的所有组合（笛卡儿积）形式的数据框：

```
expand.grid(type = c("A","B"), class = c("M","L","XL"))
##   type class
## 1    A     M
## 2    B     M
## 3    A     L
## 4    B     L
## 5    A    XL
## 6    B    XL
```

1.3.3 因子

数据（变量）可划分为：定量数据（数值型）、定性数据（分类型），定性数据又分为名义型（无好坏顺序之分，如性别）、有序型（有好坏顺序之分，如疗效）。

R 提供了因子（factor）这一数据结构（容器），专门用来存放名义型和有序型的分类变量。因子本质上是一个带有水平（level）属性的整数向量，其中"水平"是指事前确定可能取值的有限集合。例如，性别有两个水平属性：男、女。

直接用字符向量也可以表示分类变量，但它只有字母顺序，不能规定想要的顺序，也不能表达有序分类变量。所以，有必要把字符型的分类变量转化为因子型，这更便于对其做后续描述汇总、可视化、建模等。

1. 创建与使用因子

函数 factor() 用来创建因子，基本格式为：

```
factor(x, levels, labels, ordered, ...)
```

x：为创建因子的数据向量。

levels：指定因子的各水平值，默认为 x 中不重复的所有值。

labels：设置各水平名称（前缀），与水平名称一一对应。

ordered：设置是否对因子水平排序，默认 FALSE 为无序因子，TRUE 为有序因子。

该函数还包含参数 exclude：指定有哪些水平是不需要的（设为 NA）；nmax 用于设定水平数的上限。若不指定参数 levels，则因子水平默认按字母顺序。

比如，现有 6 个人的按等级划分的成绩数据，先以字符向量创建，并对其排序：

```
x = c("优", "中", "良", "优", "良", "良")     # 字符向量
x
## [1] "优" "中" "良" "优" "良" "良"
sort(x)                                         # 排序是按字母顺序
```

```
## [1] "良" "良" "良" "优" "优" "中"
```

它的顺序只能是字母顺序，如果想规定顺序：中、良、优，正确的做法就是创建因子，用 `levels` 指定想要的顺序：

```
x1 = factor(x, levels = c("中", "良", "优"))    # 转化因子型
x1
```

```
## [1]优 中 良 优 良 良
## Levels: 中 良 优
```

```
as.numeric(x1)                                 # x 的存储形式：整数向量
```

```
## [1] 3 1 2 3 2 2
```

注意，不能直接将因子数据当字符型操作，需要用 `as.character()` 转化。

转化为因子型后，数据向量显示出来（外在表现）与原来是一样的，但这些数据的内在存储已经变了。因子的内在存储与外在表现如图 1.8 所示。因子型是以整数向量存储的，将各水平值按照规定的顺序分别对应到整数，将原向量的各个值分别用相应的整数存储，输出和使用的时候再换回对应的水平值。整数是有顺序的，这样就相当于在不改变原数据的前提下规定了顺序，同时也节省了存储空间。

注意，标签（labels）是因子水平（levels）的别名。

变成因子型后，无论是排序、统计频数、绘图等，都有了顺序：

```
sort(x1)
```

```
## [1]中 良 良 良 优 优
## Levels: 中 良 优
```

```
table(x1)
```

```
## x1
## 中 良 优
##  1  3  2
```

```
ggplot(tibble(x1), aes(x1)) +
  geom_bar()
```

所生成的条形图结果如图 1.9 所示，x 轴的条形顺序是想要的中、良、优。

图 1.8 因子的内在存储与外在表现

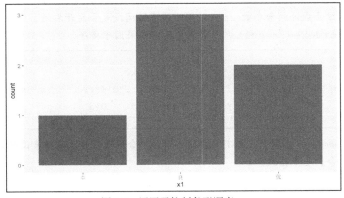

图 1.9 用因子控制条形顺序

用 `levels()` 函数可以访问或修改因子的水平值，这也将改变数据的外在表现：

```
levels(x1) = c("Fair", "Good", "Excellent")   # 修改因子水平
x1
```

```
## [1] Excellent Fair      Good      Excellent Good      Good
## Levels: Fair Good Excellent
```

有时候你可能更希望让水平的顺序与其在数据集中首次出现的次序相匹配，这时可以设置参数 levels = unique(x)。

转化为因子型的另一个好处是，可以"识错"：因子数据只认识出现在水平值中的值，对于未出现在水平值中的值将被识别为 NA。

很多人将因子固有的顺序与有序因子混淆，二者不是一回事：上述反复提到的顺序，可称为因子固有的顺序，正是有了它，才能方便地按想要的顺序进行排序、统计频数、绘图等；而无序因子与有序因子，是与变量本身的数据类型相对应的，名义型（无顺序好坏之分的分类变量）用无序因子存放，有序型（有顺序好坏之分的分类变量）用有序因子存放，该区分是用于不同类型的数据，建模时适用不同的模型。

示例的成绩数据是有好坏之分的，因此创建为有序因子：

```
x2 = factor(x, levels = c("中", "良", "优"), ordered = TRUE)
x2
## [1]优 中 良 优 良 良
## Levels: 中 < 良 < 优
```

如果对 x2 做排序、统计频数、绘图，你会发现与使用无序因子时没有任何区别，它们的区别体现在对其建模时所适用的模型不同。

2. 有用函数

函数 table() 可以统计因子各水平的出现次数（频数），也可以统计向量中每个不同元素的出现次数，其返回结果为命名向量。

```
table(x)
## x
## 良 优 中
##  3  2  1
```

函数 cut()，用来做连续变量离散化：将数值向量切分为若干区间段，并返回因子。基本格式为：

```
cut(x, breaks, labels, ...)
```

x：要切分的数值向量。

breaks：切分的界限值构成的向量，或表示切分段数的整数。

该函数还包含参数 right 用于设置区间段是否左开右闭，include.lowest 用于设置是否包含下界，ordered_result 用于设置是否对结果因子排序。

```
Age = c(23,15,36,47,65,53)
cut(Age, breaks = c(0,18,45,100),
    labels = c("Young","Middle","Old"))

## [1] Middle Young  Middle Old    Old    Old
## Levels: Young Middle Old
```

函数 gl() 用来生成有规律的水平值组合因子。对于多因素试验设计，用该函数可以生成多个因素完全组合，基本格式为：

```
gl(n, k, length, labels, ordered, ...)
```

n：为因子水平个数。

k：为同一因子水平连续重复次数。

length：为总的元素个数，默认为 n*k，若不够则自动重复。

labels：设置因子水平值。

ordered：设置是否为有序，默认为 FALSE。

```
tibble(
  Sex = gl(2, 3, length = 12, labels = c("男","女")),
  Class = gl(3, 2, length = 12, labels = c("甲","乙","丙")),
  Score = gl(4, 3, length = 12, labels = c("优","良","中", "及格")))
## # A tibble: 12 x 3
##   Sex   Class Score
##   <fct> <fct> <fct>
## 1 男      甲     优
## 2 男      甲     优
## 3 男      乙     优
## 4 女      乙     良
## 5 女      丙     良
## 6 女      丙     良
## # ... with 6 more rows
```

3. forcats 包

tidyverse 系列中的 forcats 包是专门为处理因子型数据而设计的，forcats 包提供了一系列操作因子的方便函数。

- as_factor()：转化为因子，默认按水平值的出现顺序。
- fct_count()：计算因子各水平频数、占比，可按频数排序。
- fct_c()：合并多个因子的水平。
- 改变因子水平的顺序。
  - fct_relevel()：手动对水平值重新排序。
  - fct_infreq()：按高频优先排序。
  - fct_inorder()：按水平值出现的顺序排序。
  - fct_rev()：将顺序反转。
  - fct_reorder()：根据其他变量或函数结果排序（绘图时有用）。
- 修改水平。
  - fct_recode()：对水平值逐个重编码。
  - fct_collapse()：按自定义方式合并水平。
  - fct_lump_*()：将多个频数小的水平合并为其他。
  - fct_other()：将保留之外或丢弃的水平合并为其他。
- 增加或删除水平。
  - fct_drop()：删除若干水平。
  - fct_expand：增加若干水平。
  - fct_explicit_na()：为 NA 设置水平。

读者需要明白这样一个基本逻辑：操作因子是操作一个向量，该向量更多的时候是以数据框的一列的形式存在的。我们来演示一下更常用的操作数据框中的因子列的方法，这会涉及数据操作和绘图的语法，这部分知识在第 2～3 章才会讲到。你只需要知道大意并理解因子操作部分即可。

mpg 列是汽车数据集，class 列是分类变量车型，先统计各种车型的频数，共有 7 类；对该列做因子合并，合并为 5 类+Other 类，再统计频数，这里将频数少的类合并为 Other 类：

```
count(mpg, class)
## # A tibble: 7 x 2
##   class        n
##   <chr>    <int>
## 1 2seater      5
## 2 compact     47
```

```
## 3 midsize     41
## 4 minivan     11
## 5 pickup      33
## 6 subcompact  35
## # ... with 1 more row
```

```
mpg1 = mpg %>%
  mutate(class = fct_lump(class, n = 5))
count(mpg1, class)
```

```
## # A tibble: 6 x 2
##   class         n
##   <fct>     <int>
## 1 compact      47
## 2 midsize      41
## 3 pickup       33
## 4 subcompact   35
## 5 suv          62
## 6 Other        16
```

若直接对 class 各类绘制条形图，是按水平顺序，此时频数会参差不齐；改用根据频数多少进行排序，则条形图变得整齐易读，对比效果见图 1.10。

```
p1 = ggplot(mpg, aes(class)) +
  geom_bar() +
  theme(axis.text.x = element_text(angle = 45, vjust = 1, hjust = 1))
p2 = ggplot(mpg, aes(fct_infreq(class))) +
  geom_bar() +
  theme(axis.text.x = element_text(angle = 45, vjust = 1, hjust = 1))
library(patchwork)
p1 | p2
```

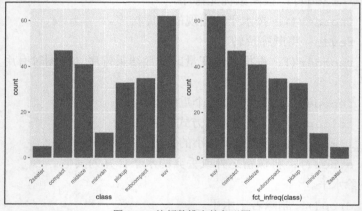

图 1.10　按频数排序的条形图

1.4　数据结构：字符串、日期时间

1.4.1　字符串

字符串是用双引号或单引号括起来的若干字符，建议用双引号，除非字符串中包含双引号。字符串构成的向量，简称为字符向量。

字符串处理不是 R 语言的主要功能，但也是必不可少的，数据清洗、可视化等操作都会用到。

tidyverse 系列中的 stringr 包提供了一系列接口一致的、简单易用的字符串操作函数，足以代替 R 自带的字符串函数。这些函数都是向量化的，即作用在字符向量上，对字符向量中的每个字符串做某种操作。

```
library(stringr)
```

1．字符串的长度（即包含字符个数）

```
str_length(c("a", "R for data science", NA))
## [1]  1 18 NA
str_pad(c("a", "ab", "abc"), 3)            # 填充到长度为3
## [1] "  a" " ab" "abc"
str_trunc("R for data science", 10)        # 截断到长度为10
## [1] "R for d..."
str_trim(c("a ", "b ", "a b"))             # 移除空格
## [1] "a"   "b"    "a b"
```

后三个函数都包含参数 side=c("both", "left", "right")用于设定操作的方向。

2．字符串合并

```
str_c(..., sep = "", collapse = NULL)
```
sep：设置间隔符，默认为空字符；
collapse：指定间隔符，将字符向量中的所有字符串合并为一个字符串。

```
str_c("x", 1:3, sep = "")  # 同paste0("x", 1:3), paste("x", 1:3, sep="")
## [1] "x1" "x2" "x3"
str_c("x", 1:3, collapse = "_")
## [1] "x1_x2_x3"
str_c("x", str_c(sprintf("%03d", 1:3)))
## [1] "x001" "x002" "x003"
```

注意，上述代码中的 1:3 自动向下兼容以适应字符串运算，效果同 c("1","2","3")。

将字符串重复n次，基本格式为：
```
str_dup(string, times)
```
string：为要重复的字符向量。
times：为重复的次数。

```
str_dup(c("A","B"), 3)
## [1] "AAA" "BBB"
str_dup(c("A","B"), c(3,2))
## [1] "AAA" "BB"
```

3．字符串拆分

```
str_split(string, pattern)            # 返回列表
str_split_fixed(string, pattern, n)   # 返回矩阵，n控制返回的列数
```

string：要拆分的字符串。

pattern：指定拆分的分隔符，可以是正则表达式。

```
x = "10,8,7"
str_split(x, ",")
## [[1]]
## [1] "10" "8"  "7"
str_split_fixed(x, ",", n = 2)
##      [,1] [,2]
## [1,] "10" "8,7"
```

4．字符串格式化输出

只要在字符串内使用"{变量名}"，那么函数 str_glue()和 str_glue_data 就可以将

字符串中的变量名替换成变量值，后者的参数.x支持引入数据框、列表等，相关的代码示例如下所示。

```
str_glue("Pi = {pi}")
## Pi = 3.14159265358979

name = "李明"
tele = "13912345678"
str_glue("姓名: {name}", "电话号码: {tele}", .sep="; ")

## 姓名: 李明; 电话号码: 13912345678
df = mtcars[1:3,]
str_glue_data(df, "{rownames(df)} 总功率为 {hp} kW.")
## Mazda RX4 总功率为 110 kW.
## Mazda RX4 Wag 总功率为 110 kW.
## Datsun 710 总功率为 93 kW.
```

5. 字符串排序

```
str_sort(x, decreasing, locale, ...)
str_order(x, decreasing, locale, ...)
```

默认 decreasing = FALSE 表示升序，前者返回排好序的元素，后者返回排好序的索引；参数 locale 可设定语言，默认为 "en"（即英语）。

```
x = c("banana", "apple", "pear")
str_sort(x)
## [1] "apple"  "banana" "pear"
str_order(x)
## [1] 2 1 3
str_sort(c("香蕉", "苹果", "梨"), locale = "ch")
## [1] "梨" "苹果" "香蕉"
```

6. 检测匹配

```
str_detect(string, pattern, negate=FALSE)——检测是否存在匹配。
str_which(string, pattern, negate=FALSE)——查找匹配的索引。
str_count(string, pattern)——计算匹配的次数。
str_locate(string, pattern)——定位匹配的位置。
str_starts(string, pattern)——检测是否以 pattern 开头。
str_ends(string, pattern)——检测是否以 pattern 结尾。
string: 要检测的字符串。
pattern: 匹配的模式，可以是正则表达式。
negate: 默认为 FALSE，表示正常匹配；若为 TRUE，则为反匹配（即找不匹配的情况）。
```

```
x
## [1] "banana" "apple"  "pear"
str_detect(x, "p")
## [1] FALSE  TRUE  TRUE
str_which(x, "p")
## [1] 2 3
str_count(x, "p")
## [1] 0 2 1
str_locate(x, "a.")    # 正则表达式, .匹配任一字符
##      start end
## [1,]     2   3
## [2,]     1   2
## [3,]     3   4
```

7. 提取字符串子集

根据指定的起始和终止位置提取子字符串，基本格式为：

```
str_sub(string, start = 1, end = -1)
```

例如：

```
str_sub(x, 1, 3)
## [1] "ban" "app" "pea"
str_sub(x, 1, 5)          # 若长度不够，则尽可能多地提取
## [1] "banan" "apple" "pear"
str_sub(x, -3, -1)
## [1] "ana" "ple" "ear"
```

提取字符向量中匹配的字符串，基本格式为：

```
str_subset(string, pattern, negate=FALSE)
```

若 negate = TRUE，则返回不匹配的字符串。

```
str_subset(x, "p")
## [1] "apple" "pear"
```

8. 提取匹配的内容

```
str_extract(string, pattern)
str_match(string, pattern)
```

---

str_extract() 只提取匹配的内容。
str_match() 提取匹配的内容以及各个分组捕获，并返回矩阵，矩阵的每行对应于字符向量中的一个字符串，每行的第一个元素是匹配内容，其他元素是各个分组捕获，没有匹配则为 NA。

```
x = c("1978-2000", "2011-2020-2099")
pat = "\\d{4}"          # 正则表达式，匹配 4 位数字
str_extract(x, pat)
## [1] "1978" "2011"
str_match(x, pat)
##      [,1]
## [1,] "1978"
## [2,] "2011"
```

9. 修改字符串

用新字符串替换查找到的匹配字符串。

做字符替换，基本格式为：

```
str_replace(string, pattern, replacement)
```

pattern：要替换的子字符串或模式。
replacement：要替换为的新字符串。

```
x
## [1] "1978-2000"      "2011-2020-2099"
str_replace(x, "-", "/")
## [1] "1978/2000"      "2011/2020-2099"
```

10. 其他函数

- 大小写转化。

- str_to_upper()：转换为大写。
- str_to_lower()：转换为小写。
- str_to_title()：转换标题格式（单词首字母大写）。

```
str_to_lower("I love r language.")
## [1] "i love r language."
str_to_upper("I love r language.")
## [1] "I LOVE R LANGUAGE."
str_to_title("I love r language.")
## [1] "I Love R Language."
```

- str_conv(string, encoding)：转化字符串的字符编码。
- str_view(string, pattern, match)：在 Viewer 窗口输出（正则表达式）模式匹配结果。
- word(string, start, end, sep = " ")：从英文句子中提取单词。
- str_wrap(string, width = 80, indent = 0, exdent = 0)：调整段落格式。

关于 stringr 包

以上用于查找匹配的各个函数，只是查找第一个匹配，要想查找所有匹配，各个函数都有另一个版本（加后缀 all），例如 str_extract_all()。

以上各个函数中的参数 pattern 都支持用正则表达式（Regular Expression）表示模式。

1.4.2 日期时间

日期时间值通常以字符串形式传入 R 中，然后转化为以数值形式存储的日期时间变量。

R 的内部日期是以 1970 年 1 月 1 日至今的天数来存储，内部时间则是以 1970 年 1 月 1 日零时至今的秒数来存储。

tidyverse 系列的 lubridate 包提供了更加方便的函数，可以生成、转换、管理日期时间数据，足以代替 R 自带的日期时间函数。

```
library(lubridate)
```

1. 识别日期时间

```
today()
## [1] "2021-09-20"
now()
## [1] "2021-09-20 21:07:18 CST"
as_datetime(today())    # 日期型转日期时间型
## [1] "2021-09-20 UTC"
as_date(now())          # 日期时间型转日期型
## [1] "2021-09-20"
```

无论年、月、日、时、分、秒按什么顺序及以什么间隔符分隔，总能正确地识别成日期时间值：

```
ymd("2020/03~01")
## [1] "2020-03-01"
```

```
myd("03202001")
## [1] "2020-03-01"
dmy("03012020")
## [1] "2020-01-03"
ymd_hm("2020/03~011213")
## [1] "2020-03-01 12:13:00 UTC"
```

> **注意**:根据需要可以任意组合(如 ymd_h/myd_hm/dmy_hms),还可以用参数 tz ="…" 指定时区。

我们也可以用 make_date() 和 make_datetime() 从日期时间组件创建日期时间:

```
make_date(2020, 8, 27)
## [1] "2020-08-27"
make_datetime(2020, 8, 27, 21, 27, 15)
## [1] "2020-08-27 21:27:15 UTC"
```

2. 格式化输出日期时间

用 format() 函数输出日期时间:

```
d = make_date(2020, 3, 5)
format(d, '%Y/%m/%d')
## [1] "2020/03/05"
```

用 stamp() 函数,按给定模板格式输出日期时间:

```
t = make_datetime(2020, 3, 5, 21, 7, 15)
fmt = stamp("Created on Sunday, Jan 1, 1999 3:34 pm")
fmt(t)
## [1] "Created on Sunday, 03 05, 2020 21:07 下午"
```

3. 提取日期时间数据的组件

日期时间数据中的"年、月、日、周、时、分、秒"等称为其组件。常用的日期时间组件如表 1.2 所示。

表 1.2　常用的日期时间组件

符号	描述	示例
%d	数字表示的日期	(01~31)
%a	缩写的星期名	Mon
%A	非缩写的星期名	Monday
%w	数字表示的星期几	(0~6),0 为周日
%m	数字表示的月份	(00~12)
%b	缩写月份	Jan
%B	非缩写月份	January
%y	二位数年份	21
%Y	四位数年份	2021
%H	24 小时制小时	(00~23)
%I	12 小时制小时	(01~12)
%p	AM/PM 指示	AM/PM
%M	十进制分钟	(00~60)
%S	十进制秒	(00~60)

```
t = ymd_hms("2020/08/27 21:30:27")
t
## [1] "2020-08-27 21:30:27 UTC"
year(t)
## [1] 2020
quarter(t)                    # 第几季度
## [1] 3
month(t)
## [1] 8
day(t)
## [1] 27
yday(t)                       # 当年的第几天
## [1] 240
hour(t)
## [1] 21
minute(t)
## [1] 30
second(t)
## [1] 27
weekdays(t)
## [1] "星期四"
wday(t)                       # 数值表示本周的第几天，默认周日是第 1 天
## [1] 5
wday(t,label = TRUE)   # 字符因子型表示本周第几天
## [1]周四
## Levels: 周日 < 周一 < 周二 < 周三 < 周四 < 周五 < 周六
week(t)                       # 当年的第几周
## [1] 35
tz(t)                         # 时区
## [1] "UTC"
```

用 with_tz() 将时间数据转换为另一个时区的同一时间；用 force_tz() 将时间数据的时区强制转换为另一个时区：

```
with_tz(t, tz = "America/New_York")
## [1] "2020-08-27 17:30:27 EDT"
force_tz(t, tz = "America/New_York")
## [1] "2020-08-27 21:30:27 EDT"
```

还可以模糊提取（取整）不同的时间单位：

```
round_date(t, unit="hour")        # 四舍五入取整到小时
## [1] "2020-08-27 22:00:00 UTC"
```

> **注意**：类似地，向下取整用 floor_date()，向上取整用 ceiling_date()。

rollback(dates, roll_to_first=FALSE, preserve_hms=TRUE)：回滚到上月最后一天或本月第一天。

4. 时间段数据

- interval()：计算两个时间点的时间间隔，返回时间段数据。

```
begin = ymd_hm("2019-08-10 14:00")
end = ymd_hm("2020-03-05 18:15")
```

```
gap = interval(begin, end)   # 同 begin %--% end
gap
## [1] 2019-08-10 14:00:00 UTC--2020-03-05 18:15:00 UTC
```

```
time_length(gap, "day")      # 计算时间段的长度为多少天
## [1] 208.1771
```

```
time_length(gap, "minute")   # 计算时间段的长度为多少分钟
## [1] 299775
```

```
t %within% gap               # 判断 t 是否属于该时间段
## [1] FALSE
```

- duration()：用"数值+时间单位"存储时段的长度。

```
duration(100, units = "day")
## [1] "8640000s (~14.29 weeks)"
```

```
int = as.duration(gap)
int
## [1] "17986500s (~29.74 weeks)"
```

- period()：和 duration() 基本相同。

二者的区别：duration 基于数值线，不考虑闰年和闰秒；period 基于时间线，考虑闰年和闰秒。

比如，在 duration 中，1 年总是 365.25 天；而在 period 中，平年有 365 天，闰年有 366 天。

- 固定单位的时间段

period 时间段：years()、months()、weeks()、days()、hours()、minutes()、seconds()。

duration 时间段：dyears()、dmonths()、dweeks()、ddays()、dhours()、dminutes()、dseconds()。

```
dyears(1)
## [1] "31557600s (~1 years)"
```

```
years(1)
## [1] "1y 0m 0d 0H 0M 0S"
```

5. 日期的时间的计算

用"时间点+时间段"可以生成一个新的时间点：

```
t + int
## [1] "2021-03-24 01:45:27 UTC"
```

```
leap_year(2020)              # 判断是否闰年
## [1] TRUE
```

```
ymd(20190305) + years(1)     # 加 period 的一年
## [1] "2020-03-05"
```

```
ymd(20190305) + dyears(1)    # 加 duration 的一年，365 天
## [1] "2020-03-04 06:00:00 UTC"
```

```
t + weeks(1:3)
## [1] "2020-09-03 21:30:27 UTC" "2020-09-10 21:30:27 UTC"
## [3] "2020-09-17 21:30:27 UTC"
```

除法运算：

```
gap / ddays(1)               # 除法运算，同 time_length(gap,'day')
## [1] 208.1771
```

```
gap %/% ddays(1)                # 整除
## [1] 208
gap %% ddays(1)                 #余数
## [1] 2020-03-05 14:00:00 UTC--2020-03-05 18:15:00 UTC
as.period(gap %% ddays(1))
## [1] "4H 15M 0S"
```

月份加运算：%m+%，表示日期按月数增加。例如，生成每月同一天的日期数据：

```
date = as_date("2019-01-01")
date %m+% months(0:11)
##  [1] "2019-01-01" "2019-02-01" "2019-03-01" "2019-04-01" "2019-05-01"
##  [6] "2019-06-01" "2019-07-01" "2019-08-01" "2019-09-01" "2019-10-01"
## [11] "2019-11-01" "2019-12-01"
```

用"pretty_dates()"可以生成近似的时间刻度：

```
x = seq.Date(as_date("2019-08-02"), by = "year", length.out = 2)
pretty_dates(x, 12)
##  [1] "2019-08-01 UTC" "2019-09-01 UTC" "2019-10-01 UTC"
##  [4] "2019-11-01 UTC" "2019-12-01 UTC" "2020-01-01 UTC"
##  [7] "2020-02-01 UTC" "2020-03-01 UTC" "2020-04-01 UTC"
## [10] "2020-05-01 UTC" "2020-06-01 UTC" "2020-07-01 UTC"
## [13] "2020-08-01 UTC" "2020-09-01 UTC"
```

1.4.3 时间序列

为了研究某一事件的规律，依据时间发生的顺序将事件在多个时刻的数值记录下来，就构成了一个时间序列，用 $\{Y_t\}$ 表示。

例如，国家或地区的年度财政收入、股票市场的每日波动、气象变化、工厂按小时观测的产量等。另外，随温度、高度等变化而变化的离散序列，也可以看作时间序列。

1. ts 对象

Base R 提供的 ts 数据类型是专门为时间序列设计的，一个时间序列数据其实就是一个数值型向量，且每个数都有一个时刻与之对应。

用 ts() 函数生成时间序列，基本格式如下：

```
ts(data, start=1, end, frequency=1, ...)
```

data：数值向量或矩阵。

start：设置起始时刻。

end：设置结束时刻。

frequency：设置时间频率，默认为 1，表示一年有 1 个数据。

```
ts(data = 1:10, start = 2010, end = 2019)    # 年度数据
## Time Series:
## Start = 2010
## End = 2019
## Frequency = 1
##  [1]  1  2  3  4  5  6  7  8  9 10
ts(data = 1:10, start = 2010, frequency = 4)  # 季度数据
##      Qtr1 Qtr2 Qtr3 Qtr4
## 2010    1    2    3    4
## 2011    5    6    7    8
## 2012    9   10
```

同理，对于月度数据，frequency = 12；对于周度数据，frequency = 52；对于日度

数据，`frequency = 365`。

2. tsibble

`fpp3` 生态下的 `tsibble` 包提供了整洁的时间序列数据结构 `tsibble`。

时间序列数据无非就是 "指标数据+时间索引"（或者再加 "分组索引"）。

> **注意**：多元时间序列就是包含多个指标列。

分组时间序列数据首先是一个数据框，若有分组变量需采用 "长格式" 作为一列（长宽格式及转化参见 2.4 节），只需要指定时间索引、分组索引，就能变成时间序列数据结构。

例如，现有 3 个公司 2017 年的日度股票数据（`tibble` 格式），其中存放 3 只股票的 `Stock` 列为分组索引：

```
load("data/stocks.rda")
stocks

## # A tibble: 753 x 3
##   Date        Stock  Close
##   <date>      <chr>  <dbl>
## 1 2017-01-03 Google  786.
## 2 2017-01-03 Amazon  754.
## 3 2017-01-03 Apple   116.
## 4 2017-01-04 Google  787.
## 5 2017-01-04 Amazon  757.
## 6 2017-01-04 Apple   116.
## # ... with 747 more rows
```

用 `as_tsibble()` 将数据框转化为时间序列对象 `tsibble`，只需要指定时间索引（index）、分组索引（key）：

```
library(fpp3)
stocks = as_tsibble(stocks, key = Stock, index = Date)
stocks

## # A tsibble: 753 x 3 [1D]
## # Key:       Stock [3]
##   Date        Stock  Close
##   <date>      <chr>  <dbl>
## 1 2017-01-03 Amazon  754.
## 2 2017-01-04 Amazon  757.
## 3 2017-01-05 Amazon  780.
## 4 2017-01-06 Amazon  796.
## 5 2017-01-09 Amazon  797.
## 6 2017-01-10 Amazon  796.
## # ... with 747 more rows
```

`tsibble` 对象非常便于后续处理和探索：

```
stocks %>%
  group_by_key() %>%
  index_by(weeks = ~ yearweek(.)) %>%      # 周度汇总
  summarise(max_week = mean(Close))

## # A tsibble: 156 x 3 [1W]
## # Key:       Stock [3]
##   Stock      weeks max_week
##   <chr>     <week>    <dbl>
## 1 Amazon 2017 W01     772.
## 2 Amazon 2017 W02     805.
## 3 Amazon 2017 W03     809.
## 4 Amazon 2017 W04     830.
## 5 Amazon 2017 W05     827.
## 6 Amazon 2017 W06     818.
## # ... with 150 more rows
```

```
autoplot(stocks)                           # 可视化
```

可视化结果如图 1.11 所示。

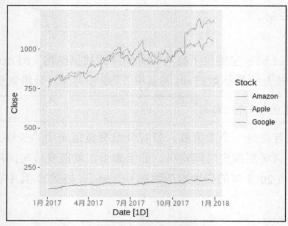

图 1.11 可视化股票数据

1.5 正则表达式

正则表达式是根据字符串规律按一定法则，简洁地表达一组字符串的表达式。正则表达式通常就是从貌似无规律的字符串中发现规律，进而概括性地表达它们所共有的规律或模式，以便于操作和处理它们，这是真正的**化繁为简，以简驭繁**的典范。

几乎所有的高级编程语言都支持正则表达式，正则表达式广泛应用于文本挖掘、数据预处理，例如：

- 检查文本中是否含有指定的特征词；
- 找出文本中匹配特征词的位置；
- 从文本中提取信息；
- 修改文本。

正则表达式包括只能匹配自身的普通字符（如英文字母、数字、标点等）和被转义了的特殊字符（称为"元字符"）。

1.5.1 基本语法

1. 常用的元字符

正则表达式中常用的元字符如表 1.3 所示。

表 1.3 常用的元字符

符号	描述
.	匹配除换行符 "/n" 以外的任意字符
\\	转义字符，匹配元字符时，使用 "\\元字符"
|	表示或者，即 "|" 前后的表达式任选一个
^	匹配字符串的开始
$	匹配字符串的结束
( )	提取匹配的字符串，即括号内的看作一个整体，即指定子表达式
[ ]	可匹配方括号内任意一个字符

符号	描述
{ }	前面的字符或表达式的重复次数：{n}表示重复 n 次；{n,}表示重复 n 次到更多次；{n, m}表示重复n~m 次
*	前面的字符或表达式重复 0 次或更多次
+	前面的字符或表达式重复 1 次或更多次
?	前面的字符或表达式重复 0 次或 1 次

其他编程语言中的转义字符一般是"\"。默认情况下，正则表达式区分大小写，要创建忽略大小写的正则表达式，代码如下：

```
pat = fixed(pattern, ignore_case = TRUE)
```

在多行模式下，^和$就表示行的开始和结束，创建多行模式的正则表达式的代码如下：

```
pat = regex("^\\(.+?\\)$", multiline = TRUE)
```

2. 特殊字符类及其反义

正则表达式中常用的特殊字符及其反义如表 1.4 所示。

表 1.4　特殊字符类及其反义

符号	描述
\\d 与 \\D	匹配数字，匹配非数字
\\s 与 \\S	匹配空白符，匹配非空白符
\\w 与 \\W	匹配字母或数字或下划线或汉字，匹配非\w字符
\\b 与 \\B	匹配单词的开始或结束的位置，匹配非\b的位置
\\h 与 \\H	匹配水平间隔，匹配非水平间隔
\\v 与 \\V	匹配垂直间隔，匹配非垂直间隔
[^...]	匹配除……以外的任意字符

- \\S+：匹配不包含空白符的字符串。
- \\d：匹配数字，同[0-9]。
- [a-zA-Z0-9]：匹配字母和数字。
- [\\p{han}]或[\u4e00-\u9fa5]：匹配汉字。
- [^aeiou]：匹配除 aeiou 之外的任意字符，即匹配辅音字母。

3. POSIX 字符类

正则表达式中还可以使用 POSIX 字符类，如表 1.5 所示。

表 1.5　POSIX 字符类

符号	描述
[[:lower:]]	小写字母
[[:upper:]]	大写字母
[[:alpha:]]	大小写字母
[[:digit:]]	数字 0~9
[[:alnum:]]	字母和数字

符号	描述
[[:blank:]]	空白符包括空格、制表符、换行符、中文全角空格等
[[:cntrl:]]	控制字符
[[:punct:]]	标点符号包括"!""""#""%""&"",""()""*""+""-""."""/"":"";"等
[[:space:]]	空格字符：空格、制表符、垂直制表符、回车、换行符、换页符
[[:xdigit:]]	十六进制数字：0~9、A~F、a~f
[[:print:]]	打印字符：[[:alpha:]]、[[:punct:]]、[[:space:]]
[[:graph:]]	图形化字符：[[:alpha:]]、[[:punct:]]

4. 运算优先级

圆括号括起来的表达式最优先，其次是表示重复次数的操作（即"*""+""{ }"）；再次是连接运算（即几个字符放在一起，如 abc）；最后是或运算（|）。

另外，正则表达式还有若干高级用法，常用的有**零宽断言**和**分组捕获**，这些将在后面的实例中进行演示。

1.5.2 若干实例

以上正则表达式语法组合起来使用，就能产生非常强大的匹配效果，对于匹配到的内容，根据需要可以提取它们，也可以替换它们。

正则表达式与 stringr 包连用

若只是调试和查看正则表达式的匹配效果，可用 str_view() 及其 _all 后缀版本，匹配结果将在 RStudio 的 Viewer 窗口显示，在原字符向量中高亮显示匹配内容，非常直观。

若要提取正则表达式匹配到的内容，则用 str_extract() 及其 _all 后缀版本。

若要替换正则表达式匹配到的内容，则用 str_replace() 及其 _all 后缀版本。

使用正则表达式关键在于能够从貌似没有规律的字符串中发现规律性，再将规律性用正则表达式语法表示出来。下面看几个正则表达式比较实用的实例。

例 1.1 直接匹配

该方法适合想要匹配的内容具有一定规律性，该规律性可用正则表达式表示出来。比如，数据中包含字母、符号、数值，我们想提取其中的数值，可以按正则表达式语法规则直接把要提取的部分表示出来：

```
x = c("CDK 弱(+)10%+", "CDK(+)30%-", "CDK(-)0+", "CDK(++)60%*")
str_view(x, "\\d+%")
str_view(x, "\\d+%?")
```

str_view() 常用于调试正则表达式，匹配结果显示在 Viewer 窗口，如图 1.12 所示。

\\d 表示匹配一位数字，+表示前面数字重复 1 次或多次，%原样匹配%。

若后面不加"?"则必须匹配到%才会成功，故第 3 个字符串就不能成功匹配；若后面加上"?"则表示匹配前面的%0 次或 1 次，从而能成功匹配到第 3 个字符串。

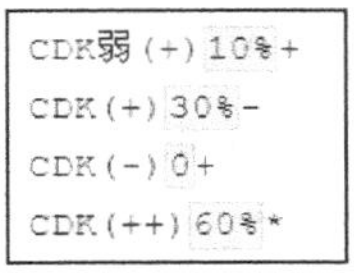

例 1.2 用零宽断言匹配两个标志之间的内容

该方法适合想要匹配的内容没有规律性，但该内容位于两个有规律性的
标志之间，标志也可以是开始和结束。

```
CDK弱(+)10%+
CDK(+)30%-
CDK(-)0+
CDK(++)60%*
```

图 1.12　Viewer 窗口
显示匹配效果

通常想要匹配的内容不包含两边的"标志"，这就需要用**零宽断言**。简单
来说，就是引导语法既要匹配到"标志"，但又不包含"标志"。左边标志的引
导语法是(?<=标志)，右边标志的引导语法是(?=标志)，而把真正要匹配的内容放在它们中间。

比如，来自问卷星"来自 IP"数据，想要提取 IP 和地址信息。

```
x = c("175.10.237.40(湖南-长沙)", "114.243.12.168(北京-北京)",
      "125.211.78.251(黑龙江-哈尔滨)")
# 提取省份
str_extract(x, "\\(.*-")            # 此处作为对比，不用零宽断言

## [1] "(湖南-"    "(北京-"   "(黑龙江-"

str_extract(x, "(?<=\\().*(?=-)")   # 用零宽断言

## [1] "湖南"     "北京"    "黑龙江"

# 提取 IP
# str_extract(x, "\\d.*\\d")        # 直接匹配
str_extract(x, "^.*(?=\\()")        # 用零宽断言

## [1] "175.10.237.40"  "114.243.12.168" "125.211.78.251"
```

> 省份（或直辖市）位于两个标志"("和"-"之间，但又不包含该标志，这就需要用到零宽断言。
> IP 位于两个标志"开始"和"("之间，左边用开始符号^，右边用零宽断言。

再比如，用零宽断言提取专业信息（位于"级"和数字之间）：

```
x = c("18 级能源动力工程 2 班", "19 级统计学 1 班")
str_extract(x, "(?<=级).*?(?=[0-9])")
```

```
## [1] "能源动力工程" "统计学"
```

再看两个的复杂的零宽断言，涉及出现次数。例如，提取句子中的最后一个单词：

```
x = c("I am a teacher", "She is a beautiful girl")
str_extract(x, "(?<= )[^ ]+$")
```

```
## [1] "teacher" "girl"
```

零宽断言以空格为左标志，匹配内容是非空格出现 1 次或多次直到结尾，结果就是作为左
标志的空格只能是句子中的最后一个空格。

再比如，提取以"kc/"为左标志，直到第 3 个下划线之前的内容：

```
x = "D:/paper/1.65_kc_ndvi/kc/forest_kc_historical_ACCESS-ESM1-5_west_1981_2014.tif"
str_extract(x, "(?<=kc/)([^_]+_){2}[^_]+")
```

```
## [1] "forest_kc_historical"
```

匹配内容是：非下划线出现 1 次或多次（即 1 个单词）接 1 个下划线，上述部分重复 2 次，
再接一个非下划线出现 1 次或多次（即 1 个单词），结果就是恰好匹配到第 3 个下划线出现之前。

关于懒惰匹配

正则表达式通常都是贪婪匹配，即重复直到文本中能匹配的最长范围，例如匹配小括号：

```
str_extract("(1st) other (2nd)", "\\(.+\\)")
## [1] "(1st) other (2nd)"
```

若想只匹配到第 1 个右小括号，则需要懒惰匹配，在重复匹配后面加上"?"即可：

```
str_extract("(1st) other (2nd)", "\\(.+?\\)")
## [1] "(1st)"
```

例 1.3　分组捕获

在正则表达式中可以用圆括号来分组，作用是：

- 确定优先规则；
- 组成一个整体；
- 拆分出整个匹配中的部分内容（称为捕获）；
- 捕获内容供后续引用或者替换。

比如，来自瓜子二手车的数据：若汽车型号是中文，则品牌与型号中间有空格；若汽车型号为英文或数字，则品牌与型号中间没有空格。

若用正则表达式匹配"字母或数字"并分组，然后捕获该分组内容并添加空格以替换原内容，代码如下所示：

```
x = c("宝马 X3 2016 款", "大众 速腾 2017 款", "宝马 3 系 2012 款")
str_replace(x, "([a-zA-Z0-9])", " \\1")
## [1] "宝马 X3 2016 款" "大众 速腾 2017 款" "宝马 3 系 2012 款"
```

后续操作就可以用空格拆分列（见 2.4.4 节）。

现有 6 位数字表示的时分秒数据，想用 lubridate::hms() 解析成时间类型，但是在时分秒之间用冒号或空格分隔才能正确解析。下面分组捕获两组数字，并分别替换为该两位数字加冒号，然后再解析成时间类型：

```
x = c("194631", "174223")  #数值型也可以
x = str_replace_all(x, "(\\d{2})", " \\1:")
x
## [1] "19:46:31:" "17:42:23:"
hms(x)
## [1] "19H 46M 31S" "17H 42M 23S"
```

更多分组的引用还有 \\2、\\3 等。例如，纠正电影的年份和国别出现顺序不一致的情况，可以通过代码统一将信息转换成"国别_年份"，代码如下所示：

```
x = c("独行月球 2022_Chinese","蜘蛛侠 USA_2021","人生大事 2022_Chinese")
str_replace(x, "(\\d+)_(.+)","\\2_\\1")
## [1] "独行月球 Chinese_2022" "蜘蛛侠 USA_2021" "人生大事 Chinese_2022"
```

最后，再推荐一个来自 GitHub 的包 inferregex，该包可以推断正则表达式，用函数 infer_regex() 可根据字符串推断正则表达式。

1.6　控制结构

程序中的控制结构是指分支结构和循环结构。

1.6.1　分支结构

正常程序结构与一步一步解决问题是一致的，即顺序结构，过程中可能需要为不同情形选择不同的支路，即分支结构，还需要用条件语句做判断以实现具体的分支，如图 1.13 所示。

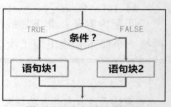

图 1.13　分支结构示意图

R 语言中条件语句的一般格式为：

1. 一个分支

```
if(条件) {
    执行体
}
```

2. 两个分支

```
if(条件) {
    执行体 1
} else {
    执行体 2
}
```

例如，计算 $|x|$，代码如下：

```
if(x < 0) {
    y = -x
} else {
    y = x
}
```

3. 多个分支

```
if(条件 1) {
    执行体 1
} else if(条件 2) {
    执行体 2
} else {
    执行体 n
}
```

多个分支的意思是，若满足"条件 1"，则执行"执行体 1"；若满足"条件 2"，则执行"执行体 2"；其他的情形，则执行"执行体 n"。若有需要，中间可以有任意多个 else if 块。

特别注意：分支的本意就是，不同分支之间不存在交叉（重叠）。

另一种多分支的写法是用 switch()：

```
x = "b"
v = switch(x, "a"="apple", "b"="banana", "c"="cherry")
v
## [1] "banana"
```

它的一个应用场景是：在自定义函数时，若需要根据参数的不同执行不同的代码块。关于自定义函数详见 1.7.1 节。

例 1.4　实现将百分制分数转化为五级制分数

```
if(score >= 90) {
    res = "优"
} else if(score >= 80) {
    res = "良"
} else if(score >= 70) {
    res = "中"
} else if(score >= 60) {
    res = "及格"
} else {
    res = "不及格"
}
```

注意：若先写"score >=60"，结果就不对了。

关于"条件"

- "条件"用逻辑表达式表示，必须返回一个逻辑值 TRUE 或 FALSE；
- 多个逻辑表达式，可以通过逻辑运算符组合以表示复杂条件；
- 多个逻辑值的逻辑向量可以借助函数 any() 和 all() 得到一个逻辑值；
- 函数 ifelse() 可简化代码，仍以计算 $|x|$ 为例：

```
ifelse(x < 0, -x, x)
```

1.6.2 循环结构

编程时可以减少代码重复的两个工具，一个是循环，另一个是函数。

循环用来对多个同类输入做相同事情（即迭代），例如对向量的每个元素做相同操作，对数据框的不同列做相同操作，对不同的数据集做相同操作等。循环结构如图 1.14 所示。

R 语言循环迭代的三层境界如下所示。

- 第一层：for 循环、while 循环、repeat 循环。
- 第二层：apply 函数族。
- 第三层：purrr 泛函式编程。

关于跳出循环有以下两种方式。

- 用关键字 next 跳出本次循环，进入下次循环。
- 用关键词 break 跳出循环。

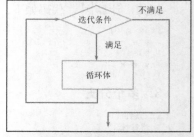

图 1.14　循环结构示意图

实用场景

关于"for 循环运行速度慢"的说法，实际上已经过时了，现在的 R、MATLAB 等软件经过多年的优化已经不慢了，之所以表现出来慢，是因为你没有注意两个关键点：
- 提前为保存循环结果分配存储空间；
- 为循环体中涉及的数据选择合适的数据结构。

apply 函数族和 purrr 泛函式编程能够更加高效简洁地实现一般的 for 循环和 while 循环，但这并不代表 for 循环、while 循环就没用了，它们可以在更高的层次使用（相对于在逐元素级别使用）。

---

1. for 循环

（1）基本的 for 循环

```
library(tidyverse)
df = as_tibble(iris[,1:4])
```

用"复制-粘贴"法，计算前 4 列的均值：

```
mean(df[[1]])
```
```
## [1] 5.843333
```
```
mean(df[[2]])
```
```
## [1] 3.057333
```
```
mean(df[[3]])
```
```
## [1] 3.758
```
```
mean(df[[4]])
```
```
## [1] 1.199333
```

为了避免"粘贴-复制"操作多于两次，我们改用 for 循环实现：

```
output = vector("double", 4)        # 1.输出
for (i in 1:4) {                    # 2.迭代器
  output[i] = mean(df[[i]])         # 3.循环体
}
output
```
```
## [1] 5.843333 3.057333 3.758000 1.199333
```

for 循环有三个组件，即输出、迭代器、循环体。

输出：output = vector("double", 4)

在循环开始之前，最好为输出结果分配足够的存储空间，这样效率更高。若每循环一次，

就用 c() 合并一次，效率会很低下。

通常是用 vector() 函数创建一个给定长度的空向量，它有两个参数：向量类型（logical、integer、double、character 等）、向量长度。

迭代器：i in 1:4

循环方式：每次 for 循环将为 i 赋一个 1～4 中的值，可将 i 理解为代词 it。

有时候会用 1:length(df)，但更安全的做法是用 seq_along(df)，它能保证即使不小心遇到长度为 0 的向量时，仍能正确工作。

循环体：output[i] = mean(df[[i]])

即执行具体操作的代码，它将重复执行，每次对应不同的 i 值。

- 第 1 次迭代将执行：output[1] = mean(df[[1]])
- 第 2 次迭代将执行：output[2] = mean(df[[2]])
- ……

（2）for 循环的几种常用操作

循环模式

- 根据数值索引迭代：for(i in seq_along(xs))，在迭代中使用 x[i]。
- 根据元素值迭代：for(x in xs)，在迭代中使用 x。
- 根据名字迭代：for(nm in names(xs))，在迭代中使用 x[nm]。

若要创建命名向量并作为输出，可按如下方式命名结果向量：

```
results = vector("list", length(x))
names(results) = names(x)
```

用数值索引迭代是最常用的形式，因为名字和元素都可以根据索引提取：

```
for (i in seq_along(x)) {
    name = names(x)[i]
    value = x[i]
}
```

将每次循环得到的结果合并为一个整体对象

这种情形在 for 循环中经常遇到。此时要尽量避免"每循环一次，就做一次拼接"，这样效率很低。更好的做法是先将结果保存为列表，等循环结束再通过 unlist() 或 purrr::flatten_dbl() 将列表转换成一个向量。

先创建空列表，再将每次循环的结果依次存入列表：

```
output = list()           # output = NULL 也行
# output = vector("list", 3)
for(i in 1:3) {
  output[[i]] = c(i, i^2)
}
```

另外两种类似的情形如下。

- 生成一个长字符串。不是用 str_c() 函数将上一次的迭代结果拼接到一起，而是将结果保存为字符向量，再用函数 str_c(output, collapse= " ") 合并为一个单独的字符串。
- 生成一个大的数据框。不是依次用 rbind() 函数合并每次迭代的结果，而是将结果保存为列表，再用 dplyr::bind_rows(output) 函数合并成一个单独的数据框，或者直接一步到位用 purrr::map_dfr()。

所以，遇到上述模式时，要先转化为更复杂的结果对象，最后再做合并。

2. while 循环

适用于迭代次数未知的情况。

while 循环更简单，因为它只包含两个组件：条件、循环体：

```
while (condition) {
  # 循环体
}
```

While 循环是比 for 循环更一般的循环，因为 for 循环总可以改写为 while 循环，但 while 循环不一定能改写为 for 循环：

```
for (i in seq_along(x)) {
  # 循环体
}
# 等价于
i = 1
while (i <= length(x)) {
  # 循环体
  i = i + 1
}
```

下面用 while 循环实现：反复随机生成标准正态分布随机数（关于生成随机数详见 1.7.2 节），若值大于 1 则停止：

```
set.seed(123)        # 设置随机种子，让结果可重现
while(TRUE) {
  x = rnorm(1)
  print(x)
  if(x > 1) break
}
```

```
## [1] -0.5604756
## [1] -0.2301775
## [1] 1.558708
```

while 循环并不常用，但在模拟时也较常用，特别是预先不知道迭代次数的情形。

3. repeat 循环

重复执行循环体，直到满足退出条件：

```
repeat{
  # 循环体
  if(退出条件) break
}
```

注意，repeat 循环至少会执行一次。

repeat 循环等价于：

```
while (TRUE) {
  # 循环体
  if(退出条件) break
}
```

例如，用如下泰勒公式近似计算 e：

$$e = 1 + \sum_{k=1}^{\infty} \frac{1}{k!}$$

```
s = 1.0
x = 1
k = 0

repeat{
  k = k + 1
  x = x / k
  s = s + x
  if(x < 1e-10) break
}
```

```
stringr::str_glue("迭代 {k} 次，得到 e = {s}")
## 迭代 14 次，得到 e = 2.71828182845823
```

4. apply 函数族

建议弃用 apply 函数族，直接用 purrr::map 系列。

（1）**apply()** 函数

apply() 函数是最常用的可以代替 for 循环的函数，可以对矩阵、数据框、多维数组，按行或列或页进行循环计算，即将逐行或逐列或逐页的元素分别传递给函数 FUN 进行迭代计算。其基本格式为：

```
apply(x, MARGIN, FUN, ...)
```

x：为数据对象（矩阵、多维数组、数据框）。
MARGIN：1 表示按行，2 表示按列，3 表示按页。
FUN：表示要作用的函数。

```
x = matrix(1:6, ncol = 3)
x

##      [,1] [,2] [,3]
## [1,]    1    3    5
## [2,]    2    4    6
```

```
apply(x, 1, mean)            # 按行求均值

## [1] 3 4
```

```
apply(x, 2, mean)            # 按列求均值

## [1] 1.5 3.5 5.5
```

```
apply(df, 2, mean)           # 对前文 df 计算各列的均值

## Sepal.Length  Sepal.Width  Petal.Length  Petal.Width
##     5.843333     3.057333      3.758000     1.199333
```

（2）**tapply()** 函数

该函数可以按照因子分组，实现逐分组迭代：

```
height = c(165, 170, 168, 172, 159)
sex = factor(c("男", "女", "男", "男", "女"))
tapply(height, sex, mean)

##        男        女
## 168.3333 164.5000
```

注意，height 与 sex 是等长的向量，对应元素分别为同一人的身高和性别，tapply() 函数分男女两组计算了身高平均值。

（3）**lapply()** 函数

lapply() 函数是一个最基础的循环操作函数，用来对 vector、list、data.frame 逐元、逐成分、逐列分别应用函数 FUN，并返回和 x 长度相同的 list 对象。其基本格式为：

```
lapply(x, FUN, ...)
```

x：为数据对象（列表、数据框、向量）。
FUN：表示要作用的函数。

```
lapply(df, mean)            # 对前文 df 计算各列的均值
# $Sepal.Length
# [1] 5.843333
#
# $Sepal.Width
# [1] 3.057333
#
# $Petal.Length
```

```
# [1] 3.758
#
# $Petal.Width
# [1] 1.199333
```

（4）sapply()函数

sapply()函数是lapply()的简化版本，只是多了一个参数simplify，若simplify=FALSE，则与lapply()相同；若simply = TRUE，则将输出的list简化为向量或矩阵。其基本格式为：
```
sapply(x, FUN, simplify = TRUE, ...)
```

```
sapply(df, mean)         # 对前文df计算各列的均值
## Sepal.Length  Sepal.Width Petal.Length  Petal.Width
##     5.843333     3.057333     3.758000     1.199333
```

5. purrr泛函式循环迭代

相对于apply族，purrr泛函式循环迭代提供了更多的一致性、规范性和便利性，更容易记住和使用。

（1）几个基本概念

循环迭代

循环迭代就是将函数依次应用（映射）到序列的每一个元素上，做相同的操作。而序列是由一系列可以根据位置索引的元素构成，元素可以很复杂，也可以是不同类型的。原子向量和列表都是序列。

泛函式编程

泛函其实就是函数的函数，在编程中表示把函数作用在函数上，或者说函数包含其他函数作为参数。

循环迭代本质上就是将一个函数依次应用（映射）到序列的每一个元素上，用泛函式表示即map(x, f)[1]。

purrr泛函式编程解决循环迭代问题的逻辑是：针对序列中每个单独的元素，怎么处理它能得到正确的结果，将这个过程定义为函数，再map（映射）到序列中的每一个元素，将得到的多个结果（每个元素作用后返回一个结果），再打包到一起返回，并且可以根据想要的结果类型选用对应的map后缀。

对循环迭代返回类型的控制

map系列函数都有后缀形式，以决定循环迭代之后返回的数据类型，这是purrr比apply函数族更先进和便利的一大优势。常用后缀如下。

- map_chr(.x, .f)：返回字符型向量。
- map_lgl(.x, .f)：返回逻辑型向量。
- map_dbl(.x, .f)：返回实数型向量。
- map_int(.x, .f)：返回整数型向量。
- map_dfr(.x, .f)：返回数据框列表，再通过bind_rows按行合并为一个数据框。
- map_dfc(.x, .f)：返回数据框列表，再通过bind_cols按列合并为一个数据框。

purrr风格的公式

在序列上进行循环迭代（应用函数），经常需要自定义函数，但有些简单的函数如果也用

---

[1] 将序列（要操作的数据）作为第一个参数x，是为了便于使用管道。

function 定义，未免显得麻烦和啰嗦。purrr 包提供了对 purrr 风格的公式（匿名函数）的支持，解决了这一问题。如果读者熟悉其他语言的匿名函数，很自然地就能习惯 purrr 风格的公式。

前面提到，purrr 包实现迭代循环是用 map(x, f)，其中 f 是要应用的函数，想用匿名函数来写它，它要应用在序列 x 上，就是要和序列 x 相关联，那么就限定用序列参数名关联好了，即将该序列参数名作为匿名函数的参数使用：

- 一元函数：序列参数是 .x，比如 $f(x) = x^2 + 1$，其 purrr 风格的公式就写为：~ .x ^ 2 + 1
- 二元函数：序列参数是 .x 或 .y，比如 $f(x,y) = x^2 - 3y$，其 purrr 风格的公式就写为：~ .x ^ 2 - 3 * .y
- 多元函数：序列参数是 ..1, ..2, ..3 等，比如 $f(x,y,z) = ln(x+y+z)$，其 purrr 风格的公式就写为：~ log(..1 + ..2 + ..3)

所有序列参数可以用"..."代替，比如，sum(...)同 sum(..1, ..2, ..3)。

（2）map()：依次应用一元函数到一个序列的每个元素

```
map(.x, .f, ...)
map_*(.x, .f, ...)
```
.x 为序列。
.f 为要应用的一元函数，或 purrr 风格公式（匿名函数）。
... 可用于设置函数 .f 的其他参数。

---

map() 函数的作用机制如图 1.15 所示。

map() 返回结果列表，基本同 lapply()。例如，计算前文 df，每列的均值，即依次将 mean() 函数应用到第 1 列、第 2 列……并控制返回结果为 double 向量：

```
map(df, mean)
## $Sepal.Length
## [1] 5.843333
##
## $Sepal.Width
## [1] 3.057333
##
## $Petal.Length
## [1] 3.758
##
## $Petal.Width
## [1] 1.199333
```

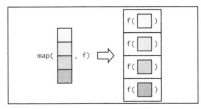

图 1.15 map() 函数的作用机制

说明：df 是数据框（特殊的列表），作为序列其元素依次是：df[[1]], df[[2]]……所以，map(df, mean) 相当于依次计算：mean(df[[1]]), mean(df[[2]])……

返回结果是 double 型数值，更好的做法是，控制返回类型为数值向量，只需使用以下方法：

```
map_dbl(df, mean)
## Sepal.Length  Sepal.Width Petal.Length  Petal.Width
##     5.843333     3.057333     3.758000     1.199333
```

另外，mean() 函数还有其他参数（如 na.rm），若上述计算过程需要设置忽略缺失值，只需使用以下方法：

```
map_dbl(df, mean, na.rm = TRUE)       # 数据不含 NA，故结果同上(略)
map_dbl(df, ~mean(.x, na.rm = TRUE))  # purrr 风格公式写法
```

有了 map() 函数，对于自定义只接受标量的一元函数，比如 f(x)，想要让它支持将向量作为输入，根本不需要改造原函数，只需按以下方式操作：

```
map_*(xs, f)                          # xs 表示若干个 x 构成的序列
```

（3）map2()：依次应用二元函数到两个序列的每对元素

```
map2(.x, .y .f, ...)
map2_*(.x, .y, .f, ...)
```

.x 为序列 1。

.y 为序列 2。

.f 为要应用的二元函数或 purrr 风格公式（匿名函数）。

... 可用于设置函数 .f 的其他参数。

map2() 函数的作用机制如图 1.16 所示。

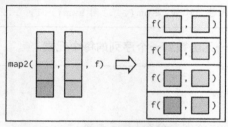

图 1.16　map2() 函数的作用机制

例如，根据身高、体重数据计算 BMI 指数：

```
height = c(1.58, 1.76, 1.64)
weight = c(52, 73, 68)

cal_BMI = function(h, w) w / h ^ 2        # 定义计算 BMI 的函数
map2_dbl(height, weight, cal_BMI)
## [1] 20.83000 23.56663 25.28257
```

说明：序列 1 的元素为 height[[1]],height[[2]]……

序列 2 的元素为 weight[[1]],weight[[2]]……

因此，map2_dbl(height, weight, cal_BMI) 相当于依次计算：

```
cal_BMI(height[[1]], weight[[1]]), cal_BMI(height[[2]], weight[[2]]), ……
```

更简洁的 purrr 风格公式写法（此处省略了自定义函数）如下：

```
map2_dbl(height, weight, ~ .y / .x^2)
```

同样，有了 map2() 函数，对于自定义只接受标量的二元函数，比如 f(x, y)，想要让它支持将向量作为输入，根本不需要改造原函数，只需按以下方式操作：

```
map2_*(xs, ys, f)                     # xs, ys 分别表示若干个 x, y 构成的序列
```

（4）pmap()：应用多元函数到多个序列的每组元素，可以实现对数据框逐行迭代

因为 pmap() 函数是在多个长度相同的列表上进行迭代，而长度相同的列表就是数据框，所以，pmap() 的多元迭代就是依次在数据框的每一行上进行迭代！

```
pmap(.l, .f, ...)
pmap_*(.l, .f, ...)
```

```
.l 为数据框,
.f 为要应用的多元函数
...可设置函数.f 的其他参数
```

注意:".f"是几元函数,对应的数据框".l"就有几列,".f"将依次在数据框".l"的每一行上进行迭代。

pmap() 函数的作用机制如图 1.17 所示。

例如,分别生成不同数量不同均值和标准差的正态分布随机数,代码如下。

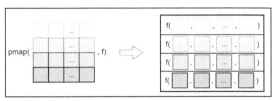

图 1.17 pmap() 函数的作用机制

```
df = tibble(
  n = c(1, 3, 5),
  mean = c(5, 10, -3),
  sd = c(1, 5, 10))
df

## # A tibble: 3 x 3
##       n  mean    sd
##   <dbl> <dbl> <dbl>
## 1     1     5     1
## 2     3    10     5
## 3     5    -3    10

set.seed(123)
pmap(df, rnorm)

## [[1]]
## [1] 4.439524
##
## [[2]]
## [1]  8.849113 17.793542 10.352542
##
## [[3]]
## [1]  -1.707123  14.150650   1.609162 -15.650612  -9.868529
```

说明: 这里的 rnorm(n, mean, sd) 是三元函数,pmap(df, rnorm) 相当于将三元函数 rnorm() 依次应用到数据框 df 的每一行上,即依次执行以下代码:

rnorm(1, 5, 1),rnorm(3, 10, 5),rnorm(5, -3, 10)

注意, 这里 df 中的列名,必须与 rnorm() 函数的参数名相同(列序随便)。若要避免这种局限,可以使用 purrr 风格的公式写法:

```
pmap(df, ~ rnorm(..1, ..2, ..3))     # 或者简写为
pmap(df, ~ rnorm(...))
```

pmap_*() 提供了一种行化操作数据框的办法。

```
pmap_dbl(df, ~ mean(c(...)))          # 按行求均值
## [1] 2.333333 6.000000 4.000000

pmap_chr(df, str_c, sep = "-")        # 将各行拼接在一起
## [1] "1-5-1"    "3-10-5"   "5--3-10"
```

其他 purrr 函数

- imap_*(.x, .f):带索引的 map_*() 系列在迭代的时候既迭代元素,又迭代元素的索引(位置或名字),purrr 风格公式中用 .y 表示索引。

- invoke_map_*(.f, .x, ...):将多个函数依次应用到序列,相当于依次执行:.f[[1]](.x,...), .f[[2]](.x, ...)......

- walk 系列: walk(.l, .f, ...),walk2(.l, .f, ...),pwalk(.l, .f, ...)
  - ♦ 将函数依次作用到序列上，不返回结果。有些批量操作是没有或不关心返回结果的，例如批量保存数据到文件、批量绘图保存到文件等。
- modify 系列: modify(.x, .f, ...), modify2(.x, .y, .f, ...), modify_ depth(.x, .depth, .f, ...)
  - ♦ 将函数 ".f" 依次作用到序列 ".x"，并返回修改后的序列 ".x"。
- reduce(): 可先对序列前两个元素应用函数，再对结果与第 3 个元素应用函数，再对结果与第 4 个元素应用函数……直到所有的元都被 "reduced"。
  - ♦ reduce(1:100, sum) 是对 1~100 求累加和。
  - ♦ reduce() 可用于批量数据连接。
- accumulate(): 与 reduce() 作用方式相同，不同之处是 reduce() 只返回最终的结果，而 accumulate() 会返回所有中间结果。

1.7 自定义函数

编程中的函数是用来实现某个功能，其一般形式为：

```
(返回值 1, ..., 返回值 m) = 函数名(输入 1, ..., 输入 n)
```

你只要把输入给它，它就能在内部进行相应处理，把你想要的返回值给你。

这些输入和返回值，在函数定义时，都要有固定的类型（模具）限制，叫作形参（形式上的参数）；在函数调用时，必须给它对应类型的具体数值，才能真正地去做处理，这叫作实参（实际的参数）。定义函数就好比创造一个模具，调用函数就好比用模具批量生成产品。

使用函数最大的好处，就是将实现的某个功能封装成模具，从而可以反复使用。这就避免了写大量重复的代码，程序的可读性也大大加强。

以前文的**将百分制分数转化为五级制分数**为例，如果有一个百分制分数，就这样转化一次，那么如果有 10 个学生分数，就得写 100 多行代码。因此有必要封装成一个函数。

1.7.1 自定义函数

1. 自定义函数的一般语法

在 R 中，自定义函数的一般格式为：

```
函数名 = function(输入 1, ..., 输入 n) {
    函数体
    return(返回值)
}
```

注意，return 并不是必需的，默认将函数体最后一行的值作为返回值，也就是说 "return(返回值)" 完全可以换成 "返回值"。

2. 自定义一个函数

我们想要自定义一个函数，能够实现把**百分制分数转化为五级制分数**的功能。

基于前面对函数的理解，我们按以下步骤进行。

第一步，分析输入和输出，设计函数外形。

- 输入有几个，分别是什么，适合用什么数据结构存放。
- 输出有几个，分别是什么，适合用什么数据结构存放。

对于本问题，输入有 1 个，百分制分数，适合采用数值型存放；输出有 1 个，五级制分数，适合采用字符串存放。

- 然后就可以设计自定义函数的外形，如下所示：

```
Score_Conv = function(score) {
# 实现将一个百分制分数转化为五级分数
# 输入参数：score 为数值型，百分制分数
# 返回值：res 为字符串型，五级分数
...
}
```

函数名和变量可以随便起名，但是建议使用有具体含义的单词。另外，为函数增加注释是一个好习惯。这些都是为了代码的可读性。

第二步，梳理功能的实现过程。

前言中在谈到"如何自己写代码"时讲到："分解问题 + 实例梳理 + '翻译'及调试"，完全适用于这里，不再赘述。

拿一组本例中（只有一个）具体的形参的值作为输入，比如 76 分，分析怎么得到对应的五级分数"良"。这依赖于对五级分数界限的选取，选定之后做分支判断即可实现，即像前文的条件语句中的示例那样。

复杂的功能就需要更耐心地梳理和思考甚至借助一些算法，当然也离不开对代码片段的调试。

```
score = 76
if(score >= 90) {
  res = "优"
} else if(score >= 80) {
  res = "良"
} else if(score >= 70) {
  res = "中"
} else if(score >= 60) {
  res = "及格"
} else {
  res = "不及格"
}
res

## [1] "中"
```

拿一组具体的形参值作为输入，通过逐步调试可以得到正确的返回值结果，这一步骤非常关键和有必要。

第三步，将第二步的代码封装到函数体。

基本就是原样作为函数体放入函数，原来的变量赋值语句不需要了，只需要形参。具体代码如下所示：

```
Score_Conv = function(score) {
  if(score >= 90) {
    res = "优"
  } else if(score >= 80) {
    res = "良"
```

```
  } else if(score >= 70) {
    res = "中"
  } else if(score >= 60) {
    res = "及格"
  } else {
    res = "不及格"
  }
  res
}
```

3. 调用函数

要调用自定义函数，必须要先加载到当前变量窗口（内存），有两种方法：

- 需要选中并执行函数代码；
- 将函数保存为同名的 `Score_Conv.R` 文件，然后执行 `source("Score_Conv.R")`。

之后就可以调用函数了，给它一个实参 76，输出结果为"中"：

```
Score_Conv(76)
```

```
## [1] "中"
```

关于向函数传递参数

要调用一个函数，比如 `f(x, y)`，首先要清楚其形参 `x` 和 `y` 所要求的类型，假设 `x` 要求是数值向量，`y` 要求是单个逻辑值。

那么，要调用该函数，首先需要准备与形参类型相符的实参（同名异名均可），比如

```
a = c(3.56, 2.1)
b = FALSE
```

再调用函数：

```
f(a, b)        # 同直接给值: f(c(3.56,2.1), FALSE)
```

调用函数时若不指定参数名，则默认是根据位置关联形参，即以 `x = a, y = b` 的方式进入函数体。

调用函数时若指定参数名，则根据参数名关联形参，位置不再重要，比如：

```
f(y = b, x = a)          # 效果同上
```

4. 向量化改进

我们希望自定义函数也能处理向量输入，即输入多个百分制分数，能一下都转化为五级分数。这也是所谓的"向量化编程"思维，就是要习惯用向量（矩阵）去思考、去表达。

方法一：修改自定义函数

将输入参数设计为数值向量，函数体也要相应地修改，借助循环依次处理向量中的每个元素，就相当于再套一层 `for` 循环。

```
Score_Conv2 = function(score) {
  n = length(score)
  res = vector("character", n)
  for(i in 1:n) {
    if(score[i] >= 90) {
      res[i] = "优"
    } else if(score[i] >= 80) {
      res[i] = "良"
    } else if(score[i] >= 70) {
      res[i] = "中"
    } else if(score[i] >= 60) {
      res[i] = "及格"
    } else {
      res[i] = "不及格"
```

```
      }
    }
    res
}

# 测试函数
scores = c(35, 67, 100)
Score_Conv2(scores)
```

```
## [1] "不及格" "及格"    "优"
```

方法二：借助 `apply` 族或 `map` 系列函数

简单的循环语句基本都可以改用 `apply` 族或 `map` 系列函数实现，其作用相当于依次"应用"某函数到序列的每个元素上。

也就是说，不需要修改原函数，直接就能实现向量化操作：

```
scores = c(35, 67, 100)
map_chr(scores, Score_Conv)
```

```
## [1] "不及格" "及格"    "优"
```

5．处理多个返回值

若自定义函数需要有多个返回值，R 的处理方法是，将多个返回值放入一个列表（或数据框），再返回一个列表。

例如，用自定义函数计算一个数值向量的均值和标准差：

```
MeanStd = function(x) {
  mu = mean(x)
  std  = sqrt(sum((x-mu)^2) / (length(x)-1))
  list(mu=mu, std=std)
}
# 测试函数
x = c(2, 6, 4, 9, 12)
MeanStd(x)
```

```
## $mu
## [1] 6.6
##
## $std
## [1] 3.974921
```

6．默认参数值

有时候需要为输入参数设置默认值。以前面的计算数值向量的均值和标准差的函数为例。我们知道，标准差的计算公式有两种形式，一种是总体标准差除以 n，另一种是样本标准差除以 $n-1$。

此时，没有必要写两个版本的函数，只需要再增加一个指示参数，将使用较多的版本设为默认即可。

```
MeanStd2 = function(x, type = 1) {
  mu = mean(x)
  n = length(x)
  if(type == 1) {
    std  = sqrt(sum((x - mu) ^ 2) / (n - 1))
  } else {
    std  = sqrt(sum((x - mu) ^ 2) / n)
  }
  list(mu = mu, std = std)
}
# 测试函数
x = c(2, 6, 4, 9, 12)
# MeanStd2(x)                   # 同 MeanStd(x)
MeanStd2(x, 2)
```

```
## $mu
## [1] 6.6
##
## $std
## [1] 3.555278
```

用 type = 1 来指示表意并不明确，可以用表意更明确的字符串来指示，这就需要用到 switch()，让不同的指示值等于相应的代码块，因为代码块往往是多行，需要用大括号括起来，注意分支与分支之间的逗号不能少。

```
MeanStd3 = function(x, type = "sample") {
  mu = mean(x)
  n = length(x)
  switch(type,
        "sample" = {
          std = sqrt(sum((x - mu) ^ 2) / (n - 1))
          },
        "population" = {
          std = sqrt(sum((x - mu) ^ 2) / n)
          })
  list(mu = mu, std = std)
}
MeanStd3(x)
```

```
## $mu
## [1] 6.6
##
## $std
## [1] 3.974921
```

```
MeanStd3(x, "population")
```

```
## $mu
## [1] 6.6
##
## $std
## [1] 3.555278
```

7. "..." 参数

一般函数参数只接受一个对象，即使不指定参数名，也会按位置对应参数。例如：

```
my_sum = function(x, y) {
    sum(x, y)
}
my_sum(1, 2)
```

```
## [1] 3
```

但是，如果想对 3 个数求和，怎么办？直接用 my_sum(1, 2, 3) 会报错。

"..." 是一个特殊参数，可以接受任意多个对象，并作为一个列表传递它们：

```
dots_sum = function(...) {
    sum(...)
}
dots_sum(1)
```

```
## [1] 1
```

```
dots_sum(1, 2, 3, 4, 5)
```

```
## [1] 15
```

几乎所有 R 的自带函数都在用 "..." 传递参数。 若参数 "..." 后面还有其他参数，为了避免歧义，调用函数时需要对其随后的参数进行命名。

1.7.2 R 自带的函数

除了自定义函数，还可以使用现成的函数。

- 来自 Base R 的函数：可直接使用。
- 来自各种扩展包的函数：需载入包，或加上包名前缀："包名::函数名()"。

这些函数的使用，可以通过"?函数名"查阅其帮助，以及查阅包页面的 Reference manual 和 Vignettes（若有）。

下面对常用的 R 自带的函数做分类总结。

1. 基本数学函数

```
round(x, digits)    # IEEE 754 标准的四舍五入，保留 n 位小数
signif(x, digits)   # 四舍五入，保留 n 位有效数字
ceiling(x)          # 向上取整，例如 ceiling(pi) 为 4
floor(x)            # 向下取整，例如 floor(pi) 为 3
sign(x)             # 符号函数
abs(x)              # 取绝对值
sqrt(x)             # 求平方根
exp(x)              # e 的 x 次幂
log(x, base)        # 对 x 取以……为底的对数，默认以 e 为底
log2(x)             # 对 x 取以 2 为底的对数
log10(x)            # 对 x 取以 10 为底的对数
Re(z)               # 返回复数 z 的实部
Im(z)               # 返回复数 z 的虚部
Mod(z)              # 求复数 z 的模
Arg(z)              # 求复数 z 的辐角
Conj(z)             # 求复数 z 的共轭复数
```

2. 三角函数与双曲函数

```
sin(x)              # 正弦函数
cos(x)              # 余弦函数
tan(x)              # 正切函数
asin(x)             # 反正弦函数
acos(x)             # 反余弦函数
atan(x)             # 反正切函数
sinh(x)             # 双曲正弦函数
cosh(x)             # 双曲余弦函数
tanh(x)             # 双曲正切函数
asinh(x)            # 反双曲正弦函数
acosh(x)            # 反双曲余弦函数
atanh(x)            # 反双曲正切函数
```

3. 矩阵函数

```
nrow(A)             # 返回矩阵 A 的行数
ncol(A)             # 返回矩阵 A 的列数
dim(A)              # 返回矩阵 x 的维数（几行×几列）
colSums(A)          # 对矩阵 A 的各列求和
rowSums(A)          # 对矩阵 A 的各行求和
colMeans(A)         # 对矩阵 A 的各列求均值
rowMeans(A)         # 对矩阵 A 的各行求均值
t(A)                # 对矩阵 A 转置
det(A)              # 计算方阵 A 的行列式
crossprod(A, B)     # 计算矩阵 A 与 B 的内积，t(A) %*% B
outer(A, B)         # 计算矩阵的外积（叉积），A %o% B
diag(x)             # 取矩阵对角线元素，或根据向量生成对角矩阵
diag(n)             # 生成 n 阶单位矩阵
solve(A)            # 求逆矩阵（要求矩阵可逆）
solve(A, B)         # 解线性方程组 AX=B
ginv(A)             # 求矩阵 A 的广义逆(Moore-Penrose 逆)，MASS 包
eigen()             # 返回矩阵的特征值与特征向量(列)
kronecker(A, B)     # 计算矩阵 A 与 B 的 Kronecker 积
svd(A)              # 对矩阵 A 做奇异值分解，A=UDV'
qr(A)               # 对矩阵 A 做 QR 分解：A=QR，Q 为酉矩阵，R 为阶梯形矩阵
chol(A)             # 对正定矩阵 A 做 Choleski 分解，A=P'P，P 为上三角矩阵
A[upper.tri(A)]     # 提取矩阵 A 的上三角矩阵
```

```
A[lower.tri(A)]              # 提取矩阵 A 的下三角矩阵
```

4. 概率函数

```
factorial(n)                # 计算 n 的阶乘
choose(n, k)                # 计算组合数
gamma(x)                    # Gamma 函数
beta(a, b)                  # beta 函数
combn(x, m)                 # 生成 x 中任取 m 个元的所有组合，x 为向量或整数 n
```

例如：

```
combn(4, 2)
##      [,1] [,2] [,3] [,4] [,5] [,6]
## [1,]    1    1    1    2    2    3
## [2,]    2    3    4    3    4    4
```

```
combn(c("甲","乙","丙","丁"), 2)
##      [,1] [,2] [,3] [,4] [,5] [,6]
## [1,] "甲" "甲" "甲" "乙" "乙" "丙"
## [2,] "乙" "丙" "丁" "丙" "丁" "丁"
```

在 R 中，常用的概率函数有密度函数、分布函数、分位数函数、生成随机数函数，其写法为：

- d = 密度函数（density）
- p = 分布函数（distribution）
- q = 分位数函数（quantile）
- r = 生成随机数（random）

上述"4 个字母 + 分布的缩写"，就构成通常的概率函数。常用的概率分布及缩写如表 1.6 所示。

```
dnorm(3, 0, 2)              # 正态分布 N(0, 4) 在 3 处的密度值
## [1] 0.0647588
```

```
pnorm(1:3, 1, 2)           # N(1,4) 分布在 1,2,3 处的分布函数值
## [1] 0.5000000 0.6914625 0.8413447
```

```
# 命中率为 0.02，独立射击 400 次，至少击中两次的概率
1 - sum(dbinom(0:1, 400, 0.02))
## [1] 0.9971655
```

```
pnorm(2, 1, 2) - pnorm(0, 1, 2)   # X~N(1, 4)，求 P{0<X<=2}
## [1] 0.3829249
```

```
qnorm(1-0.025,0,1)         # N(0,1) 的 0.975 分位数
## [1] 1.959964
```

生成随机数[①]：

```
set.seed(123)              # 设置随机种子，以重现随机结果
rnorm(5, 0, 1)             # 生成 5 个服从 N(0,1) 分布的随机数
## [1] -0.56047565 -0.23017749  1.55870831  0.07050839  0.12928774
```

表 1.6　常用的概率分布及缩写

分布名称	缩写	参数及默认值
二项分布	binom	size, prob
多项分布	multinom	size, prob

---

① 自然界中的随机现象是真正随机发生且不可重现的，计算机中模拟的随机现象包括生成随机数、随机抽样，这并不是真正的随机，而是可以重现的。通过设置相同的起始种子值就可以重现，故称为"伪随机"。

分布名称	缩写	参数及默认值
负二项分布	nbinom	size, prob
几何分布	geom	prob
超几何分布	hyper	m, n, k
泊松分布	pois	lambda
均匀分布	unif	min=0, max=1
指数分布	exp	rate=1
正态分布	norm	mean=0, sd=1
对数正态分布	lnorm	meanlog=0, stdlog=1
t 分布	t	df
卡方分布	chisq	df
F 分布	f	df1, df2
Wilcoxon 符号秩分布	signrank	n
Wilcoxon 秩和分布	wilcox	m, n
柯西分布	cauchy	location=0, scale=1
Logistic 分布	logis	location=0, scale=1
Weibull 分布	weibull	shape, scale=1
Gamma 分布	gamma	shape, scale=1
Beta 分布	beta	shape1, shape2

随机抽样：

sample()函数，用来从向量中重复或非重复地随机抽样，基本格式为：

```
sample(x, size, replace = FALSE, prob)
```

x：向量或整数。
size：设置抽样次数。
replace：设置是否重复抽样。
prob：设定抽样权重。

```
set.seed(2020)
sample(c("正","反"), 10, replace=TRUE)   # 模拟抛 10 次硬币

##  [1] "反" "反" "正" "反" "反" "正" "正" "反" "反" "反"

sample(1:10, 10, replace=FALSE)           # 随机生成 1~10 的某排列

##  [1]  1  8  9  2  7  5  6  3  4 10
```

5. 统计函数

```
min(x)          # 求最小值
cummin(x)       # 求累计最小值
max(x)          # 求最大值
cummax(x)       # 求累计最大值
range(x)        # 求 x 的范围：[最小值，最大值] (向量)
sum(x)          # 求和
cumsum(x)       # 求累计和
prod(x)         # 求积
cumprod(x)      # 求累计积
mean(x)         # 求平均值
```

```
median(x)              # 求中位数
quantile(x, pr)        # 求分位数，x 为数值向量，pr 为概率值
sd(x)                  # 求标准差
var(x)                 # 求方差
cov(x)                 # 求协方差
cor(x)                 # 求相关系数
scale(x, center=TRUE, scale=FALSE)  # 对数据做中心化：减去均值
scale(x, center=TRUE, scale=TRUE)   # 对数据做标准化
```

自定义归一化函数：

```
rescale = function(x, type=1) {
  # type=1 正向指标，type=2 负向指标
  rng = range(x, na.rm = TRUE)
  if (type == 1) {
    (x - rng[1]) / (rng[2] - rng[1])
  } else {
    (rng[2] - x) / (rng[2] - rng[1])
  }
}

x = c(1, 2, 3, NA, 5)
rescale(x)
```

```
## [1] 0.00 0.25 0.50   NA 1.00
```

```
rescale(x, 2)
```

```
## [1] 1.00 0.75 0.50   NA 0.00
```

6. 时间序列函数

lag() 函数，用来计算时间序列的滞后，基本格式为：

```
lag(x, k, ...)
```

x：为数值向量/矩阵或一元/多元时间序列；

k：为滞后阶数，默认为 1。

diff() 函数，用来计算时间序列的差分，基本格式为：

```
diff(x, lag = 1, difference = 1, ...)
```

x：为数值向量/矩阵；

lag：为滞后阶数，默认为 1；

difference：为差分阶数，默认为 1。

Y_t 的 j 阶滞后为 Y_{t-j}：

```
x = ts(1:8, frequency = 4, start = 2015)
x
```

```
##      Qtr1 Qtr2 Qtr3 Qtr4
## 2015    1    2    3    4
## 2016    5    6    7    8
```

```
stats::lag(x, 4)        # 避免被 dplyr::lag() 覆盖
```

```
##      Qtr1 Qtr2 Qtr3 Qtr4
## 2014    1    2    3    4
## 2015    5    6    7    8
```

Y_t 的一阶差分为 $\Delta Y_t = Y_t - Y_{t-1}$，二阶差分为 $\Delta^2 Y_t = \Delta Y_t - \Delta Y_{t-1}$ ……

```
x = c(1, 3, 6, 8, 10)
x
```

```
## [1]  1  3  6  8 10
```

```
diff(x, differences = 1)
```

```
## [1] 2 3 2 2
diff(x, differences = 2)
## [1]  1 -1  0
diff(x, lag = 2, differences = 1)
## [1] 5 5 4
```

7. 其他函数

```
unique(x, ...)                    # 返回唯一值, 即去掉重复元素或观测
duplicated(x, ...)                # 判断元素或观测是否重复(多余), 返回逻辑值向量
anyDuplicated(x, ...)             # 返回重复元素或观测的索引
rle(x)                            # 统计向量中连续相同值的长度
inverse.rle(x)                    # rle()的反向版本, x 为 list(lengths, values)
dput(x, file)                     # 方便创建最小可重现案例用于向他人提问
get()/mget()                      # 根据名字获取一个或多个当前对象的值
# 文件操作函数
list.files(path,pattern, ...)         # 列出某路径下的匹配的文件路径
file.create(...)
file.exists(...)
file.remove(...)
file.rename(from, to)
file.append(file1, file2)
file.copy(from, to, overwrite, ...)
```

拓展学习

读者如果想进一步了解 R 语言的基本语法, 建议大家阅读 Hadley 编写的《R 数据科学》(*R for Data Science*) 和 *Advanced R*, 任坤编写的《R 语言编程指南》, 李东风编写的《R 语言教程》。

读者如果想进一步了解 R 语言与时间序列, 建议大家阅读 Hyndman 编写的 *Forecasting: Principles and Practice, 3rd Edition*。

读者如果想进一步了解因子、字符串、日期时间、泛函式循环迭代, 建议大家了解 forcats 包、stringr 包、lubridate 包、purrr 包文档及相关资源。

2 数据操作

前面章节已涵盖了 R 语言的基本语法，特别是让读者训练了**向量化编程思维**（同时操作一系列数据）、**函数式编程思维**（采用自定义函数解决问题+泛函式循环迭代）。

R 语言更多的是与数据打交道，本章正式进入 `tidyverse` 系列，全面讲解用"管道流、整洁流"操作数据的基本语法，包括数据读写、数据连接、数据重塑，以及各种数据操作。

本章最核心的目的是训练读者的数据思维，那么什么是数据思维？我理解的数据思维如图 2.1 所示。

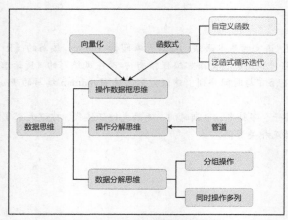

图 2.1　tidyverse 优雅编程思维

我认为最关键的三点如下所示。

（1）将向量化编程思维和函数式编程思维，纳入数据框或更高级的数据结构中。

比如，向量化编程能同时操作一个向量的数据，我们将其转变成在数据框中操作一列的数据或者同时操作数据框的多列，甚至分别操作数据框每个分组的多列；将函数式编程转变成为想实现的操作自定义函数（或使用现成函数），再依次应用到数据框的多个列上，以修改列或进行汇总。

（2）将复杂数据操作分解为若干基本数据操作。

复杂数据操作都可以分解为若干简单的基本数据操作：数据连接、数据重塑（长宽变换/拆分合并列）、排序行、选择列、修改列、分组汇总等。一旦完成问题的梳理和分解，又熟悉每个基本的数据操作，用"管道流"依次对数据做操作即可。

（3）接受数据分解的操作思维。

比如，想对数据框进行分组，分别对每组数据做操作，整体来看这是不容易想透的复杂事情，实际上只需通过 `group_by()` 分组，然后把你要对一组数据做的操作进行实现；再比如，用 `across()` 同时操作多列，实际上只需把对一列数据要做的操作进行实现。这就是数据分解的操作思维，这些函数会帮你"分解+分别操作+合并结果"，你只需要关心分别操作的部分，它就变成一件简单的事情。

很多从 C 语言等转到 R 语言的编程新手，总习惯于使用 `for` 循环逐个元素操作、每个计算都得"眼见为实"，这都是训练数据思维的大忌，是最应该首先摒弃的恶习。

2.1 tidyverse 简介与管道

2.1.1 tidyverse 包简介

`tidyverse` 包是 Hadley Wickham 及团队的集大成之作，是专为数据科学而开发的一系列包的合集。`tidyverse` 包**基于整洁数据，提供了一致的底层设计哲学、语法、数据结构**。tidyverse的核心包如图 2.2 所示。

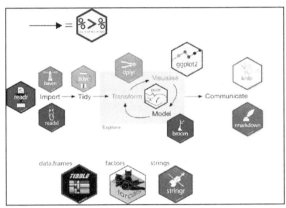

图 2.2 tidyverse 的核心包

`tidyverse` 用**"现代的""优雅的"**方式，以**管道式、泛函式**编程技术实现了数据科学的整个流程——**数据导入、数据清洗、数据操作、数据可视化、数据建模、可重现与交互报告**。tidyverse 整洁工作流如图 2.3 所示。

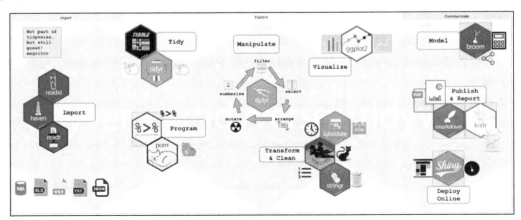

图 2.3 tidyverse 整洁工作流

`tidyverse` 操作数据的优雅，就体现在以下方面：

- 每一步要"做什么"，就写"做什么"，用管道依次做下去，并得到最终结果。

- 代码读起来，就像是在读文字叙述一样，顺畅自然，毫无滞涩。

在 tidyverse 包的引领下，近年来涌现出一系列具体研究领域的 tidy* 风格的包：tidymodels（统计与机器学习）、mlr3verse（机器学习）、rstatix（应用统计）、tidybayes（贝叶斯模型）、tidyquant（金融）、fpp3 和 timetk（时间序列）、quanteda（文本挖掘）、tidygraph（网络图）、sf（空间数据分析）、tidybulk（生物信息）、sparklyr（大数据）等。

tidyverse 与 data.table

tidyverse 操作数据语法优雅、容易上手，但效率与主打高效的 data.table 包不可同日而语，处理几 GB 甚至十几 GB 的数据，就需要用 data.table。

但 data.table 的语法高度抽象、不容易上手。本书不对 data.table 做过多展开，只讲一下基本使用。另一种不错的方案是使用专门的转化包：有不少尝试在底层用 data.table，在上层用 tidyverse 语法包装（转化），如 dtplyr、tidyfst 等。

2.1.2 管道操作

1. 什么是管道操作

magrittr 包引入了管道操作，能够通过管道将数据从一个函数传给另一个函数，从而用若干函数构成的**管道**依次变换你的数据。

例如，对数据集 mtcars，先按分类变量 cyl 分组，再对连续变量 mpg 做分组并汇总计算均值：

```
library(tidyverse)
mtcars %>%
  group_by(cyl) %>%
  summarise(mpg_avg = mean(mpg))

## # A tibble: 3 x 2
##     cyl mpg_avg
##   <dbl>   <dbl>
## 1     4    26.7
## 2     6    19.7
## 3     8    15.1
```

管道运算符 "%>%"（Windows 快捷键：Shift + Ctrl + M；Mac 快捷键：Cmd + Shift + M）的意思是：将左边的运算结果，以输入的方式传给右边函数。把若干个函数通过管道链接起来，叫作**管道**（pipeline）。

```
x %>% f() %>% g()                # 等同于 g(f(x))
```

对该管道示例应该这样理解：**依次对数据进行若干操作，先对 x 进行 f 操作，接着对结果进行 g 操作。**

管道也支持 base R 函数，例如：

```
month.abb %>%                    # 内置月份名缩写字符向量
  sample(6) %>%
  tolower() %>%
  str_c(collapse = "|")
## [1] "apr|aug|feb|oct|dec|jun"
```

> **注意**：R 4.1 增加了同样功能的管道运算符 "|>"。

使用管道的好处是：

- 避免使用过多的中间变量；
- 程序可读性大大增强。

管道操作的过程，其代码读起来就是对原数据集依次进行一系列操作的过程。而非管道操作，其代码读起来与操作的过程是相反的，比如同样实现上例，非管道操作的代码如下：

```
str_c(tolower(sample(month.abb, 6)), collapse="|")
```

2. 常用管道操作

（1）管道默认将数据传给下一个函数的第 1 个参数，且该参数可以省略

```
c(1, 3, 4, 5, NA) %>%
  mean(., na.rm = TRUE)      # "."可以省略
c(1, 3, 4, 5, NA) %>%
  mean(na.rm = TRUE)         # 推荐写法
```

这种机制使得管道代码看起来就是：从数据开始，依次用函数对数据施加一系列的操作（变换数据），各个函数都直接从非数据参数开始写即可，而不用再额外操心数据的事情，数据会自己沿管道向前"流动"。正是这种管道操作，使得 tidyverse 能够**优雅**地操作数据。

因此，tidyverse 中的函数都设计为将数据作为第 1 个参数，自定义的函数也建议这样做。

（2）数据可以在下一个函数中使用多次

数据经过管道默认传递给函数的第 1 个参数（通常直接省略）；若在非第 1 个参数处使用该数据，必须用"."代替（绝对不能省略），这使管道作用更加强大和灵活。下面看一些具体实例：

```
# 数据传递给 plot 第一个参数作为绘图数据 (.省略),
# 同时用于拼接成字符串给 main 参数用于图形标题
c(1, 3, 4, 5) %>%
  plot(main = str_c(., collapse=","))
# 数据传递给第二个参数 data
mtcars %>% plot(mpg ~ disp, data = .)
# 选择列
iris %>% .$Species            # 选择 Species 列内容
iris %>% pull(Species)        # 同上
iris %>% .[1:3]               # 选择 1-3 列子集
```

再来看一个更复杂的例子——分组批量建模，代码如下：

```
mtcars %>%
  group_split(cyl) %>%
  map(~ lm(mpg ~ wt, data = .x))
```

group_split() 是将数据框 mtcars 根据其 cyl 列（包含 3 个水平的分类变量）进行分组，得到包含 3 个成分的列表；列表接着传递给 map(.x, .f) 的第一个参数（直接省略），~ lm(mpg ~ wt, data = .x) 是第二个参数，即".f"，该参数使用了 purrr 风格公式写法。

整体来看，实现的是分组建模：将数据框根据分类变量分组，再用 map 循环机制依次对每组数据建立线性回归模型。

> 建议进行区分："."用于管道操作中代替数据；".x"用于 purrr 风格公式（匿名函数）。

2.2 数据读写

2.2.1 用于数据读写的包与函数

先来罗列一下读写常见数据文件的包和函数，具体使用可查阅其帮助。

1. readr 包

readr 包可以读写带分隔符的文本文件（如 csv 和 tsv），也能读写序列化的 R 对象 rds。

若想保存数据集后续再加载回来，rds 将保存元数据和该对象的状态，如分组和数据类型。

readr 2.0 版本发布后，read_csv() 采用 vroom 引擎，读取性能大大提升，同时支持批量读取文件。readr 包的函数用法如下。

- 读入数据到数据框：read_csv() 和 read_tsv()。
- 读入欧式格式数据[①]：read_csv2() 和 read_tsv2()。
- 读写 rds 数据：read_rds() 和 write_rds()。
- 写出数据到文件：write_csv()、write_tsv()、write_csv2() 和 write_tsv2()。
- 转化数据类型：parse_number()、parse_logical() 和 parse_factor() 等。

2. readxl 包

readxl 包专门读取 Excel 文件，包括同一个工作簿中的不同工作表，相关函数如下。

- read_excel()：自动检测 xls 或 xlsx 文件。
- read_xls()：读取 xls 文件。
- read_xlsx()：读取 xlsx 文件。

读写 Excel 文件好用的包，还有 openxlsx。

3. haven 包

读写 SPSS、Stata、SAS 数据的函数如下。

- 读：read_sav()、read_dta() 和 read_sas()。
- 写：write_sav()、write_dta() 和 write_sas()。

4. jsonlite 包

读写 JSON 数据，并将这些数据与 R 数据结构相互转换的函数如下。

- 读：read_json() 和 fromJSON()。
- 写：write_json() 和 toJSON()。

5. readtext 包

读取全部文本文件的内容到数据框，把每个文件变成一行，常用于文本挖掘[②]或数据收集。readtext 包还支持读取 csv、tab、json、xml、html、pdf、doc、docx、rtf、xls、xlsx 等。

- readtext()：返回数据框，其中 doc_id 列为文档标识，text 列为读取的全部文本内容（1 个字符串）。

```
library(readtext)
document = readtext("data/十年一觉.txt")
document

## readtext object consisting of 1 document and 0 docvars.
## # Description: df [1 x 2]
##   doc_id        text
##   <chr>         <chr>
## 1 十年一觉.txt "\"    "这位公子爷\""..."
```

2.2.2 数据读写实例

以读取 csv 和 Excel 文件为例进行演示，要读取其他类型的数据文件时，换成其他读取函数即可。

---

① 欧式格式数据以 ";" 为分隔符 "," 为小数位。
② 做文本挖掘的 R 包有 tidytext，中文文本挖掘相比英文文本挖掘多了 jiebaR 包分词的前期步骤。

读取 csv 文件的示例如下：

```
read_csv(file, col_names, col_select, col_types, locale, skip, na, n_max, ...)
```

- `file`：数据文件所在的相对路径或绝对路径、网址、压缩包、批量文件路径等。
- `col_names`：第一行是否作为列名。
- `col_select`：支持 `dplyr` 选择列语法选择要读取的列。
- `col_types`：设置列类型[①]，默认 NULL（全部猜测），可为每列单独设置，例如设置 3 列的列类型（缩写）为 `coltypes="cnd"`。
- `locale`：设置区域语言环境（时区、编码方式、小数标记、日期格式），主要是用来设置所读取数据文件的编码方式，如从默认"UTF-8"编码改为"GBK"编码：`locale = locale(encoding = "GBK")`。
- `skip`：开头跳过的行数。
- `na`：设置把什么值解读为缺失值。
- `n_max`：读取的最大行数。

此外，还有参数 `comment`（忽略的注释标记）、`skip_empty_rows` 等。

读取 Excel 文件的示例如下：

```
read_xlsx(path, sheet, range, col_names, col_types, skip, na, n_max, ...)
```

`path`：数据文件所在的相对路径或绝对路径。

`sheet`：要读取的工作表。

`range`：要读取的单元格范围。

`col_names`：第一行是否作为列名。

`col_types`：设置列类型[②]，可总体设置一种类型（循环使用）或为每列单独设置，默认为 NULL（全部猜测）。

此外，也有和 `read_csv` 函数相同的参数：`skip`、`na`、`n_max`。

`readr` 包读取数据的函数，默认会保守猜测各列的列类型。若在读取数据时部分列有丢失信息，则建议先将数据以文本（字符）型读取进来，再用 `dplyr` 修改列类型。

---

1. 读取 csv 文件

```
df = read_csv("data/六1班学生成绩.csv")
df
```

```
## # A tibble: 4 x 6
##    班级   姓名   性别   语文  数学  英语
##    <chr> <chr>  <chr> <dbl> <dbl> <dbl>
## 1 六1班  何娜   女      87    92    79
## 2 六1班  黄才菊  女      95    77    75
## 3 六1班  陈芳妹  女      79    87    66
## 4 六1班  陈学勤  男      82    79    66
```

另外，`readr 2.0` 提供了非常简单的方法实现批量读取并合并 csv 文件（列名/列类型相同）：

```
files = fs::dir_ls("data/read_datas", recurse = TRUE, glob = "*.csv")
df = read_csv(files)
```

---

① `read_csv()` 可以选择的列类型："c"（字符型），"i"（整数型），"n"（数值型），"d"（浮点型），"l"（逻辑型），"f"（因子型），"D"（日期型），"T"（日期时间型），"t"（时间型），"?"（猜测该列类型），"_"或-（跳过该列）。

② `read_xlsx()` 可以选择的列类型："skip"（跳过该列），"guess"（猜测该列）"logical""numeric""date""text""list"。

2. 批量读取 Excel 文件

批量读取的数据文件往往具有相同的列结构（列名、列类型），读入后紧接着需要按行合并为一个数据框。批量读取并合并，其原理很简单，总共分三步：

- 获取批量数据文件的路径；
- 通过循环机制批量读取数据；
- 合并成一个数据文件。

强大的 purrr 包使后两步可以同时做，即借助以下方式：

```
map_dfr(.x, .f, .id)
```

将函数".f"依次应用到序列".x"的每个元素返回数据框，再通过 bind_rows 按行合并为一个数据框，".id"可用来增加新列描述来源。

比如，在 read_datas 文件夹下有 5 个 xlsx 文件，如图 2.4 所示，每个文件的列名都是相同的。

图 2.4 批量读取的数据文件

首先得到要导入的全部 Excel 文件的完整路径，可以任意嵌套，只需将参数 recurse 设为 TRUE：

```
files = fs::dir_ls("data/read_datas", recurse = TRUE, glob = "*.xlsx")
files
```

```
## data/read_data/六 1 班学生成绩.xlsx
## data/read_data/六 3 班学生成绩.xlsx
## data/read_data/六 4 班学生成绩.xlsx
## data/read_data/六 5 班学生成绩.xlsx
## data/read_data/新建文件夹/六 2 班学生成绩.xlsx
```

接着，用 map_dfr() 在该路径向量上进行迭代，把 read_xlsx() 应用到每个文件路径，再按行合并。另外，再多做一步：用 set_names() 将文件路径字符向量创建为命名向量，再结合参数".id"将路径值作为数据来源列。

```
library(readxl)
df = map_dfr(files, read_xlsx)
head(df)
```

```
## # A tibble: 6 x 6
##    班级  姓名   性别   语文  数学  英语
##    <chr> <chr>  <chr> <dbl> <dbl> <dbl>
## 1 六 1 班 何娜   女      87    92    79
## 2 六 1 班 黄才菊 女      95    77    75
## 3 六 1 班 陈芳妹 女      79    87    66
## 4 六 1 班 陈学勤 男      82    79    66
## 5 六 3 班 江佳欣 女      80    69    75
## 6 六 3 班 何诗婷 女      76    53    72
```

```
# 增加一列表明数据来自哪个文件
df = map_dfr(set_names(files), read_xlsx, .id = "来源")
head(df)
```

```
## # A tibble: 6 x 7
##   来源                                  班级  姓名  性别   语文  数学  英语
##   <chr>                                 <chr> <chr> <chr> <dbl> <dbl> <dbl>
## 1 data/read_data/六 1 班学生成绩~  六 1 班 何娜  女      87    92    79
## 2 data/read_data/六 1 班学生成绩~  六 1 班 黄才~ 女      95    77    75
## 3 data/read_data/六 1 班学生成绩~  六 1 班 陈芳~ 女      79    87    66
## 4 data/read_data/六 1 班学生成绩~  六 1 班 陈学~ 男      82    79    66
## 5 data/read_data/六 3 班学生成绩~  六 3 班 江佳~ 女      80    69    75
## 6 data/read_data/六 3 班学生成绩~  六 3 班 何诗~ 女      76    53    72
```

files 是由文件路径构成的字符向量（未命名，只能通过索引访问），set_names(files)

函数将该字符向量变成已命名的字符向量，名字就用元素值命名；上例中参数“.id”定义的新列“来源”将使用这些名字。

函数 read_xlsx() 中的其他控制读取的参数，可直接作为 map_dfr 参数在后面添加，或改用 purrr 风格的公式形式：

```
map_dfr(set_names(files), read_xlsx, sheet = 1, .id = "来源")    # 或者
map_dfr(set_names(files), ~ read_xlsx(.x, sheet = 1), .id = "来源")
```

若批量 Excel 数据是来自同一 xlsx 文件的多个 sheet，比如还是上述数据，只是分布在“学生成绩.xlsx”的 5 个 sheet 中，如图 2.5 所示。

	A	B	C	D	E	F
1	班级	姓名	性别	语文	数学	英语
2	六1班	何娜	女	87	92	79
3	六1班	黄才菊	女	95	77	75
4	六1班	陈芳妹	女	79	87	66
5	六1班	陈学勤	男	82	79	66
6						

六1班 | 六2班 | 六3班 | 六4班 | 六5班

图 2.5 包含多个 sheet 的 Excel 工作簿

```
path = "data/学生成绩.xlsx"                    # Excel 文件路径
df = map_dfr(set_names(excel_sheets(path)),
             ~ read_xlsx(path, sheet = .x), .id = "sheet")
head(df)
```

```
## # A tibble: 6 x 7
##   sheet 班级  姓名   性别   语文  数学  英语
##   <chr> <chr> <chr>  <chr> <dbl> <dbl> <dbl>
## 1 六 1 班 六 1 班 何娜   女      87    92    79
## 2 六 1 班 六 1 班 黄才菊 女      95    77    75
## 3 六 1 班 六 1 班 陈芳妹 女      79    87    66
## 4 六 1 班 六 1 班 陈学勤 男      82    79    66
## 5 六 2 班 六 2 班 黄祖娜 女      94    88    75
## 6 六 2 班 六 2 班 徐雅琦 女      92    86    72
```

> excel_sheets() 函数作用在该 Excel 文件上，提取各个 sheet 名字，得到字符向量；然后同样是实现批量读取，只是这次是在 sheet 名字的字符向量上循环而已。

3. 写出到一个 Excel 文件

用 readr 包中的 write_csv() 和 write_rds() 或 writexl 包中的 write_xlsx() 可以保存数据到文件。

以写出到 Excel 文件为例：

```
library(writexl)
write_xlsx(df, "data/output_file.xlsx")
```

4. 批量写出到 Excel 文件

比如有多个数据框，存在一个列表中，依次将它们写入文件，需要准备好文件名；在该数据框列表和文件名上，依次应用写出函数 write_xlsx()，这里不需要返回值，故适合用 purrr 包中的 walk2() 函数：

```
dfs = iris %>%
  group_split(Species)          # 鸢尾花按组分割，得到数据框列表
files = str_c("data/", levels(iris$Species), ".xlsx")   # 准备文件名
walk2(dfs, files, write_xlsx)
```

或者用 group_nest() 分组嵌套，用 mutate() 修改路径列，再用 pwalk() 逐行迭代批

量写出：

```
iris %>% group_nest(Species)%>%
  mutate (Species = str_c("data/", "Species", ".xlsx"))%>%
pwalk(~write_xlsx(...2, ...1 ))
```

若要将多个数据框分别写入一个 Excel 文件的多个 sheet，先将多个数据框创建为命名列表（名字将作为 sheet 名），再用 write_xlsx() 写出即可：

```
dfs = dfs %>%
  set_names(levels(iris$Species))
write_xlsx(dfs, "data/iris.xlsx")
```

5. 保存与载入 rds 数据

除了 save() 和 load() 函数外，下面以导出数据到 .rds 文件为例，因为它能保存数据框及其元数据，如数据类型和分组等。

```
write_rds(iris, "my_iris.rds")
dat = read_rds("my_iris.rds")                    # 导入.rds 数据
```

2.2.3 连接数据库

R 操作数据是先将数据载入内存，当数据超过内存限制时，可能会让你束手无策。一种解决办法是，将大数据存放在远程数据库（远程服务器或本地硬盘），然后建立与 R 的连接，再从 R 中执行查询、探索、建模等。

注意，对于内存可以应付的数据集，是没有必要这样操作的。

dplyr 是 tidyverse 操作数据的核心包，而 dbplyr 包是用于数据库的 dplyr 后端，让你能够操作远程数据库中的数据表，就像它们是内存中的数据框一样。安装 dbplyr 包时，还会自动安装 DBI 包，它提供了通用的接口，使我们能够用相同的代码与许多不同的数据库连用。

dplyr 支持常见的主流数据库软件：SQL Server、MySQL、Oracle 等但还需要为其安装特定的驱动，具体如下所示。

- RMariaDB 包：连接到 MySQL 和 MariaDB。
- RPostgres 包：连接到 Postgres 和 Redshift。
- RSQLite 包：嵌入 SQLite 数据库[①]。
- odbc 包：通过开放数据库连接协议连接到许多商业数据库。
- bigrquery 包：连接到谷歌的 BigQuery。

下面以 R 连接 MySQL 数据库为例，用小数据集演示基本操作。当然，连接其他数据库也是类似的方式。

（1）配置 MySQL 开发环境

我这里是用的 MySQL zip 版和 Navicat（数据库管理工具），具体操作可参考 CSDN 文章"Win10 安装 mysql-8.0.11-win64 详细步骤"中所述的操作步骤（或参考知乎网站上"八咫镜"发布的"mysql 安装及配置"一文）。

（2）新建 MySQL 连接和数据库

在 Navicat 新建 MySQL 连接，输入连接名（随便起名）和配置 MySQL 时设好的用户名及相应密码。操作界面如图 2.6 所示。

打开该连接，右键新建数据库，数据库名为 mydb（可随便起名），选择字符编码和排序规

---

① SQLlite 已经嵌入 R 包中，是不需要额外安装数据库软件就能直接用的轻量级数据库。

则。新建数据库的操作界面如图 2.7 所示。

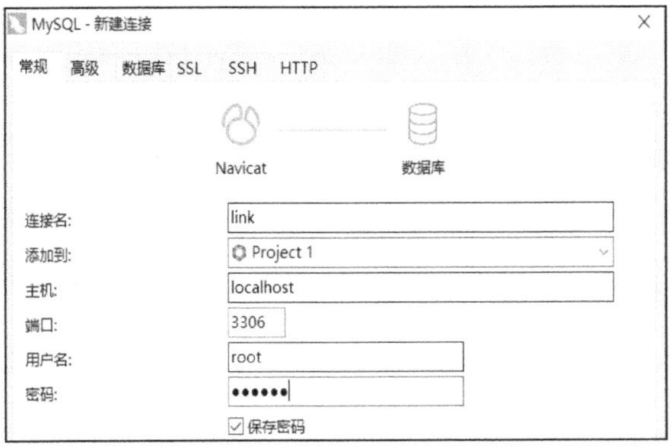

图 2.6 在 Navicat 中新建 MySQL 连接

图 2.7 新建数据库的操作界面

（3）建立 R 与 MySQL 的连接

先加载 RMariaDB 包，再用 dbConnect() 函数来建立连接，需要提供数据库后端、用户名、密码、数据库名、主机：

```
library(RMariaDB)
con = dbConnect(MariaDB(), user = "root", password = "123456",
                dbname = "mydb", host = "localhost")
dbListTables(con)       # 查看 con 连接下的数据表
## character(0)
```

该结果表明该连接下还没有数据表。

（4）创建数据表

在该连接下，若已有 MySQL 数据表则直接进入下一步，否则有两种方法可以创建数据表。

- 在 MySQL 端，从 Navicat 创建表，可从外部数据文件导入数据表。
- 在 R 端读取数据，再通过 dbWriteTable() 函数写入数据表；若是读取大数据，可以借助循环逐块地读取并追加写入。

```
datas = read_xlsx("data/ExamDatas.xlsx")
dbWriteTable(con, name = "exam", value = datas, overwrite = TRUE)
dbListTables(con)
## [1] "exam"
```

（5）数据表引用

用 tbl() 函数获取数据表的引用，引用是一种浅复制机制，能够不做物理复制而使用数据，一般处理大数据都采用该策略。

```
df = tbl(con, "exam")
df
## # Source:   table<exam> [?? x 8]
## # Database: mysql [root@localhost:NA/mydb]
##   class name  sex   chinese  math english moral science
##   <chr> <chr> <chr>   <dbl> <dbl>   <dbl> <dbl>   <dbl>
## 1 六1班 何娜  女         87    92      79     9      10
## 2 六1班 黄才菊 女        95    77      75     8       9
## 3 六1班 陈芳妹 女        79    87      66     9      10
## 4 六1班 陈学勤 男        82    79      66     9      10
## 5 六1班 陈祝贞 女        76    79      67     8      10
## 6 六1班 何小薇 女        83    73      65     8       9
## # ... with more rows
```

输出数据表引用，效果看起来和 `tibble` 几乎一样，主要区别在于数据表引用是来自远程 MySQL 数据库的。

（6）数据表查询

与数据库交互，通常是用 SQL（结构化查询语言），几乎所有的数据库都在使用 SQL. dbplyr 包让 R 用户用 dplyr 语法就能执行 SQL 查询，就像在 R 中操作数据框一样：

```
df %>%
  group_by(sex) %>%
  summarise(avg = mean(math, na.rm = TRUE))
## # Source:   lazy query [?? x 2]
## # Database: mysql [root@localhost:NA/mydb]
##   sex     avg
##   <chr> <dbl>
## 1 女      69.1
## 2 男      65.2
```

普通数据框与远程数据库查询之间最重要的区别是，你的 R 代码被翻译成 SQL 并在远程服务器上的数据库中执行，而不是在本地机器上的 R 中执行。当与数据库一起工作时，dplyr 试图尽可能地懒惰，例如：

- 除非明确要求（例如后接 collect()），否则它不会把数据拉到 R 中；
- 它把任何工作都尽可能地推迟到最后一刻（把你想做的所有事情合在一起，然后一步送到数据库中）。

dbplyr 包还提供了将 dplyr 代码翻译成 SQL 查询代码的函数 show_query()，以便将代码进一步用于 MySQL，或 dbSendQuery() 和 dbGetQuery()：

```
df %>%
  group_by(sex) %>%
  summarise(avg = mean(math, na.rm = TRUE)) %>%
  show_query()
## <SQL>
## SELECT `sex`, AVG(`math`) AS `avg`
## FROM `exam`
## GROUP BY `sex`
dbGetQuery(con, "SELECT `sex`, AVG(`math`) AS `avg`
                 FROM `exam`
                 GROUP BY `sex`")
##   sex      avg
## 1 女 69.11538
## 2 男 65.20833
```

最后，关闭 R 与 MySQL 的连接，代码如下：

```
dbDisconnect(con)
```

2.2.4 关于中文编码

中文乱码是让很多编程者头痛的问题。

1. 什么是编码[①]

文字符号在计算机中是用 0 和 1 组成的字节序列表示的，编码就是将字节序列与所要表示的文字符号建立起映射。

要让各种文字符号（字符集）正常显示和使用，需要做两件事情：

- 为所有文字符号建立一一对应的数字编码；

---

① 建议读者阅读知乎网站上由"腾讯"发布的"程序员必备：彻底弄懂常见的 7 种中文字符编码"一文。

- 将数字编码按一定的编码规则用 0 和 1 表示出来。

第一件事情已有 Unicode 编码来解决：它给全世界所有语言的所有文字符号规定了独一无二的数字编码，字符之间按照固定长度的字节进行分隔。

接下来只需要做第二件事情：为特定语言的所有文字符号设计一种编码规则来表示对应的 Unicode 编码。

从 Unicode 到各种语言的具体编码，称为**编码过程**；从各种语言的具体编码到 Unicode，称为**解码过程**。

再来说中文的第二件事情：汉字符号（中文）编码。历史原因产生了多种中文编码，图 2.8 直观地展示了几种中文编码及彼此的兼容性。

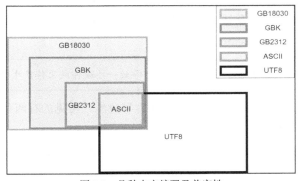

图 2.8　几种中文编码及兼容性

所谓兼容性，可以理解为子集，同时存在但不会互相冲突。由图 2.8 可见，ASCII（128 个字母和符号，英文语境够用）被所有编码兼容，而最常见的 UTF-8 与 GBK 之间除了 ASCII 部分之外没有交集。

文件采用什么编码方式，就用什么编码方式打开。只要是用不兼容的编码方式打开文件，就会出现乱码，日常比较容易导致乱码的场景例如，用 UTF-8（GBK）编码方式去读取 GBK（UTF-8）编码的文字，就会出现各种乱码。

GBK（国标扩展）系列，根据包含汉字符号从少到多，列举如下。

- GB2312：只包含 6763 个汉字。
- GBK：包含 20902 个汉字，基本够用。
- GB18030：又分 GB1830-2000 和 GB1830-2005，包含 7 万多个汉字。

GBK 编码的汉字基本是 2 字节，比较节省空间，但只适合中文环境。

UTF-8 编码（Unicode 转换格式），是对 Unicode 的再表示，支持各种文字符号，兼容性非常好。目前 UTF-8 应用得非常普遍，大有"**一统天下**"的趋势。

UTF-8 是一种变长编码，解决字符间分隔的方式是通过二进制中最高位连续 1 的个数来决定该字是几字节编码。所有常用汉字的 Unicode 值均可用 3 字节的 UTF-8 表示出来。

UTF-8 通常不带 BOM（字节序标记 EF BB BF，位于文件的前 3 字节），也不需要带 BOM，但 Windows 历史遗留问题[①]又会经常遇到有 BOM UTF-8 的数据文件。

其他常见的编码还有以下几种。

- ANSI：不是真正的编码，而是对 Windows 系统默认编码的统称，对于简体中文系统就

---

① BOM UTF-8 是 Windows 基于兼容性考虑所独创的格式，UTF-8 本身并不需要 BOM。

是 GB2312，对于繁体中文系统就是 Big5 等。

- Latin1：又称 ISO8859-1，是欧洲人发明的编码，也是 MySQL 的默认编码。
- Unicode big endian：用 UCS-2 格式存储 Unicode 时，根据两个字节谁在前谁在后，分为 Little endian（小端）和 Big endian（大端）。
- UTF-16 和 UTF-32：Unicode 的另两种再表示，分别用 2 字节和 4 字节表示字符。

2. 中文乱码的解决办法

首先，查看当前计算上 R 的默认编码，R 4.2 及以上的版本默认编码为 UTF-8：

```
Sys.getlocale("LC_CTYPE")          # 查看系统默认字符集类型
## [1] "Chinese (Simplified)_China.utf8"
```

上述结果表明当前计算机上 R 的默认编码是"中国 - 简体中文（UTF-8）"。

查看当前 Windows 系统的默认编码（步骤：运行→cmd→chcp→按回车键）。若活动代码为 936，则表明是 GBK 编码。

注意：不建议修改系统的默认编码方式，因为可能会导致一些软件或文件产生乱码。

大多数中文乱码都是因 GBK 与 UTF-8 不兼容导致的，常见的有两种情形。

（1）R 文件中的中文乱码

在自己的计算机里正常显示的 R 脚本、R Markdown 等，复制到另一台计算机上却出现中文乱码。

解决办法：前文在配置 Rstudio 时已讲到，把 code-saving 的 Default text encoding 设置为兼容性更好的 UTF-8 即可。

（2）读写数据文件时产生中文乱码

数据文件采用什么编码方式，就要用什么编码方式打开或读取。采用了另一种不兼容的编码打开或读取，肯定会出现中文乱码。

下面以常见的中文编码类型 GBK、UTF-8、BOM UTF-8 来讲解。

用 R 自带的函数读取 GBK 文件或 UTF-8 文件

- 对于与所用 R 系统默认编码格式相同的数据文件（R4.2 及以上版本已为 UTF-8 格式），使用 R 自带的函数 read.csv()、read.table()、readLines() 都可以正常读取，但上述函数不能直接读取 GBK 文件。
- 如果在 read.csv() 和 read.table() 函数中设置参数 fileEncoding = "GBK"，则可以读取 GBK 文件。
- 在 readLines() 函数中设置参数 encoding = "GBK"，可以读取 GBK 文件。

具体代码示例如下所示：

```
# GBK 文件，设置参数读取
read.csv("data/bp-gbk.csv", fileEncoding = "GBK")
# UTF-8 和 BOM UTF-8，直接读取
read.csv("data/bp-utf8nobom.csv")
read.csv("data/bp-utf8bom.csv")
# GBK 文件，设置参数读取
readLines("data/bp-gbk.csv", encoding = "GBK")
# UTF-8 和 BOM UTF-8，直接读取
readLines("data/bp-utf8nobom.csv")
readLines("data/bp-utf8bom.csv")
```

用 readr 包的函数读取 GBK 或 UTF-8 文件

- readr 包中的 read_csv()、read_table2()、read_lines() 函数默认可读取 UTF-8 和 BOM UTF-8 文件；
- 但以上函数不能直接读取 GBK 文件，需要设置参数 locale = locale(encoding="GBK")。

代码示例如下：

```
read_csv("data/bp-utf8nobom.csv")                        # UTF-8，直接读取
read_csv("data/bp-utf8bom.csv")                          # BOM UTF-8，直接读取
read_csv("data/bp-gbk.csv", locale = locale(encoding="GBK"))  # GBK，设置参数读取
```

写入 GBK 或 UTF-8 文件

- R 自带的 write.csv() 和 writeLines() 函数仍是跟随 R 系统默认的编码，R 4.2 及以上版本已默认写出为 UTF-8 文件；设置参数 fileEncoding = "GBK" 可写出为 GBK 文件。
- readr 包中的 write_csv() 和 write_lines() 函数默认写为 UTF-8 文件，但不能被 Excel 软件正确打开。
- readr::write_excel_csv() 可以写为 BOM UTF-8 文件，Excel 软件能正确打开。

```
# 写出为 GBK 文件
write.csv(df, "file-GBK.csv", fileEncoding = "GBK")
# 写出为 UTF-8 文件
write.csv(df, "file-UTF8.csv")
write_csv(df, "file-UTF8.csv")
# 写出为 Excel 打开不乱码的 BOM UTF-8 文件
write_excel_csv(df, "file-BOM-UTF8.csv")
```

不局限于上述编码，一个数据文件只要知道了其编码方式，就可以通过在读写时指定该编码而避免乱码。那么关键的问题就是：**怎么确定一个数据文件的编码？**

AkelPad 是一款优秀的开源且小巧的文本编辑器，用它打开数据文件，会自动在窗口下方显示文件的编码格式，如图 2.9 所示。

若要转换编码格式，只需要单击"文件"选择"另存为"，在 Codepage 下拉框选择想要的编码方式并保存即可。

另外，readr 包和 rvest 包（爬虫）都提供了函数 guess_encoding()，可检测文本和网页的编码方式；Python 有一个 chardet 库在检测文件编码方面更强大。

图 2.9　用 AkelPad 检测文件编码格式

2.3　数据连接

数据分析经常会涉及相互关联的多个数据表，称为关系数据库。关系数据库通用语言是 SQL（结构化查询语言），dplyr 包提供了一系列类似 SQL 语法的函数，可以很方便地操作关系数据库。

关系是指两个数据表之间的关系，多个数据表之间的关系总可以表示为两两之间的关系。

一个项目的数据通常都是用若干数据表分别存放的，它们之间通过"键"连接在一起，根据数据分析的需要，通过键匹配进行数据连接。

例如，纽约机场航班数据的关系结构，如图 2.10 所示。

比如，想要考察天气状况对航班的影

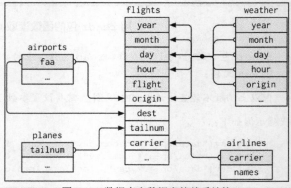

图 2.10 数据库中数据表的关系结构

响，就需要先将数据表 flights 和 weather 根据其键值匹配并连接成一个新数据表。

键列（可以不止 1 列）能够唯一识别自己或他人的数据表的每一个观测（或样本）。要判断某（些）列是否是键列，可以先用 count() 计数，若没有"n > 1"的情况出现，则可判定其为键列：

```
load("data/planes.rda")
planes %>%
  count(tailnum) %>%
  filter(n > 1)
## # A tibble: 0 x 2
## # ... with 2 variables: tailnum <chr>, n <int>
load("data/weather.rda")
weather %>%
  count(year, month, day, hour, origin) %>%
  filter(n > 1)
## # A tibble: 0 x 6
## # ... with 6 variables: year <int>, month <int>, day <int>,
## #   hour <int>, origin <chr>, n <int>
```

> **注意**：不唯一匹配的列，也可以作为键列进行数据连接，只是当有"一对多"关系存在时，会按"多"重复生成观测，有时候这恰好是我们需要的。

2.3.1　合并行与合并列

合并数据框最基本的方法如下所示。

- 合并行：在下方堆叠新行，根据列名匹配列，注意列名要相同，否则会作为新列（用 NA 填充）。
- 合并列：在右侧拼接新列，根据位置匹配行，数据框的行数必须相同。

合并行和合并列分别用 dplyr 包中的 bind_rows() 和 bind_cols() 函数实现。

```
bind_rows(
  sample_n(iris, 2),     # 随机抽取 2 个样本(行)
  sample_n(iris, 2),
  sample_n(iris, 2)
)
##   Sepal.Length Sepal.Width Petal.Length Petal.Width    Species
## 1          5.1         3.7          1.5         0.4     setosa
## 2          5.2         2.7          3.9         1.4 versicolor
## 3          7.6         3.0          6.6         2.1  virginica
## 4          6.1         3.0          4.9         1.8  virginica
## 5          4.9         3.1          1.5         0.1     setosa
## 6          5.1         3.5          1.4         0.3     setosa
```

```
one = mtcars[1:4, 1:3]
two = mtcars[1:4, 4:5]
bind_cols(one, two)

##                mpg cyl disp  hp drat
## Mazda RX4      21.0   6  160 110 3.90
## Mazda RX4 Wag  21.0   6  160 110 3.90
## Datsun 710     22.8   4  108  93 3.85
## Hornet 4 Drive 21.4   6  258 110 3.08
```

利用 purrr 包中 map_dfr() 和 map_dfc() 的函数可以在批量读入或生成数据的同时合并行和合并列。还有 add_row(.data, ..., .before, .after) 函数可以根据索引位置插入行。

另外，受到 SQL 的 INSERT、UPDATE 和 DELETE 函数的启发，dplyr 包还提供了以下 6 个函数，可实现根据另一个数据框来修改某数据框中的行。

- rows_insert(x, y, by)：插入新行（类似 INSERT）。默认情况下，y 中的键值必须不存在于 x 中。
- rows_append()：与 rows_insert() 类似，但是忽略键值。
- rows_update()：更改现有的行（类似 UPDATE）。y 中的键值必须是唯一的，而且默认情况下，y 中的键值必须存在于 x 中。
- rows_patch()：与 rows_update() 类似，但是只覆盖 NA 值。
- rows_upsert()：根据 y 中的键值是否已经存在于 x 中，对 x 进行插入或更新。
- rows_delete()：删除行（类似 DELETE）。默认情况下，y 中的键值必须存在于 x 中。

2.3.2 根据值匹配合并数据框

只介绍最常用的六种合并：**左连接、右连接、全连接、内连接、半连接、反连接**，前四种连接又称为**修改连接**，后两种连接又称为**过滤连接**。

这六种连接对应六个接口一致的函数，其基本格式为：

```
left_join(x, y, by)
right_join(x, y, by)
full_join(x, y, by)
inner_join(x, y, by)
semi_join(x, y, by)
anti_join(x, y, by)
```

下面以 dplyr 包自带的两个小数据集进行演示：

```
band = band_members
band

## # A tibble: 3 x 2
##   name  band
##   <chr> <chr>
## 1 Mick  Stones
## 2 John  Beatles
## 3 Paul  Beatles

instrument = band_instruments
instrument

## # A tibble: 3 x 2
##   name  plays
##   <chr> <chr>
## 1 John  guitar
## 2 Paul  bass
## 3 Keith guitar
```

1. 左连接：left_join()

外连接至少保留一个数据表中的所有观测，分为左连接、右连接、全连接，其中最常用的是左连接：保留 x 的所有行，合并匹配的 y 中的列，如图 2.11 所示。

```
band %>%
  left_join(instrument, by = "name")
## # A tibble: 3 x 3
##   name  band    plays
##   <chr> <chr>   <chr>
## 1 Mick  Stones  <NA>
## 2 John  Beatles guitar
## 3 Paul  Beatles bass
```

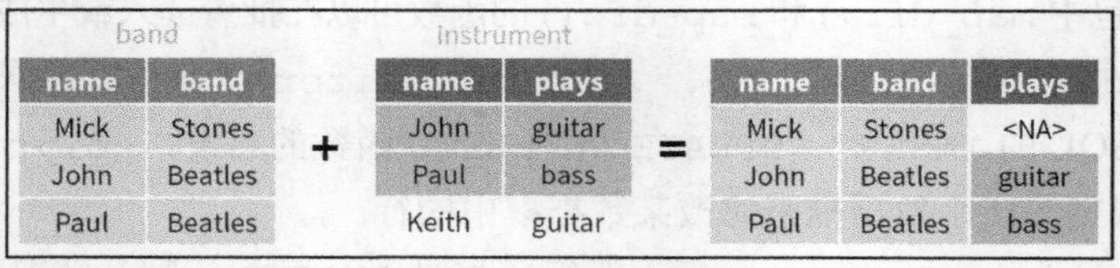

图 2.11　左连接示意图

若两个表中的键列列名不同，用 `by = c("name1" = "name2")`；若根据多个键列匹配，用 `by = c("name1", "name2")`。

2. 右连接：right_join()

保留 y 的所有行，合并匹配的 x 中的列，如图 2.12 所示。

```
band %>%
  right_join(instrument, by = "name")
## # A tibble: 3 x 3
##   name  band    plays
##   <chr> <chr>   <chr>
## 1 John  Beatles guitar
## 2 Paul  Beatles bass
## 3 Keith <NA>    guitar
```

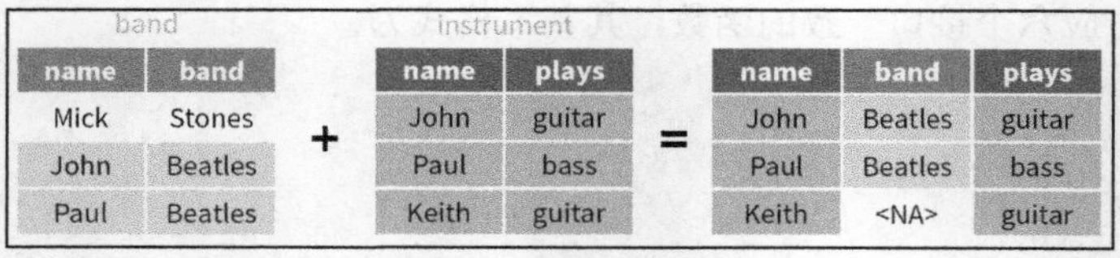

图 2.12　右连接示意图

3. 全连接：full_join()

保留 x 和 y 中的所有行，合并匹配的列，如图 2.13 所示。

```
band %>%
  full_join(instrument, by = "name")
## # A tibble: 4 x 3
##   name  band    plays
##   <chr> <chr>   <chr>
## 1 Mick  Stones  <NA>
## 2 John  Beatles guitar
## 3 Paul  Beatles bass
## 4 Keith <NA>    guitar
```

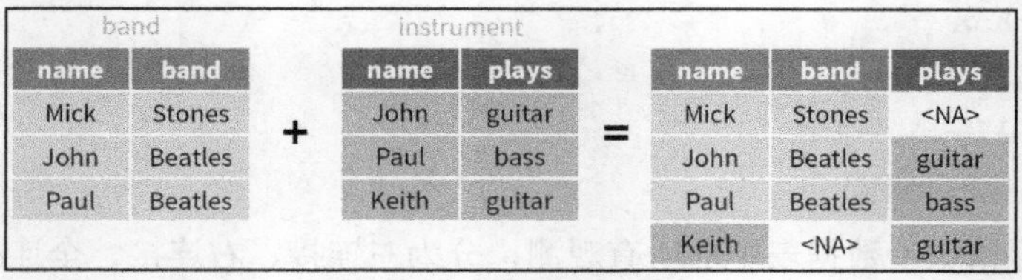

图 2.13　全连接示意图

4．内连接：inner_join()

内连接是保留两个数据表中所共有的观测：只保留 x 中与 y 匹配的行，合并匹配的 y 中的列，如图 2.14 所示。

```
band %>%
  inner_join(instrument, by = "name")
## # A tibble: 2 x 3
##   name  band    plays
##   <chr> <chr>   <chr>
## 1 John  Beatles guitar
## 2 Paul  Beatles bass
```

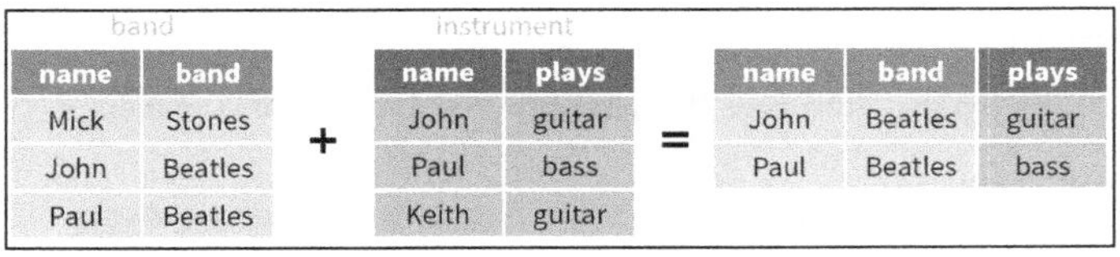

图 2.14 内连接示意图

5．半连接：semi_join()

如图 2.15 所示，保留 x 表中与 y 表中的行相匹配的所有行，即根据 y 表中有匹配的部分来筛选 x 表中的行，代码如下所示。

```
band %>%
  semi_join(instrument, by = "name")
## # A tibble: 2 x 2
##   name  band
##   <chr> <chr>
## 1 John  Beatles
## 2 Paul  Beatles
```

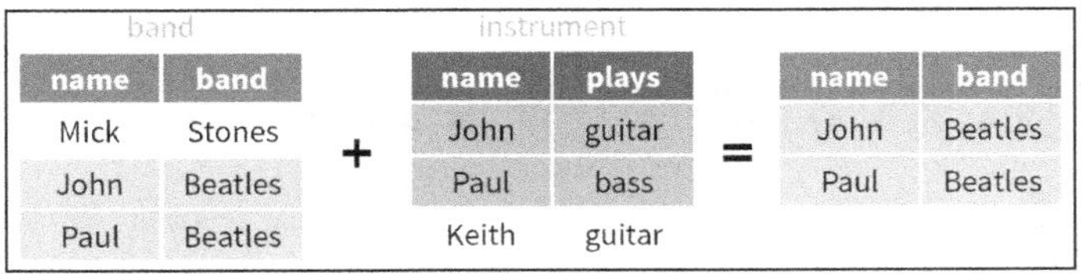

图 2.15 半连接示意图

6．反连接：anti_join()

如图 2.16 所示，删掉 x 表中与 y 表中的行相匹配的所有行，即根据 y 表中没有匹配的部分筛选 x 表中的行，代码如下：

```
band %>%
  anti_join(instrument, by = "name")
## # A tibble: 1 x 2
##   name  band
##   <chr> <chr>
## 1 Mick  Stones
```

图 2.16 反连接示意图

前面讨论的都是连接两个数据表的情况，若要连接多个数据表，可以将连接两个数据表

的函数结合 `purrr` 包中的 `reduce()` 使用即可。

比如 achieves 文件夹有 3 个 Excel 文件，如图 2.17 所示。

需要批量读取它们，再依次做全连接（做其他连接也是类似的）。`reduce()` 函数可以实现先将前两个表做全连接，再将结果表与第三个表做全连接（更多表就依次这样做下去），代码如下：

图 2.17　批量读取并做全连接（单独存放）

```
files = list.files("data/achieves/", pattern = "xlsx", full.names = TRUE)

map(files, read_xlsx) %>%
  reduce(full_join, by = "人名")                    # 读入并依次做全连接
```

```
## # A tibble: 7 x 4
##   人名   '3 月业绩' '4 月业绩' '5 月业绩'
##   <chr>      <dbl>      <dbl>      <dbl>
## 1 小明         80         NA         NA
## 2 小李         85         NA         80
## 3 小张         90         50         NA
## 4 小红         NA         70         90
## 5 小白         NA         60         NA
## 6 小王         NA         40         NA
## # ... with 1 more row
```

若还是上述数据，但是分布在一个工作簿的多个工作表中，如图 2.18 所示。此时就需要批量读取并依次做全连接，代码如下所示：

1	人名	3月业绩
2	小明	80
3	小李	85
4	小张	90
5		

图 2.18　批量读取并做全连接

```
path = "data/3-5 月业绩.xlsx"
map(excel_sheets(path),
    ~ read_xlsx(path, sheet = .x)) %>%
  reduce(full_join, by = "人名")                    # 读入并依次做全连接
```

2.3.3　集合运算

集合运算有时候很有用，都是针对所有行通过比较变量的值来实现。这就需要数据表的 x 和 y 具有相同的变量，并将观测看成是集合中的元素：

```
intersect(x, y)      # 返回 x 和 y 共同包含的观测
union(x, y)          # 返回 x 和 y 中所有的 (唯一) 观测
setdiff(x, y)        # 返回在 x 中但不在 y 中的观测
setequal(x, y)       # 判断集合 x 和 y 是否相等
```

2.4　数据重塑

2.4.1　什么是整洁的数据

采用 Hadley 的表述，脏的、不整洁的数据往往具有如下特点：

- 首行（列名）是值，不是变量名；
- 多个变量放在一列；
- 变量既放在行也放在列；
- 多种类型的观测单元在同一个单元格；

- 一个观测单元放在多个表。

而整洁的数据，如图 2.19 所示，具有如下特点：

- 每个**变量**构成一列；
- 每个**观测**构成一行；
- 每个观测的每个变量**值**构成一个单元格。

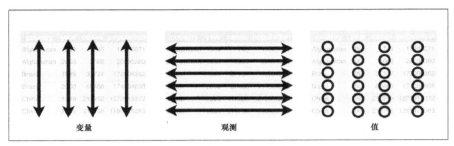

图 2.19　整洁数据的 3 个特点

tidyverse 系列包中的函数操作的都是整洁的数据框，而不整洁的数据，首先需要把数据变成整洁的数据，这个过程就是**数据重塑**。

数据重塑主要包括长宽表转化、拆分/合并列、方形化。长宽表转化最初使用 reshape2 包的 melt() 和 cast() 函数，后来又发展到早期 tidyr 包的 gather() 和 spread() 函数，现在 tidyr 1.0 之后提供了更加易用的 pivot_longer() 和 pivot_wider() 函数。

先看一个不整洁数据与整洁数据对比的例子：

```
dt = tribble(
  ~observation, ~A_count, ~B_count, ~A_dbh, ~B_dbh,
  "Richmond(Sam)",   7,       2,      100,    110,
  "Windsor(Ash)",    10,      5,      80,     87,
  "Bilpin(Jules)",   5,       8,      95,     90)
knitr::kable(dt, align="c")
```

结果如表 2.1 所示。

表 2.1　不整洁的数据表示例

observation	A_count	B_count	A_dbh	B_dbh
Richmond(Sam)	7	2	100	110
Windsor(Ash)	10	5	80	87
Bilpin(Jules)	5	8	95	90

该数据框不整洁，主要表现在：

- observation 列有两个变量数据；
- 列名中的 A/B 应是分类变量 species 的两个水平值；
- 测量值列 count 和 dbh 应各占 1 列，而不是 2 列。

下面借助 tidyr 包的数据重塑函数，将其变成整洁的数据，读者可以学完本节内容再回过头来看这段代码：

```
tidy_dt = dt %>%
  pivot_longer(-observation,
               names_to = c("speices", ".value"),
               names_sep = "_") %>%
  separate(observation, into = c("site", "surveyor"))
knitr::kable(tidy_dt, align = "c")
```

结果如表 2.2 所示。

表 2.2 经过重塑变成整洁的数据表

site	surveyor	speices	count	dbh
Richmond	Sam	A	7	100
Richmond	Sam	B	2	110
Windsor	Ash	A	10	80
Windsor	Ash	B	5	87
Bilpin	Jules	A	5	95
Bilpin	Jules	B	8	90

让数据变整洁的关键是，要学会区分**变量**、**观测**、**值**。

2.4.2 宽表变长表

宽表的特点是：表比较宽，本来该是"值"的，却出现在"变量（名）"中。这就需要把它放到"值"中，这就需要新起个列名并把相关数据存为一列，这就是所谓的宽表变长表。

用 tidyr 包的 pivot_longer() 函数可实现宽表变长表，其基本格式为：

```
pivot_longer(data, cols, names_to, values_to, values_drop_na, ...)
```

data：要重塑的数据框。

cols：用选择列语法选择要变形的列。

names_to：为存放变形列的列名中的"值"，指定新列名。

values_to：为存放变形列中的"值"，指定新列名。

values_drop_na：是否忽略变形列中的 NA。

若变形列的列名除了"值"外，还包含前缀、变量名+分隔符、正则表达式分组捕获模式，则可以借助参数 names_prefix、names_sep、names_pattern 来提取出"值"。

1. 值列中只包含一个变量的值

这也是最简单的情形，以年度 GDP 数据为例，要变形的值列中只包含一个变量 GDP 的值。

```
df = read_csv("data/分省年度 GDP.csv")
df

## # A tibble: 4 x 4
##    地区    `2019 年`  `2018 年`  `2017 年`
##    <chr>      <dbl>      <dbl>      <dbl>
## 1 北京市     35371.     33106.     28015.
## 2 天津市     14104.     13363.     18549.
## 3 河北省     35105.     32495.     34016.
## 4 黑龙江省   13613.     12846.     15903.
```

- 要变形的列是除了"地区"列之外的列。

- 变量（名）中的 2019 年、2018 年等是年份的值，需要作为 1 列"值"来存放，新创建一个列，并命名为"年份"。

- 2019 年、2018 年等列中的值，属于同一个变量 GDP，新创建一个 GDP 列来存放：

```
df %>%
  pivot_longer(-地区, names_to = "年份", values_to = "GDP")

## # A tibble: 12 x 3
##    地区    年份      GDP
##    <chr>   <chr>    <dbl>
```

```
## 1 北京市 2019 年 35371.
## 2 北京市 2018 年 33106.
## 3 北京市 2017 年 28015.
## 4 天津市 2019 年 14104.
## 5 天津市 2018 年 13363.
## 6 天津市 2017 年 18549.
## # ... with 6 more rows
```

2. 值列中包含多个变量的值

以 family 数据集为例，要变形的值列中包含两个变量的值：dob 和 gender。

```
load("data/family.rda")
knitr::kable(family, align = "c")
```

结果如表 2.3 所示。

表 2.3　family 数据集

family	dob_child1	dob_child2	gender_child1	gender_child2
1	1998-11-26	2000-01-29	1	2
2	1996-06-22	NA	2	NA
3	2002-07-11	2004-04-05	2	2
4	2004-10-10	2009-08-27	1	1
5	2000-12-05	2005-02-28	2	1

- 要变形的列是除 family 列之外的列。
- 变形列的列名以 "_" 分割为两部分，用 names_to 指定这两部分的用途："·value" 指定第一部分将继续留作列名用来存放值，而第二部分包含 "child1" "child2"，作为新变量 child 的 "值"。
- 忽略变形列中的缺失值。

```
family %>%
  pivot_longer(-family,
               names_to = c(".value", "child"),
               names_sep = "_",
               values_drop_na = TRUE)
## # A tibble: 9 x 4
##    family child  dob        gender
##     <int> <chr>  <date>      <int>
## 1       1 child1 1998-11-26      1
## 2       1 child2 2000-01-29      2
## 3       2 child1 1996-06-22      2
## 4       3 child1 2002-07-11      2
## 5       3 child2 2004-04-05      2
## 6       4 child1 2004-10-10      1
## # ... with 3 more rows
```

再来看一个整理数学建模报名信息的实例：每一行有 3 个观测，是关于 3 名队员的信息，将其转变成每一行只有 1 名队员的信息。此时用到 names_pattern 参数和正则表达式分组捕获，代码及运行结果如下：

```
df = read_csv("data/参赛队信息.csv")
df
## # A tibble: 2 x 6
##    队员1姓名 队员1专业 队员2姓名 队员2专业 队员3姓名 队员3专业
##    <chr>     <chr>     <chr>     <chr>     <chr>     <chr>
## 1 张三      数学      李四      英语      王五      统计学
## 2 赵六      经济学    钱七      数学      孙八      计算机
```

```
df %>%
  pivot_longer(everything(),
```

```
      names_to = c("队员", ".value"),
      names_pattern = "(.*\\d)(.*)")
## # A tibble: 6 x 3
##   队员   姓名  专业
##   <chr> <chr> <chr>
## 1 队员 1 张三  数学
## 2 队员 2 李四  英语
## 3 队员 3 王五  统计学
## 4 队员 1 赵六  经济学
## 5 队员 2 钱七  数学
## 6 队员 3 孙八  计算机
```

2.4.3 长表变宽表

长表的特点是：表比较长。有时候需要将分类变量的若干水平值，变成变量（列名），这就是长表变宽表，它与宽表变长表正好相反（二者互逆）。

用 tidyr 包中的 pivot_wider() 函数来实现长表变宽表，其基本格式为：

```
pivot_wider(data, id_cols, names_from, values_from, values_fill, ...)
```

data：要重塑的数据框。

id_cols：唯一识别观测的列，默认是除 names_from 和 values_from 指定列之外的列。

names_from：指定列名来自哪个变量列。

values_from：指定列 "值" 来自哪个变量列。

values_fill：若表变宽后单元格值缺失，要设置用何值填充。

另外，还有若干帮助修复列名的参数：names_prefix、names_sep、names_glue。

最简单的情形是，只有一个列名列和一个值列，比如 animals 数据集，如下所示：

```
load("data/animals.rda")
animals
## # A tibble: 228 x 3
##   Type    Year  Heads
##   <chr>   <dbl> <dbl>
## 1 Sheep   2015  24943.
## 2 Cattle  1972  2189.
## 3 Camel   1985  559
## 4 Camel   1995  368.
## 5 Camel   1997  355.
## 6 Goat    1977  4411.
## # ... with 222 more rows
```

用 names_from 指定列名来自哪个变量，用 values_from 指定 "值" 来自哪个变量：

```
animals %>%
  pivot_wider(names_from = Type, values_from = Heads, values_fill = 0)
## # A tibble: 48 x 6
##    Year  Sheep  Cattle Camel   Goat  Horse
##   <dbl> <dbl>  <dbl>  <dbl>  <dbl> <dbl>
## 1 2015 24943.  3780.  368. 23593. 3295.
## 2 1972 13716.  2189.  625.  4338. 2239.
## 3 1985 13249.  2408.  559.  4299. 1971
## 4 1995     0   3317.  368.  8521. 2684.
## 5 1997 14166.  3613.  355. 10265. 2893.
## 6 1977 13430.  2388.  609.  4411. 2104.
## # ... with 42 more rows
```

还可以有多个列名列或多个值列，比如 us_rent_income 数据集有两个值列：

```
us_rent_income
## # A tibble: 104 x 5
##   GEOID NAME    variable estimate   moe
```

```
##   <chr> <chr>   <chr>        <dbl> <dbl>
## 1 01    Alabama income       24476   136
## 2 01    Alabama rent           747     3
## 3 02    Alaska  income       32940   508
## 4 02    Alaska  rent          1200    13
## 5 04    Arizona income       27517   148
## 6 04    Arizona rent           972     4
## # ... with 98 more rows
```

```
us_rent_income %>%
  pivot_wider(names_from = variable, values_from = c(estimate, moe))
```

```
## # A tibble: 52 x 6
##   GEOID NAME      estimate_income estimate_rent moe_income moe_rent
##   <chr> <chr>               <dbl>         <dbl>      <dbl>    <dbl>
## 1 01    Alabama             24476           747        136        3
## 2 02    Alaska              32940          1200        508       13
## 3 04    Arizona             27517           972        148        4
## 4 05    Arkansas            23789           709        165        5
## 5 06    California          29454          1358        109        3
## 6 08    Colorado            32401          1125        109        5
## # ... with 46 more rows
```

长表变宽表时，经常会遇到两个问题：

- 长表变宽表正常会压缩行，为什么行数没变；
- 值不能被唯一识别，输出将包含列表列。

比如，现有以下数据：

```
df = tibble(
  x = 1:6,
  y = c("A","A","B","B","C","C"),
  z = c(2.13,3.65,1.88,2.30,6.55,4.21))
df
```

```
## # A tibble: 6 x 3
##       x y         z
##   <int> <chr> <dbl>
## 1     1 A      2.13
## 2     2 A      3.65
## 3     3 B      1.88
## 4     4 B      2.3
## 5     5 C      6.55
## 6     6 C      4.21
```

想让 y 列提供变量名，z 列提供值，做长表变宽表，但是得到的结果并不令人满意。

```
df %>%
  pivot_wider(names_from = y, values_from = z)
```

```
## # A tibble: 6 x 4
##       x     A     B     C
##   <int> <dbl> <dbl> <dbl>
## 1     1  2.13 NA    NA
## 2     2  3.65 NA    NA
## 3     3 NA     1.88 NA
## 4     4 NA     2.3  NA
## 5     5 NA    NA     6.55
## 6     6 NA    NA     4.21
```

这就是前面说到的第一个问题，本来该压缩成 2 行，但是由于 x 列的存在，无法压缩，只能填充 NA，这并不是你想要的效果。所以，在长表变宽表时要注意，不能带着类似 x 列这种唯一识别各行的 ID 列。

那去掉 x 列，重新做长表变宽表，但是又遇到了前面说的第二个问题：

```
df = df[-1]
df %>%
  pivot_wider(names_from = y, values_from = z)
```

```
## # A tibble: 1 x 3
```

```
##    A          B          C
## <list>      <list>      <list>
## 1 <dbl [2]> <dbl [2]> <dbl [2]>
```

值不能唯一识别，结果变成了列表列[①]，同样不是想要的结果。

这里的值唯一识别，指的是各分组（A 组、B 组、C 组）组内元素必须要能唯一识别。咱们来增加一个各组的唯一识别列，如下所示：

```
df = df %>%
  group_by(y) %>%
  mutate(n = row_number())
df
```

```
## # A tibble: 6 x 3
## # Groups:   y [3]
##   y         z     n
##   <chr> <dbl> <int>
## 1 A      2.13     1
## 2 A      3.65     2
## 3 B      1.88     1
## 4 B      2.3      2
## 5 C      6.55     1
## 6 C      4.21     2
```

这才是能够长表变宽表的标准数据，此时再来做长表变宽表：

```
df %>%
  pivot_wider(names_from = y, values_from = z)
```

```
## # A tibble: 2 x 4
##       n     A     B     C
##   <int> <dbl> <dbl> <dbl>
## 1     1  2.13  1.88  6.55
## 2     2  3.65  2.3   4.21
```

这次得到的是想要的结果，新增加的列 n 若不想要，删除该列即可。

回头再看一下，所谓的各组内值唯一识别，比如 A 组有两个数 2.13 和 3.65，给了它们唯一识别：n = 1 和 n = 2（当然 1 和 2 可以换成其他两个不同的值），这样就知道谁作为第一个样本（行），谁作为第二个样本（行）。否则 A 组的两个数无法区分，就只能放到一个列表里了，这时就会产生前面的错误结果和警告。

最后再看一个特殊的实例：整理不规则通讯录。

```
contacts = tribble(  ~field, ~value,
                     "姓名", "张三",
                     "公司", "百度",
                     "姓名", "李四",
                     "公司", "腾讯",
                     "Email", "Lisi@163.com",
                     "姓名", "王五")
contacts = contacts %>%
  mutate(ID = cumsum(field == "姓名"))
contacts
```

```
## # A tibble: 6 x 3
##   field value            ID
##   <chr> <chr>         <int>
## 1 姓名  张三              1
## 2 公司  百度              1
## 3 姓名  李四              2
## 4 公司  腾讯              2
## 5 Email Lisi@163.com      2
## 6 姓名  王五              3
```

```
contacts %>%
  pivot_wider(names_from = field, values_from = value)
```

[①] 此时可以用参数 value_fn 指定一个汇总函数（如 mean），直接计算每组汇总值。

```
## # A tibble: 3 x 4
##       ID姓名   公司   Email
##    <int> <chr> <chr> <chr>
## 1     1 张三    百度   <NA>
## 2     2 李四    腾讯   Lisi@163.com
## 3     3 王五    <NA>   <NA>
```

2.4.4 拆分列与合并列

拆分列与合并列也是正好相反（二者互逆）。

用 separate() 函数来拆分列，其基本语法为：

```
separate(data, col, into, sep, ...)
```

col：要拆分的列。

into：拆开的新列。

sep：指定根据什么分隔符拆分。

```
table3
## # A tibble: 6 x 3
##    country      year rate
## *  <chr>       <int> <chr>
## 1 Afghanistan  1999 745/19987071
## 2 Afghanistan  2000 2666/20595360
## 3 Brazil       1999 37737/172006362
## 4 Brazil       2000 80488/174504898
## 5 China        1999 212258/1272915272
## 6 China        2000 213766/1280428583
```

```
table3 %>%
  separate(rate, into = c("cases", "population"), sep = "/",
           convert = TRUE)          # 同时转化为数值型
## # A tibble: 6 x 4
##    country      year  cases population
##    <chr>       <int>  <int>      <int>
## 1 Afghanistan  1999    745   19987071
## 2 Afghanistan  2000   2666   20595360
## 3 Brazil       1999  37737  172006362
## 4 Brazil       2000  80488  174504898
## 5 China        1999 212258 1272915272
## 6 China        2000 213766 1280428583
```

separate_rows() 函数可对不定长的列进行分列，并按行堆叠放置：

```
df = tibble(Class = c("1班", "2班"),
            Name = c("张三, 李四, 王五", "赵六, 钱七"))
df
## # A tibble: 2 x 2
##    Class Name
##    <chr> <chr>
## 1 1班     张三, 李四, 王五
## 2 2班     赵六, 钱七
```

```
df1 = df %>%
  separate_rows(Name, sep = ", ")
df1
## # A tibble: 5 x 2
##    Class Name
##    <chr> <chr>
## 1 1班    张三
## 2 1班    李四
## 3 1班    王五
## 4 2班    赵六
## 5 2班    钱七
```

若要逆操作还原回去，代码如下：

```
df1 %>%
  group_by(Class) %>%
  summarise(Name = str_c(Name, collapse = ", "))
```

另外, extract() 函数可以利用正则表达式的分组捕获功能, 直接从一列中提取出多组信息, 并生成多个列。例如, 处理本节开始的不整洁数据, 代码如下所示:

```
dt
```

```
## # A tibble: 3 x 5
## observation A_count B_count A_dbh B_dbh
## <chr>        <dbl>  <dbl>  <dbl> <dbl>
## 1 Richmond(Sam)  7      2    100   110
## 2 Windsor(Ash)  10      5     80    87
## 3 Bilpin(Jules)  5      8     95    90
```

```
dt %>%
  extract(observation, into = c("site", "surveyor"),regex = "(.*)\\((.*)\\)")
```

```
## # A tibble: 3 x 6
## site     surveyor A_count B_count A_dbh B_dbh
## <chr>    <chr>     <dbl>  <dbl>  <dbl> <dbl>
## 1 Richmond Sam        7      2    100   110
## 2 Windsor  Ash       10      5     80    87
## 3 Bilpin   Jules      5      8     95    90
```

用 unite() 函数来合并列, 其基本语法为:

```
unite(data, col, ..., sep, remove)
```

col: 新列名。

...: 整洁地选择要合并的列。

sep: 指定合并各列添加的分隔符。

remove: 是否删除旧例。

```
table5
```

```
## # A tibble: 6 x 4
##   country     century year  rate
## * <chr>       <chr>   <chr> <chr>
## 1 Afghanistan 19      99    745/19987071
## 2 Afghanistan 20      00    2666/20595360
## 3 Brazil      19      99    37737/172006362
## 4 Brazil      20      00    80488/174504898
## 5 China       19      99    212258/1272915272
## 6 China       20      00    213766/1280428583
```

```
table5 %>%
  unite(new, century, year, sep = "")
```

```
## # A tibble: 6 x 3
##   country     new   rate
##   <chr>       <chr> <chr>
## 1 Afghanistan 1999  745/19987071
## 2 Afghanistan 2000  2666/20595360
## 3 Brazil      1999  37737/172006362
## 4 Brazil      2000  80488/174504898
## 5 China       1999  212258/1272915272
## 6 China       2000  213766/1280428583
```

最后看一个综合示例: 重塑"世界银行"(world_bank)的人口数据。

```
world_bank_pop
```

```
## # A tibble: 1,056 x 20
##   country indicator    `2000`  `2001` `2002` `2003`  `2004`  `2005`
##   <chr>   <chr>         <dbl>   <dbl>  <dbl>  <dbl>   <dbl>   <dbl>
## 1 ABW     SP.URB.TOTL  42444   4.30e4 4.37e4 4.42e4 4.47e+4 4.49e+4
## 2 ABW     SP.URB.GROW   1.18   1.41e0 1.43e0 1.31e0 9.51e-1 4.91e-1
## 3 ABW     SP.POP.TOTL  90853   9.29e4 9.50e4 9.70e4 9.87e+4 1.00e+5
## 4 ABW     SP.POP.GROW   2.06   2.23e0 2.23e0 2.11e0 1.76e+0 1.30e+0
## 5 AFG     SP.URB.TOTL 4436299  4.65e6 4.89e6 5.16e6 5.43e+6 5.69e+6
## 6 AFG     SP.URB.GROW   3.91   4.66e0 5.13e0 5.23e0 5.12e+0 4.77e+0
```

```
## # ... with 1,050 more rows, and 12 more variables: 2006 <dbl>,
## #   2007 <dbl>, 2008 <dbl>, 2009 <dbl>, 2010 <dbl>, 2011 <dbl>,
## #   2012 <dbl>, 2013 <dbl>, 2014 <dbl>, 2015 <dbl>, 2016 <dbl>,
## #   2017 <dbl>
```

先从最显然的入手：年份跨过了多个列，应该使用宽表变长表：

```
pop2 = world_bank_pop %>%
  pivot_longer(`2000`:`2017`, names_to = "year", values_to = "value")
pop2
```

```
## # A tibble: 19,008 x 4
##   country indicator   year  value
##   <chr>   <chr>       <chr> <dbl>
## 1 ABW     SP.URB.TOTL 2000  42444
## 2 ABW     SP.URB.TOTL 2001  43048
## 3 ABW     SP.URB.TOTL 2002  43670
## 4 ABW     SP.URB.TOTL 2003  44246
## 5 ABW     SP.URB.TOTL 2004  44669
## 6 ABW     SP.URB.TOTL 2005  44889
## # ... with 19,002 more rows
```

再来考察 indicator 变量：

```
pop2 %>%
  count(indicator)
```

```
## # A tibble: 4 x 2
##   indicator       n
##   <chr>       <int>
## 1 SP.POP.GROW  4752
## 2 SP.POP.TOTL  4752
## 3 SP.URB.GROW  4752
## 4 SP.URB.TOTL  4752
```

这里，SP.POP.GROW 为人口增长率，SP.POP.TOTL 为总人口，SP.URB.GRW 为城镇人口增长率，SP.URB.TOTL 为城镇总人口（只是城市的）。将该列值拆分为两个变量：area（URB,POP）和 variable（GROW, TOTL）：

```
pop3 = pop2 %>%
  separate(indicator, c(NA, "area", "variable"), sep = "\\.")
pop3
```

```
## # A tibble: 19,008 x 5
##   country area  variable year  value
##   <chr>   <chr> <chr>    <chr> <dbl>
## 1 ABW     URB   TOTL     2000  42444
## 2 ABW     URB   TOTL     2001  43048
## 3 ABW     URB   TOTL     2002  43670
## 4 ABW     URB   TOTL     2003  44246
## 5 ABW     URB   TOTL     2004  44669
## 6 ABW     URB   TOTL     2005  44889
## # ... with 19,002 more rows
```

最后，再将分类变量 variable 的水平值变为列名（长表变宽表），就完成了数据重塑：

```
pop3 %>%
  pivot_wider(names_from = variable, values_from = value)
```

```
## # A tibble: 9,504 x 5
##   country area  year   TOTL  GROW
##   <chr>   <chr> <chr> <dbl> <dbl>
## 1 ABW     URB   2000  42444 1.18
## 2 ABW     URB   2001  43048 1.41
## 3 ABW     URB   2002  43670 1.43
## 4 ABW     URB   2003  44246 1.31
## 5 ABW     URB   2004  44669 0.951
## 6 ABW     URB   2005  44889 0.491
## # ... with 9,498 more rows
```

2.4.5 方形化

方形化（Rectangling）是将一个深度嵌套的列表（通常来自 JSON 或 XML）驯服成一个具

有整齐的行和列的数据集。主要通过组合使用以下函数实现。

- `unnest_longer()`：提取列表列的每个元，再按行存放（横向展开）。
- `unnest_wider()`：提取列表列的每个元，再按列存放（纵向展开）。
- `unnest_auto()`：提取列表列的每个元，猜测按行或按列存放。
- `hoist()`：类似 `unnest_wider()` 函数，但只取出选择的组件，且可以深入多个层。

以权力游戏角色数据集 `got_chars` 为例，它是一个长度为 30 的列表，里面又嵌套了很多列表。一种处理技巧是，先把它创建成 `tibble` 以方便后续操作：

```
library(repurrrsive)      # 使用 got_chars 数据集
chars = tibble(char = got_chars)
chars

## # A tibble: 30 x 1
##    char
##    <list>
## 1 <named list [18]>
## 2 <named list [18]>
## 3 <named list [18]>
## 4 <named list [18]>
## 5 <named list [18]>
## 6 <named list [18]>
## # ... with 24 more rows
```

`chars` 是嵌套列表列，每个元素又是长度为 18 的列表，先横向展开它们：

```
chars1 = chars %>%
  unnest_wider(char)
chars1

## # A tibble: 30 x 18
##    url     id name   gender culture born   died   alive titles aliases
##    <chr> <int> <chr>  <chr>  <chr>   <chr>  <chr>  <lgl> <list> <list>
## 1 https~ 1022 Theon~ Male   "Ironb~ "In ~  ""     TRUE  <chr ~ <chr [~
## 2 https~ 1052 Tyrio~ Male   ""      "In ~  ""     TRUE  <chr ~ <chr [~
## 3 https~ 1074 Victa~ Male   "Ironb~ "In ~  ""     TRUE  <chr ~ <chr [~
## 4 https~ 1109 Will   Male   ""      ""     "In ~  FALSE <chr ~ <chr [~
## 5 https~ 1166 Areo ~ Male   "Norvo~ "In ~  ""     TRUE  <chr ~ <chr [~
## 6 https~ 1267 Chett  Male   ""      "At ~  "In ~  FALSE <chr ~ <chr [~
## # ... with 24 more rows, and 8 more variables: father <chr>,
## #   mother <chr>, spouse <chr>, allegiances <list>, books <list>,
## #   povBooks <list>, tvSeries <list>, playedBy <list>
```

生成一个表，以匹配人物角色和他们的昵称，`name` 直接选择列，昵称来自列表列 `titles`，纵向展开它：

```
chars1 %>%
  select(name, title = titles) %>%
  unnest_longer(title)

## # A tibble: 60 x 2
##    name               title
##    <chr>              <chr>
## 1 Theon Greyjoy       Prince of Winterfell
## 2 Theon Greyjoy       Captain of Sea Bitch
## 3 Theon Greyjoy       Lord of the Iron Islands (by law of the green la~
## 4 Tyrion Lannister    Acting Hand of the King (former)
## 5 Tyrion Lannister    Master of Coin (former)
## 6 Victarion Greyjoy   Lord Captain of the Iron Fleet
## # ... with 54 more rows
```

或者改用 `hoist()` 函数直接从内层提取想要的列，再对列表列 `title` 做纵向展开：

```
chars %>%
  hoist(char, name = "name", title = "titles") %>%
  unnest_longer(title)

## # A tibble: 60 x 3
##    name               title                               char
##    <chr>              <chr>                               <list>
```

```
## 1 Theon Greyjoy      Prince of Winterfell               <named list~
## 2 Theon Greyjoy      Captain of Sea Bitch               <named list~
## 3 Theon Greyjoy      Lord of the Iron Islands (by law of~ <named list~
## 4 Tyrion Lannister   Acting Hand of the King (former)   <named list~
## 5 Tyrion Lannister   Master of Coin (former)            <named list~
## 6 Victarion Greyjoy  Lord Captain of the Iron Fleet     <named list~
## # ... with 54 more rows
```

另外，还有 tibblify 包专门用于将嵌套列表转化为 tibble 数据框。

2.5 基本数据操作

用 dplyr 包实现各种数据操作，通常的数据操作无论多么复杂，往往都可以分解为若干基本数据操作步骤的组合。

共有 5 种基本数据操作：

- select()——选择列；
- filter()/slice()——筛选行；
- arrange()——对行排序；
- mutate()——修改列/创建新列；
- summarize()——汇总。

这些函数都可以与 group_by()——分组函数连用，以改变数据操作的作用域（作用在整个数据框，还是分别作用在数据框的每个分组）。

这些函数组合使用就足以完成各种数据操作，它们的相同之处是：

- 第 1 个参数是数据框，方便管道操作；
- 根据列名访问数据框的列，且列名不用加引号；
- 返回结果是一个新数据框，不改变原数据框。

通过把函数组合使用，可以方便地实现"将多个简单操作，依次用管道连接，并实现复杂的数据操作"。

另外，若要同时对所选择的多列数据应用函数，还可以使用强大的 across() 函数，它支持各种**选择列语法**，搭配 mutate() 和 summarise() 函数使用，能同时修改或汇总多列数据，非常高效。类似地，dplyr 包提供了 if_any() 和 if_all() 函数，搭配 filter() 函数使用可以达到根据多列的值筛选行的目的。

2.5.1 选择列

选择列包括对数据框做选择列、调整列序和重命名列。

下面以虚拟的学生成绩数据来演示，包含随机生成的 20 个 NA：

```
df = read_xlsx("data/ExamDatas_NAs.xlsx")
df

## # A tibble: 50 x 8
##   class name  sex   chinese  math english moral science
##   <chr> <chr> <chr>   <dbl> <dbl>   <dbl> <dbl>   <dbl>
## 1 六1班 何娜   女        87    92      79     9      10
## 2 六1班 黄才菊 女        95    77      75    NA       9
## 3 六1班 陈芳姝 女        79    87      66     9      10
## 4 六1班 陈学勤 男        NA    79      66     9      10
## 5 六1班 陈祝贞 女        76    79      67     8      10
## 6 六1班 何小薇 女        83    73      65     8       9
## # ... with 44 more rows
```

1. 选择列语法

（1）用列名或索引选择列

```
df %>%
  select(name, sex, math)    # 或者 select(2, 3, 5)
```

```
## # A tibble: 50 x 3
##    name   sex    math
##    <chr>  <chr> <dbl>
## 1 何娜    女      92
## 2 黄才菊  女      77
## 3 陈芳妹  女      87
## 4 陈学勤  男      79
## 5 陈祝贞  女      79
## 6 何小薇  女      73
## # ... with 44 more rows
```

（2）借助运算符选择列

- 用 ":" 选择连续的若干列。
- 用 "!" 选择变量集合的余集（反选）。
- 用 "&" 和 "|" 选择变量集合的交集或并集。
- 用 c() 合并多个选择。

（3）借助选择助手函数

- 选择指定列

  ◆ everything()：选择所有列。

  ◆ last_col()：选择最后一列，可以带参数，例如 last_col(5) 选择倒数第 6 列。

- 选择列名匹配的列

  ◆ starts_with()：得到以某前缀开头的列名。

  ◆ ends_with()：得到以某后缀结尾的列名。

  ◆ contains()：得到包含某字符串的列名。

  ◆ matches()：匹配正则表达式的列名。

  ◆ num_range()：匹配数值范围的列名，如 num_range("x", 1:3) 匹配 x1、x2 和 x3。

- 结合函数选择列

  ◆ where()：把一个函数应用到所有列，选择返回结果为 TRUE 的列，比如可以与 is.numeric 等函数连用。

2. 选择列的示例

```
df %>%
  select(starts_with("m"))
```

```
## # A tibble: 50 x 2
##    math moral
##    <dbl> <dbl>
## 1   92    9
## 2   77   NA
## 3   87    9
## 4   79    9
## 5   79    8
## 6   73    8
## # ... with 44 more rows
```

```
df %>%
  select(ends_with("e"))
```

```
## # A tibble: 50 x 3
##   name   chinese science
##   <chr>    <dbl>   <dbl>
## 1 何娜        87      10
## 2 黄才菊      95       9
## 3 陈芳妹      79      10
## 4 陈学勤      NA      10
## 5 陈祝贞      76      10
## 6 何小薇      83       9
## # ... with 44 more rows
```

```
df %>%
  select(contains("a"))
```

```
## # A tibble: 50 x 4
##   class  name    math moral
##   <chr>  <chr>  <dbl> <dbl>
## 1 六1班  何娜      92     9
## 2 六1班  黄才菊    77    NA
## 3 六1班  陈芳妹    87     9
## 4 六1班  陈学勤    79     9
## 5 六1班  陈祝贞    79     8
## 6 六1班  何小薇    73     8
## # ... with 44 more rows
```

根据正则表达式匹配选择列：

```
df %>%
  select(matches("m.*a"))
```

```
## # A tibble: 50 x 2
##    math moral
##   <dbl> <dbl>
## 1    92     9
## 2    77    NA
## 3    87     9
## 4    79     9
## 5    79     8
## 6    73     8
## # ... with 44 more rows
```

根据条件（逻辑判断）选择列，例如选择所有数值型的列：

```
df %>%
  select(where(is.numeric))
```

```
## # A tibble: 50 x 5
##   chinese  math english moral science
##     <dbl> <dbl>   <dbl> <dbl>   <dbl>
## 1      87    92      79     9      10
## 2      95    77      75    NA       9
## 3      79    87      66     9      10
## 4      NA    79      66     9      10
## 5      76    79      67     8      10
## 6      83    73      65     8       9
## # ... with 44 more rows
```

也可以自定义返回 TRUE 或 FALSE 的判断函数，支持 purrr 风格的公式写法。例如，选择列值之和大于 3000 的列：

```
df[, 4:8] %>%
  select(where(~ sum(.x, na.rm = TRUE) > 3000))
```

```
## # A tibble: 50 x 2
##   chinese  math
##     <dbl> <dbl>
## 1      87    92
## 2      95    77
## 3      79    87
## 4      NA    79
## 5      76    79
## 6      83    73
## # ... with 44 more rows
```

再比如，结合 n_distinct() 选择唯一值数目小于 10 的列：

```
df %>%
  select(where(~ n_distinct(.x) < 10))
```

```
## # A tibble: 50 x 4
##   class sex   moral science
##   <chr> <chr> <dbl>   <dbl>
## 1 六1班 女       9      10
## 2 六1班 女      NA       9
## 3 六1班 女       9      10
## 4 六1班 男       9      10
## 5 六1班 女       8      10
## 6 六1班 女       8       9
## # ... with 44 more rows
```

3. 用 "-" 删除列

```
df %>%
  select(-c(name, chinese, science))  # 或者 select(-ends_with("e"))
```

```
## # A tibble: 50 x 5
##   class sex    math english moral
##   <chr> <chr> <dbl>   <dbl> <dbl>
## 1 六1班 女      92      79     9
## 2 六1班 女      77      75    NA
## 3 六1班 女      87      66     9
## 4 六1班 男      79      66     9
## 5 六1班 女      79      67     8
## 6 六1班 女      73      65     8
## # ... with 44 more rows
```

```
df %>%
  select(math, everything(), -ends_with("e"))
```

```
## # A tibble: 50 x 5
##    math class sex   english moral
##   <dbl> <chr> <chr>   <dbl> <dbl>
## 1    92 六1班 女        79     9
## 2    77 六1班 女        75    NA
## 3    87 六1班 女        66     9
## 4    79 六1班 男        66     9
## 5    79 六1班 女        67     8
## 6    73 六1班 女        65     8
## # ... with 44 more rows
```

注意：-ends_with() 要放在 everything() 后面，否则删除的列又全回来了。

4. 调整列的顺序

列根据被选择的顺序排列：

```
df %>%
  select(ends_with("e"), math, name, class, sex)
```

```
## # A tibble: 50 x 6
##   name   chinese science  math class sex
##   <chr>    <dbl>   <dbl> <dbl> <chr> <chr>
## 1 何娜        87      10    92 六1班 女
## 2 黄才菊      95       9    77 六1班 女
## 3 陈芳妹      79      10    87 六1班 女
## 4 陈学勤      NA      10    79 六1班 男
## 5 陈祝贞      76      10    79 六1班 女
## 6 何小薇      83       9    73 六1班 女
## # ... with 44 more rows
```

everything() 函数返回未被选择的所有列，该函数在将某一列移到第一列时很方便：

```
df %>%
  select(math, everything())
```

```
## # A tibble: 50 x 8
##     math class name   sex   chinese english moral science
##    <dbl> <chr> <chr>  <chr>   <dbl>   <dbl> <dbl>   <dbl>
## 1    92 六1班 何娜    女        87      79     9      10
## 2    77 六1班 黄才菊  女        95      75    NA       9
## 3    87 六1班 陈芳妹  女        79      66     9      10
## 4    79 六1班 陈学勤  男        NA      66     9      10
## 5    79 六1班 陈祝贞  女        76      67     8      10
## 6    73 六1班 何小薇  女        83      65     8       9
## # ... with 44 more rows
```

用 relocate() 函数将选择的列移到某列之前或之后,基本语法为:

```
relocate(.data, ..., .before, .after)
```

例如,将数值列移到 name 列的后面:

```
df %>%
  relocate(where(is.numeric), .after = name)
```

```
## # A tibble: 50 x 8
##    class name   chinese  math english moral science sex
##    <chr> <chr>    <dbl> <dbl>   <dbl> <dbl>   <dbl> <chr>
## 1 六1班 何娜       87    92      79     9      10 女
## 2 六1班 黄才菊     95    77      75    NA       9 女
## 3 六1班 陈芳妹     79    87      66     9      10 女
## 4 六1班 陈学勤     NA    79      66     9      10 男
## 5 六1班 陈祝贞     76    79      67     8      10 女
## 6 六1班 何小薇     83    73      65     8       9 女
## # ... with 44 more rows
```

5. 重命名列

用 set_names() 函数为所有列设置新列名:

```
df %>%
  set_names("班级", "姓名", "性别", "语文",
            "数学", "英语", "品德", "科学")
```

```
## # A tibble: 50 x 8
##    班级  姓名   性别   语文  数学  英语  品德  科学
##    <chr> <chr> <chr> <dbl> <dbl> <dbl> <dbl> <dbl>
## 1 六1班 何娜   女       87    92    79     9    10
## 2 六1班 黄才菊 女       95    77    75    NA     9
## 3 六1班 陈芳妹 女       79    87    66     9    10
## 4 六1班 陈学勤 男       NA    79    66     9    10
## 5 六1班 陈祝贞 女       76    79    67     8    10
## 6 六1班 何小薇 女       83    73    65     8     9
## # ... with 44 more rows
```

rename() 函数只修改部分列名,格式为:新名 = 旧名。

```
df %>%
  rename(数学 = math, 科学 = science)
```

```
## # A tibble: 50 x 8
##    class name   sex   chinese  数学 english moral  科学
##    <chr> <chr>  <chr>   <dbl> <dbl>   <dbl> <dbl> <dbl>
## 1 六1班 何娜    女        87    92      79     9    10
## 2 六1班 黄才菊  女        95    77      75    NA     9
## 3 六1班 陈芳妹  女        79    87      66     9    10
## 4 六1班 陈学勤  男        NA    79      66     9    10
## 5 六1班 陈祝贞  女        76    79      67     8    10
## 6 六1班 何小薇  女        83    73      65     8     9
## # ... with 44 more rows
```

还有更强大的 rename_with(.data, .fn, .cols) 函数,参数 ".cols" 支持用选择列语法选择要重命名的列,".fn" 是对所选列重命名的函数,将原列名的字符向量变成新列名的字符向量。比如,将包含 "m" 的列名,都拼接上前缀 "new_":

```
df %>%
  rename_with(~ paste0("new_", .x), matches("m"))
## # A tibble: 50 x 8
##   class new_name sex   chinese new_math english new_moral science
##   <chr> <chr>    <chr>   <dbl>    <dbl>   <dbl>     <dbl>   <dbl>
## 1 六1班  何娜      女       87       92      79         9      10
## 2 六1班  黄才菊     女       95       77      75        NA       9
## 3 六1班  陈芳妹     女       79       87      66         9      10
## 4 六1班  陈学勤     男       NA       79      66         9      10
## 5 六1班  陈祝贞     女       76       79      67         8      10
## 6 六1班  何小薇     女       83       73      65         8       9
## # ... with 44 more rows
```

6. 强大的 across()函数

函数 across()恰如其名，让零个/一个/多个函数**穿过**所选择的列，即**同时对所选择的多列应用若干函数**，基本格式如下：

```
across(.cols = everything(), .fns = NULL, ..., .names)
```

- .cols 为根据**选择列语法**选定的列范围。
- .fns 为应用到选定列上的函数[①]，它可以是以下类型。
    - ♦ NULL：不对列作变换。
    - ♦ 一个函数，如 mean。
    - ♦ 一个 purrr 风格的匿名函数，如~ .X * 10。
    - ♦ 多个函数或匿名函数构成的列表。
- .names 用来设置输出列的列名样式，默认为{col}_{fn}。若想保留旧列，则需要设置该参数，否则将使用原列名，即计算的新列将替换旧列。

across()支持各种选择列语法，与 mutate()和 summarise()连用，可以同时修改/（多种）汇总多列效果。

across()也能与 group_by()、count()和 distinct()函数连用，此时".fns"为NULL，只起到选择列的作用。

across()函数的引入，使我们可以弃用那些限定列范围的后缀：_all、_if、_at。

- across(everything(), .fns)：在所有列范围内，代替后缀_all。
- across(where(), .fns)：在满足条件的列范围内，代替后缀_if。
- across(.cols, .fns)：在给定的列范围内，代替后缀_at。

across 函数的作用机制如图 2.20 所示，它包含了分解思维，即想要同时修改多列，只需要选出多列，并把对一列数据做的操作写成函数，剩下的交给 across()就行了。

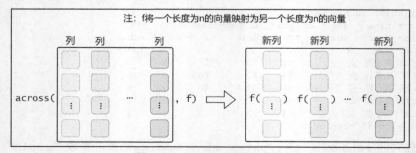

图 2.20 across()函数示意图

[①] 在这些函数内部可以使用 cur_column()和 cur_group()函数以访问当前列和分组键值。

2.5.2 修改列

修改列即修改数据框的列，并计算新列。

1. 创建新列

用 dplyr 包中的 mutate() 函数创建或修改列，返回原数据框并增加新列，默认加在最后一列，参数 .before 和 .after 可以设置新列的位置。若改用 transmute() 函数则只返回增加的新列。

若只给新列 1 个值，则循环使用并得到值相同的一列：

```
df %>%
  mutate(new_col = 5)
## # A tibble: 50 x 9
##   class name  sex   chinese  math english moral science new_col
##   <chr> <chr> <chr>   <dbl> <dbl>   <dbl> <dbl>   <dbl>   <dbl>
## 1 六1班 何娜   女        87    92      79     9      10       5
## 2 六1班 黄才菊 女        95    77      75    NA       9       5
## 3 六1班 陈芳姝 女        79    87      66     9      10       5
## 4 六1班 陈学勤 男        NA    79      66     9      10       5
## 5 六1班 陈祝贞 女        76    79      67     8      10       5
## 6 六1班 何小薇 女        83    73      65     8       9       5
## # ... with 44 more rows
```

正常是为长度等于行数的向量赋值：

```
df %>%
  mutate(new_col = 1:n())
## # A tibble: 50 x 9
##   class name  sex   chinese  math english moral science new_col
##   <chr> <chr> <chr>   <dbl> <dbl>   <dbl> <dbl>   <dbl>   <int>
## 1 六1班 何娜   女        87    92      79     9      10       1
## 2 六1班 黄才菊 女        95    77      75    NA       9       2
## 3 六1班 陈芳姝 女        79    87      66     9      10       3
## 4 六1班 陈学勤 男        NA    79      66     9      10       4
## 5 六1班 陈祝贞 女        76    79      67     8      10       5
## 6 六1班 何小薇 女        83    73      65     8       9       6
## # ... with 44 more rows
```

注意：n() 函数返回当前分组的样本数，未分组则为总行数。

2. 计算新列

用数据框的现有列计算新列，若要修改当前列，只需要赋值给原列名。

```
df %>%
  mutate(total = chinese + math + english + moral + science)
## # A tibble: 50 x 9
##   class name  sex   chinese  math english moral science total
##   <chr> <chr> <chr>   <dbl> <dbl>   <dbl> <dbl>   <dbl> <dbl>
## 1 六1班 何娜   女        87    92      79     9      10   277
## 2 六1班 黄才菊 女        95    77      75    NA       9    NA
## 3 六1班 陈芳姝 女        79    87      66     9      10   251
## 4 六1班 陈学勤 男        NA    79      66     9      10    NA
## 5 六1班 陈祝贞 女        76    79      67     8      10   240
## 6 六1班 何小薇 女        83    73      65     8       9   238
## # ... with 44 more rows
```

注意：不能用 sum() 函数，它会将整个列的内容都加起来，类似的还有 mean() 函数。

在同一个 mutate() 函数中可以同时创建或计算多个列，它们是从前往后依次计算，所以可以使用前面新创建的列，例如：

- 计算 df 中 math 列的中位数；

- 创建标记 math 是否大于中位数的逻辑值列；
- 用 as.numeric() 将 TRUE/FALSE 转化为 1/0。

```
df %>%
  mutate(med = median(math, na.rm = TRUE),
         label = math > med,
         label = as.numeric(label))
```

```
## # A tibble: 50 x 10
##   class name  sex   chinese  math english moral science   med label
##   <chr> <chr> <chr>   <dbl> <dbl>   <dbl> <dbl>   <dbl> <dbl> <dbl>
## 1 六1班 何娜   女        87    92      79     9      10    73     1
## 2 六1班 黄才菊 女        95    77      75    NA       9    73     1
## 3 六1班 陈芳妹 女        79    87      66     9      10    73     1
## 4 六1班 陈学勤 男        NA    79      66     9      10    73     1
## 5 六1班 陈祝贞 女        76    79      67     8      10    73     1
## 6 六1班 何小薇 女        83    73      65     8       9    73     0
## # ... with 44 more rows
```

3. 修改多列

结合 across() 函数和**选择列语法**可以把函数应用到多列，从而实现同时修改多列。

（1）把函数应用到所有列

将所有列转化为字符型：

```
df %>%
  mutate(across(everything(), as.character))
```

```
## # A tibble: 50 x 8
##   class name  sex   chinese math  english moral science
##   <chr> <chr> <chr> <chr>   <chr> <chr>   <chr> <chr>
## 1 六1班 何娜   女    87      92    79      9     10
## 2 六1班 黄才菊 女    95      77    75      <NA>  9
## 3 六1班 陈芳妹 女    79      87    66      9     10
## 4 六1班 陈学勤 男    <NA>    79    66      9     10
## 5 六1班 陈祝贞 女    76      79    67      8     10
## 6 六1班 何小薇 女    83      73    65      8     9
## # ... with 44 more rows
```

（2）把函数应用到满足条件的列

对所有数值列做归一化：

```
rescale = function(x) {
  rng = range(x, na.rm = TRUE)
  (x - rng[1]) / (rng[2] - rng[1])
}
df %>%
  mutate(across(where(is.numeric), rescale))
```

```
## # A tibble: 50 x 8
##   class name  sex   chinese  math english moral science
##   <chr> <chr> <chr>   <dbl> <dbl>   <dbl> <dbl>   <dbl>
## 1 六1班 何娜   女    0.843 0.974   1       0.875   1
## 2 六1班 黄才菊 女    1     0.776   0.926  NA       0.833
## 3 六1班 陈芳妹 女    0.686 0.908   0.759   0.875   1
## 4 六1班 陈学勤 男    NA    0.803   0.759   0.875   1
## 5 六1班 陈祝贞 女    0.627 0.803   0.778   0.75    1
## 6 六1班 何小薇 女    0.765 0.724   0.741   0.75    0.833
## # ... with 44 more rows
```

（3）把函数应用到指定的列

将 iris 中列名包含 length 和 width 的列的测量单位从厘米变成毫米：

```
as_tibble(iris) %>%
  mutate(across(contains("Length") | contains("Width"), ~ .x * 10))
```

```
## # A tibble: 150 x 5
##   Sepal.Length Sepal.Width Petal.Length Petal.Width Species
```

```
##             <dbl>       <dbl>       <dbl>       <dbl> <fct>
## 1             51          35          14           2 setosa
## 2             49          30          14           2 setosa
## 3             47          32          13           2 setosa
## 4             46          31          15           2 setosa
## 5             50          36          14           2 setosa
## 6             54          39          17           4 setosa
## # ... with 144 more rows
```

4．替换 NA

（1）`replace_na()`函数

实现用某个值替换一列中的所有 NA 值，该函数接受一个命名列表，其成分为"列名 = 替换值"。

替换具体的列的缺失值，代码如下：

```
starwars %>%
  replace_na(list(hair_color = "UNKNOWN",
                  height = round(mean(.$height, na.rm = TRUE))))
```

```
## # A tibble: 87 x 14
##   name   height  mass hair_color skin_color eye_color birth_year sex
##   <chr>   <dbl> <dbl> <chr>      <chr>      <chr>          <dbl> <chr>
## 1 Luke~     172    77 blond      fair       blue              19 male
## 2 C-3PO     167    75 UNKNOWN    gold       yellow           112 none
## 3 R2-D2      96    32 UNKNOWN    white, bl~ red               33 none
## 4 Dart~     202   136 none       white      yellow          41.9 male
## 5 Leia~     150    49 brown      light      brown             19 fema~
## 6 Owen~     178   120 brown, gr~ light      blue              52 male
## # ... with 81 more rows, and 6 more variables: gender <chr>,
## #   homeworld <chr>, species <chr>, films <list>, vehicles <list>,
## #   starships <list>
```

所有浮点列的缺失值用其均值替换（结果略），代码如下：

```
starwars %>%

  mutate(across(where(is.double), ~ replace_na(.x, mean(.x, na.rm = TRUE))))
```

（2）`fill()`函数

用前一个（或后一个）非缺失值填充 NA。有些表在记录时，会省略与上一条记录相同的内容，例如：

```
load("data/gap_data.rda")
knitr::kable(gap_data, align="c")
```

得到的结果如表 2.4 所示。

表 2.4 待填充数据

site	species	sample_num	bees_present
Bilpin	A. longiforlia	1	TRUE
NA	NA	2	TRUE
NA	NA	3	TRUE
NA	A. elongata	1	TRUE
NA	NA	2	FALSE
NA	NA	3	TRUE
Grose Vale	A. terminalis	1	FALSE
NA	NA	2	FALSE
NA	NA	2	TRUE

tidyr 包中的 fill()函数适合处理这种结构的缺失值，默认是向下填充，即用上一个非

缺失值填充：

```
gap_data %>%
  fill(site, species)
## # A tibble: 9 x 4
##   site    species      sample_num bees_present
##   <chr>   <chr>             <dbl> <lgl>
## 1 Bilpin A. longiforlia          1 TRUE
## 2 Bilpin A. longiforlia          2 TRUE
## 3 Bilpin A. longiforlia          3 TRUE
## 4 Bilpin A. elongata             1 TRUE
## 5 Bilpin A. elongata             2 FALSE
## 6 Bilpin A. elongata             3 TRUE
## # ... with 3 more rows
```

5. 重新编码

现实中，经常需要对列中的值进行重新编码。

（1）两类别情形：`if_else()` 函数

用 `if_else()` 函数做二分支判断进而重新编码：

```
df %>%
  mutate(sex = if_else(sex == "男", "M", "F"))
## # A tibble: 50 x 8
##   class name  sex   chinese  math english moral science
##   <chr> <chr> <chr>   <dbl> <dbl>   <dbl> <dbl>   <dbl>
## 1 六1班 何娜   F         87    92      79     9      10
## 2 六1班 黄才菊 F         95    77      75    NA       9
## 3 六1班 陈芳妹 F         79    87      66     9      10
## 4 六1班 陈学勤 M         NA    79      66     9      10
## 5 六1班 陈祝贞 F         76    79      67     8      10
## 6 六1班 何小薇 F         83    73      65     8       9
## # ... with 44 more rows
```

（2）多类别情形：`case_when()` 函数

用 `case_when()` 函数做多分支判断进而重新编码，避免使用很多 `if_else()` 嵌套：

```
df %>%
  mutate(math = case_when(math >= 75 ~ "High",
                          math >= 60 ~ "Middle",
                          TRUE       ~ "Low"))
## # A tibble: 50 x 8
##   class name  sex   chinese math   english moral science
##   <chr> <chr> <chr>   <dbl> <chr>    <dbl> <dbl>   <dbl>
## 1 六1班 何娜   女        87 High        79     9      10
## 2 六1班 黄才菊 女        95 High        75    NA       9
## 3 六1班 陈芳妹 女        79 High        66     9      10
## 4 六1班 陈学勤 男        NA High        66     9      10
## 5 六1班 陈祝贞 女        76 High        67     8      10
## 6 六1班 何小薇 女        83 Middle      65     8       9
## # ... with 44 more rows
```

`case_when()` 中用的是公式形式：

- 左边是返回 TRUE 或 FALSE 的表达式或函数；
- 右边是若左边表达式为 TRUE，则重新编码的值，也可以是表达式或函数；
- 每个分支条件将从上到下计算，并接受第一个 TRUE 条件；
- 最后一个分支直接用 TRUE 表示若其他条件都不为 TRUE 时怎么做。

（3）更强大的重新编码函数

基于 `tidyverse` 设计哲学，sjmisc 包实现了对变量做数据变换，如重新编码、二分或分组变量、设置与替换缺失值等。sjmisc 包也支持标签化数据，这对操作 SPSS 或 Stata 数据集特别有用。

重新编码函数 rec()，可以将变量的旧值重新编码为新值，基本格式为：

```
rec(x, rec, append, ...)
```

- x：为数据框（或向量）。
- append：默认为 TRUE，则返回包含重编码新列的数据框；若 FALSE，则只返回重编码的新列。
- rec：设置重编码模式，即哪些旧值被哪些新值取代，具体如下。
  - 重编码对：每个重编码对用 ";" 隔开，例如 rec="1=1; 2=4; 3=2; 4=3"。
  - 多值：把多个旧值（逗号分隔）重编码为一个新值，例如 rec="1,2=1; 3,4=2"。
  - 值范围：用冒号表示值范围，例如 rec="1:4=1; 5:8=2"。
  - 数值型值范围：带小数部分的数值向量，值范围内的所有值将被重新编码，例如 rec="1:2.5=1; 2.6:3=2"[①]
  - min 和 max：最小值和最大值分别用 min 和 max 表示，例如 rec = "min:4=1; 5:max=2"(min 和 max 也可以作为新值，如 5:7=max, 表示将 5~7 编码为 max(x))。
  - else：所有未设定的其他值都用 else 表示，例如 rec="3=1; 1=2; else=3"。
  - copy：else 可以结合 copy 一起使用，表示所有未设定的其他值保持原样（从原数值 copy），例如 rec="3=1; 1=2; else=copy"。
  - NAs：NA 既可以作为旧值，也可以作为新值，例如 rec="NA=1; 3:5=NA"。
  - rev：设置反转值顺序。
  - 非捕获值：不匹配的值将设置为 NA，除非使用 else 和 copy。

```
library(sjmisc)
df %>%
  rec(math, rec = "min:59=不及格; 60:74=中; 75:85=良; 85:max=优",
      append = FALSE) %>%
  frq()                          # 频率表

##
## math_r <character>
## # total N=50  valid N=50  mean=3.28  sd=1.26
##
## Value  |  N | Raw % | Valid % | Cum. %
## -------------------------------------
## -Inf   |  3 |  6.00 |    6.00 |      6
## 不及格 | 14 | 28.00 |   28.00 |     34
## 良     | 10 | 20.00 |   20.00 |     54
## 优     | 12 | 24.00 |   24.00 |     78
## 中     | 11 | 22.00 |   22.00 |    100
## <NA>   |  0 |  0.00 |    <NA> |   <NA>
```

> **注意**：新值的值标签可以在重新编码时一起设置，只需要在每个重编码对后接上中括号标签。

2.5.3 筛选行

筛选行，即按行选择数据子集，包括过滤行、对行切片、删除行。

先创建一个包含重复行的数据框：

```
set.seed(123)
df_dup = df %>%
  slice_sample(n = 60, replace = TRUE)
```

[①] 注意，对于介于 2.5 和 2.6 之间的值（如 2.55），因未包含在值范围内将不被重新编码。

1．用 filter()函数根据条件筛选行

提供筛选条件给 `filter()`函数则返回满足该条件的行。筛选条件本质上是用长度同行数的逻辑向量，通常是直接用能返回这种逻辑向量的列表达式。

```
df_dup %>%
  filter(sex == "男", math > 80)

## # A tibble: 8 x 8
##   class name   sex   chinese  math english moral science
##   <chr> <chr>  <chr>   <dbl> <dbl>   <dbl> <dbl>   <dbl>
## 1 六2班 陈华健 男        92    84      70     9      10
## 2 六2班 陈华健 男        92    84      70     9      10
## 3 六4班 <NA>   男        84    85      52     9       8
## 4 六2班 陈华健 男        92    84      70     9      10
## 5 六4班 李小龄 男        90    87      69    10      10
## 6 六4班 李小龄 男        90    87      69    10      10
## # ... with 2 more rows
```

注意：对多个条件之间用 ","隔开，相当于 and。

```
df_dup %>%
  filter(sex == "女", (is.na(english) | math > 80))

## # A tibble: 11 x 8
##   class name  sex   chinese  math english moral science
##   <chr> <chr> <chr>   <dbl> <dbl>   <dbl> <dbl>   <dbl>
## 1 六4班 周婵  女        92    94      77    10       9
## 2 六1班 陈芳妹 女       79    87      66     9      10
## 3 六5班 陆曼  女        88    84      69     8      10
## 4 六5班 陆曼  女        88    84      69     8      10
## 5 六2班 徐雅琦 女       92    86      72    NA       9
## 6 六5班 陆曼  女        88    84      69     8      10
## # ... with 5 more rows
```

```
df_dup %>%
  filter(between(math, 70, 80))        # 闭区间

## # A tibble: 15 x 8
##   class name  sex   chinese  math english moral science
##   <chr> <chr> <chr>   <dbl> <dbl>   <dbl> <dbl>   <dbl>
## 1 六2班 杨远芸 女       93    80      68     9      10
## 2 六5班 容唐  女        83    71      56     9       7
## 3 六4班 关小孟 男       84    78      49     8       5
## 4 六1班 陈祝贞 女       76    79      67     8      10
## 5 六1班 陈欣越 男       57    80      60     9       9
## 6 六1班 雷旺  男        NA    80      68     8       9
## # ... with 9 more rows
```

2．在限定列范围内根据条件筛选行

`dplyr 1.0.4` 提供了函数 `if_any()`和 `if_all()`，基本格式为：

- `if_any(.cols, .fns, ...)`
- `if_all(.cols, .fns, ...)`

`if_any` 和 `if_all` 的作用机制如图 2.21 所示，其操作逻辑类似 `across()`，只是返回的是关于行的逻辑向量（长度同行数），用于根据多列的值筛选行：

在.cols 所选择的列范围内，分别对每一列应用函数.fns 做判断，得到多个逻辑向量；`if_all()`是对这些逻辑向量依次取&，`if_any()`是对这些逻辑向量依次取|，最终得到一个逻辑向量并将其用于 `filter()`筛选行。

注意：对多个逻辑向量做&或|时，是做向量化运算，相当于是对位于同行的逻辑值取&或|，换句话说，相当于将函数.fns 依次作用在所选列的每一行元素上，得到的判断结果，取&或|，再作为是否筛选该行的依据。

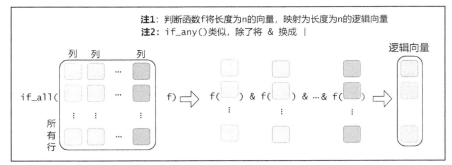

图 2.21 if_any 和 if_all 函数筛选行示意图

（1）限定列范围内，筛选"所有值都满足某条件的行"

选出第 4～6 列范围内，所有值都大于 75 的行：

```
df %>%
  filter(if_all(4:6, ~ .x > 75))
## # A tibble: 3 x 8
##   class name  sex   chinese  math english moral science
##   <chr> <chr> <chr>   <dbl> <dbl>   <dbl> <dbl>   <dbl>
## 1 六1班 何娜   女        87    92      79     9      10
## 2 六4班 周婵   女        92    94      77    10       9
## 3 六5班 符苁榕 女        85    89      76     9      NA
```

选出所有列范围内，所有值都不是 NA 的行：

```
df_dup %>%
  filter(if_all(everything(), ~ !is.na(.x)))
## # A tibble: 38 x 8
##   class name  sex   chinese  math english moral science
##   <chr> <chr> <chr>   <dbl> <dbl>   <dbl> <dbl>   <dbl>
## 1 六4班 周婵   女        92    94      77    10       9
## 2 六2班 杨远芸 女        93    80      68     9      10
## 3 六2班 陈华健 男        92    84      70     9      10
## 4 六1班 陈芳姝 女        79    87      66     9      10
## 5 六5班 陆曼   女        88    84      69     8      10
## 6 六5班 胡玉洁 女        74    61      52     9       6
## # ... with 32 more rows
```

（2）限定列范围内，筛选"存在值满足某条件的行"

选出所有列范围内，存在值包含"bl"的行，代码如下：

```
starwars %>%
  filter(if_any(everything(), ~ str_detect(.x, "bl")))
## # A tibble: 47 x 14
##   name  height  mass hair_color skin_color eye_color birth_year sex
##   <chr>  <int> <dbl> <chr>      <chr>      <chr>          <dbl> <chr>
## 1 Luke~    172    77 blond      fair       blue              19 male
## 2 R2-D2     96    32 <NA>       white, bl~ red               33 none
## 3 Owen~    178   120 brown, gr~ light      blue              52 male
## 4 Beru~    165    75 brown      light      blue              47 fema~
## 5 Bigg~    183    84 black      light      brown             24 male
## 6 Obi-~    182    77 auburn, w~ fair       blue-gray         57 male
## # ... with 41 more rows, and 6 more variables: gender <chr>,
## #   homeworld <chr>, species <chr>, films <list>, vehicles <list>,
## #   starships <list>
```

选出数值列范围内，存在值大于 90 的行：

```
df %>%
  filter(if_any(where(is.numeric), ~ .x > 90))
## # A tibble: 8 x 8
##   class name  sex   chinese  math english moral science
```

```
##    <chr> <chr> <chr>    <dbl> <dbl>    <dbl> <dbl>    <dbl>
## 1 六1班 何娜    女        87    92       79    9       10
## 2 六1班 黄才菊 女        95    77       75   NA        9
## 3 六2班 黄祖娜 女        94    88       75   10       10
## 4 六2班 徐雅琦 女        92    86       72   NA        9
## 5 六2班 陈华健 男        92    84       70    9       10
## 6 六2班 杨远芸 女        93    80       68    9       10
## # ... with 2 more rows
```

从字符列范围内，选择包含（存在）NA 的行：

```
df_dup %>%
    filter(if_any(where(is.character), is.na))
```

```
## # A tibble: 3 x 8
##    class name  sex   chinese  math english moral science
##    <chr> <chr> <chr>   <dbl> <dbl>   <dbl> <dbl>   <dbl>
## 1 六4班 <NA>  男         84    85      52    9       8
## 2 <NA>  徐达政 男        90    86      72    9      10
## 3 六5班 符芳盈 <NA>      58    85      48    9      10
```

另一种思路：pmap_lgl() 是对数据框逐行迭代，返回长度同行数的逻辑值向量，正好适合配合 filter() 筛选行。filter() 函数的第一个参数是由多列范围构成的数据框；第 2 个参数是对多列范围内的每行的值向量构造一个可返回逻辑值的判断函数，并将该逻辑值作为是否筛选该行的依据。

例如，筛选出语文、数学、英语三科成绩中恰有两科成绩不及格（分数＜60）的行：

```
df %>%
  filter(pmap_lgl(.[4:6], ~ sum(c(...) < 60) == 2))
```

```
## # A tibble: 5 × 8
##    class name  sex   chinese  math english moral science
##    <chr> <chr> <chr>   <dbl> <dbl>   <dbl> <dbl>   <dbl>
## 1 六2班 黄菲    女       90    41      40    6       7
## 2 六2班 李永升 男        66    54      36    8      10
## 3 六3班 陈逾革 男        47    24      67    2       5
## 4 六4班 梁少盈 女        90    55      52    8       9
## 5 六5班 符芳盈 NA        58    85      48    9      10
```

3. 对行进行切片：slice_*()函数

slice 就是对行切片的意思，该系列函数的共同参数如下。

- n：用来指定要选择的行数。
- prop：用来指定选择的行比例。

```
slice(df, 3:7)                          # 选择 3~7 行
slice_head(df, n, prop)                 # 从前面开始选择若干行
slice_tail(df, n, prop)                 # 从后面开始选择若干行
slice_min(df, order_by, n, prop)        # 根据 order_by 选择最小的若干行
slice_max(df, order_by, n, prop)        # 根据 order_by 选择最大的若干行
slice_sample(df, n, prop)               # 随机选择若干行
```

选择 math 列值排在前 5 的行：

```
df %>%
  slice_max(math, n = 5)
```

```
## # A tibble: 5 x 8
##    class name  sex   chinese  math english moral science
##    <chr> <chr> <chr>   <dbl> <dbl>   <dbl> <dbl>   <dbl>
## 1 六4班 周婵    女       92    94      77   10       9
## 2 六4班 陈丽丽 女        87    93      NA    8       6
## 3 六1班 何娜    女       87    92      79    9      10
## 4 六5班 符苡榕 女        85    89      76    9      NA
## 5 六2班 黄祖娜 女        94    88      75   10      10
```

4．删除行

（1）删除重复行

用 dplyr 包中的 distinct() 函数删除重复行（只保留第 1 个，删除其余）。

```
df_dup %>%
  distinct()
## # A tibble: 35 x 8
##    class name  sex   chinese  math english moral science
##    <chr> <chr> <chr>   <dbl> <dbl>   <dbl> <dbl>   <dbl>
## 1 六4班 周婵   女       92    94      77    10       9
## 2 六2班 杨远芸 女       93    80      68     9      10
## 3 六2班 陈华健 男       92    84      70     9      10
## 4 六1班 陈芳姝 女       79    87      66     9      10
## 5 六5班 陆曼   女       88    84      69     8      10
## 6 六5班 胡玉洁 女       74    61      52     9       6
## # ... with 29 more rows
```

也可以只根据某些列判定重复行：

```
df_dup %>%
  distinct(sex, math, .keep_all = TRUE)  # 只根据 sex 和 math 判定重复
## # A tibble: 32 x 8
##    class name  sex   chinese  math english moral science
##    <chr> <chr> <chr>   <dbl> <dbl>   <dbl> <dbl>   <dbl>
## 1 六4班 周婵   女       92    94      77    10       9
## 2 六2班 杨远芸 女       93    80      68     9      10
## 3 六2班 陈华健 男       92    84      70     9      10
## 4 六1班 陈芳姝 女       79    87      66     9      10
## 5 六5班 陆曼   女       88    84      69     8      10
## 6 六5班 胡玉洁 女       74    61      52     9       6
## # ... with 26 more rows
```

> **注意**：默认只返回选择的列，若要返回所有列，则需要设置参数 ".keep_all = TRUE"。

（2）删除包含 NA 的行

用 tidyr 包中的 drop_na() 函数删除所有包含 NA 的行：

```
df_dup %>%
  drop_na()
## # A tibble: 38 x 8
##    class name  sex   chinese  math english moral science
##    <chr> <chr> <chr>   <dbl> <dbl>   <dbl> <dbl>   <dbl>
## 1 六4班 周婵   女       92    94      77    10       9
## 2 六2班 杨远芸 女       93    80      68     9      10
## 3 六2班 陈华健 男       92    84      70     9      10
## 4 六1班 陈芳姝 女       79    87      66     9      10
## 5 六5班 陆曼   女       88    84      69     8      10
## 6 六5班 胡玉洁 女       74    61      52     9       6
## # ... with 32 more rows
```

也可以只删除某些列包含 NA 的行：

```
df_dup %>%
  drop_na(sex:math)
## # A tibble: 50 x 8
##    class name  sex   chinese  math english moral science
##    <chr> <chr> <chr>   <dbl> <dbl>   <dbl> <dbl>   <dbl>
## 1 六4班 周婵   女       92    94      77    10       9
## 2 六2班 杨远芸 女       93    80      68     9      10
## 3 六2班 陈华健 男       92    84      70     9      10
## 4 六1班 陈芳姝 女       79    87      66     9      10
## 5 六5班 陆曼   女       88    84      69     8      10
## 6 六5班 胡玉洁 女       74    61      52     9       6
## # ... with 44 more rows
```

若要删除某些列都是 NA 的行，借助 if_all() 函数也很容易实现：

```
df_dup %>%
  filter(!if_all(where(is.numeric), is.na))
```

2.5.4 对行排序

用 dplyr 包中的 arrange() 函数对行排序，默认是按递增进行排序。

```
df_dup %>%
  arrange(math, sex)
## # A tibble: 60 x 8
##   class name   sex   chinese  math english moral science
##   <chr> <chr>  <chr>   <dbl> <dbl>   <dbl> <dbl>   <dbl>
## 1 六3班 邹嘉伟 男         67    18      62     8      NA
## 2 六3班 刘虹均 男         72    23      74     3       6
## 3 六3班 刘虹均 男         72    23      74     3       6
## 4 六3班 黄凯丽 女         70    23      61     4       4
## 5 六3班 黄凯丽 女         70    23      61     4       4
## 6 六3班 黄凯丽 女         70    23      61     4       4
## # ... with 54 more rows
```

若要按递减进行排序，嵌套一个 desc() 函数或在变量名前加负号即可：

```
df_dup %>%
  arrange(-math)                    # 同 desc(math)，递减排序
## # A tibble: 60 x 8
##   class name   sex   chinese  math english moral science
##   <chr> <chr>  <chr>   <dbl> <dbl>   <dbl> <dbl>   <dbl>
## 1 六4班 周婵   女         92    94      77    10       9
## 2 六4班 陈丽丽 女         87    93      NA     8       6
## 3 六5班 符苡榕 女         85    89      76     9      NA
## 4 六5班 符苡榕 女         85    89      76     9      NA
## 5 六1班 陈芳妹 女         79    87      66     9      10
## 6 六4班 李小龄 男         90    87      69    10      10
## # ... with 54 more rows
```

2.5.5 分组操作

对未分组的数据框，一些操作（如 mutate() 函数）是在所有行上执行。相当于把整个数据框视为一个分组，所有行都属于它。

若数据框被分组，则这些操作是分别在每个分组上独立执行。可以认为是，将数据框拆分为更小的多个数据框。在每个更小的数据框上执行操作，最后再将结果合并回来。

1. 创建分组

用 group_by() 函数创建分组，只是对数据框增加了分组信息（可以用 group_keys() 查看），并不是真的将数据分割为多个数据框。

```
df_grp = df %>%
  group_by(sex)
df_grp
## # A tibble: 50 x 8
## # Groups:   sex [3]
##    class name   sex   chinese  math english moral science
##    <chr> <chr>  <chr>   <dbl> <dbl>   <dbl> <dbl>   <dbl>
##  1 六1班 何娜   女         87    92      79     9      10
##  2 六1班 黄才菊 女         95    77      75    NA       9
##  3 六1班 陈芳妹 女         79    87      66     9      10
##  4 六1班 陈学勤 男         NA    79      66     9      10
##  5 六1班 陈祝贞 女         76    79      67     8      10
##  6 六1班 何小薇 女         83    73      65     8       9
## # ... with 44 more rows
```

访问或查看分组情况：

```
group_keys(df_grp)        # 分组键值(唯一识别分组)
group_indices(df_grp)     # 查看每一行属于哪一分组
group_rows(df_grp)        # 查看每一组包含哪些行
ungroup(df_grp)           # 解除分组
```

其他分组函数如下所示：

- 真正将数据框分割为多个分组，要使用 `group_split()` 函数，该函数返回列表，列表的每个成分是一个分组数据框；
- `group_nest()` 函数是将数据框分组（`group_by`），再进行嵌套（`nest`），一步到位地生成嵌套式数据框，该函数常用于批量建模。

```
iris %>%
  group_nest(Species)

## # A tibble: 3 x 2
##   Species          data
##   <fct>            <list<tibble[,4]>>
## 1 setosa           [50 x 4]
## 2 versicolor       [50 x 4]
## 3 virginica        [50 x 4]
```

- purrr 风格的分组迭代：将函数 `.f` 依次应用到分组数据框（即 `.data`）的每个分组上。
  - `group_map(.data, .f, ...)`：返回列表。
  - `group_walk(.data, .f, ...)`：只做操作，不返回值。
  - `group_modify(.data, .f, ...)`：返回修改后的分组数据框。

```
iris %>%
  group_by(Species) %>%
  group_map(~ head(.x, 2))     # 提取每组的前两个观测

## [[1]]
## # A tibble: 2 x 4
##   Sepal.Length Sepal.Width Petal.Length Petal.Width
##          <dbl>       <dbl>        <dbl>       <dbl>
## 1          5.1         3.5          1.4         0.2
## 2          4.9         3            1.4         0.2
##
## [[2]]
## # A tibble: 2 x 4
##   Sepal.Length Sepal.Width Petal.Length Petal.Width
##          <dbl>       <dbl>        <dbl>       <dbl>
## 1          7           3.2          4.7         1.4
## 2          6.4         3.2          4.5         1.5
##
## [[3]]
## # A tibble: 2 x 4
##   Sepal.Length Sepal.Width Petal.Length Petal.Width
##          <dbl>       <dbl>        <dbl>       <dbl>
## 1          6.3         3.3          6           2.5
## 2          5.8         2.7          5.1         1.9
```

2. 分组修改

分组是一种强大的数据思维，当你想分组并分别对每组数据进行操作时，应该优先采用 "`group_by` + `mutate`"，而不是 "分割数据 + 循环迭代"。

这里仍是数据分解的思维：一旦要对数据框分组，你只需要考虑对一个分组（子数据框）做的操作怎么实现，剩下的事情（如 "分组 + 合并结果"），"`group_by` + `mutate`" 会帮你完成。

例如，对如下的股票数据，分别计算每只股票的收盘价与前一天的差价。

```
load("data/stocks.rda")
stocks

## # A tibble: 753 x 3
##   Date        Stock Close
##   <date>      <chr> <dbl>
```

```
## 1 2017-01-03 Google  786.
## 2 2017-01-03 Amazon  754.
## 3 2017-01-03 Apple   116.
## 4 2017-01-04 Google  787.
## 5 2017-01-04 Amazon  757.
## 6 2017-01-04 Apple   116.
## # ... with 747 more rows
```

只要对 Stock 进行分组，对一只股票怎么计算收盘价与前一天的差价，就可以按相同的方式编写代码：

```
stocks %>%
  group_by(Stock) %>%
  mutate(delta = Close - lag(Close))
```

```
## # A tibble: 753 x 4
## # Groups:   Stock [3]
##    Date        Stock  Close  delta
##    <date>      <chr>  <dbl>  <dbl>
## 1 2017-01-03 Google  786.   NA
## 2 2017-01-03 Amazon  754.   NA
## 3 2017-01-03 Apple   116.   NA
## 4 2017-01-04 Google  787.   0.760
## 5 2017-01-04 Amazon  757.   3.51
## 6 2017-01-04 Apple   116.  -0.130
## # ... with 747 more rows
```

3. 分组筛选

`filter()` 是根据条件筛选数据框的行，与 `group_by()` 连用，就是分别对每个分组，根据条件筛选行，再将结果合并到一起返回。

这里仍是数据分解的思维：一旦对数据框分组，你只需要考虑对一个分组（子数据框）如何构造条件筛选行，至于剩下的事情——"分组＋合并结果"，"`group_by + filter`" 会帮你完成。

例如，筛选每只股票涨幅超过 4% 的观测：

```
stocks %>%
  group_by(Stock) %>%
  filter((Close - lag(Close)) / lag(Close) > 0.04)
```

```
## # A tibble: 4 × 3
## # Groups:   Stock [3]
##    Date        Stock  Close
##    <date>      <chr>  <dbl>
## 1 2017-02-01 Apple   129.
## 2 2017-08-02 Apple   157.
## 3 2017-10-27 Google 1019.
## 4 2017-10-27 Amazon 1101.
```

比较推荐的写法是先用 `mutate` 计算出新列（涨幅列），再构造筛选条件：

```
stocks %>%
  group_by(Stock) %>%
  mutate(Gains = (Close - lag(Close)) / lag(Close)) %>%
  filter(Gains > 0.04)
```

另外，`group_by` 也可以与 `slice_*` 连用，按分组切片的方式筛选行。例如，筛选每只股票的收盘价位于从高到低排序的前两名的收盘价：

```
stocks %>%
  group_by(Stock) %>%
  slice_max(Close, n = 2)
```

```
## # A tibble: 6 × 3
## # Groups:   Stock [3]
##    Date        Stock  Close
##    <date>      <chr>  <dbl>
## 1 2017-11-27 Amazon 1196.
## 2 2017-11-28 Amazon 1194.
## 3 2017-12-18 Apple   176.
```

```
## 4 2017-11-08 Apple    176.
## 5 2017-12-18 Google 1077.
## 6 2017-12-19 Google 1071.
```

4．分组汇总

分组汇总，相当于 Excel 的透视表功能。

对数据框做分组最主要的目的就是做分组汇总，汇总就是以某种方式组合行，可以用 dplyr 包中的 summarise() 函数实现，结果只保留分组列的唯一值和新创建的汇总列。

请读者区分以下两种情况。

- group_by + summarise：分组汇总，其结果是"有几个分组就有几个观测"。
- group_by + mutate：分组修改，其结果是"原来有几个样本就有几个观测"。

（1）**summarise()** 函数

可以与很多自带或自定义的汇总函数连用，常用的汇总函数有以下几种。

- 中心化：mean()、median()。
- 分散程度：sd()、IQR()、mad()。
- 范围：min()、max()、quantile()。
- 位置：first()、last()、nth()。
- 计数：n()、n_distinct()。
- 逻辑运算：any()、all()。

```
df %>%
  group_by(sex) %>%
  summarise(n = n(),
            math_avg = mean(math, na.rm = TRUE),
            math_med = median(math))

## # A tibble: 3 x 4
##   sex       n math_avg math_med
##   <chr> <int>    <dbl>    <dbl>
## 1 男       24     64.6       NA
## 2 女       25     70.8       NA
## 3 <NA>      1     85         85
```

函数 summarise() 配合 across() 可以对所选择的列做汇总。好处是可以借助辅助选择器或判断条件选择多列，还能在这些列上执行多个函数，只需要将它们放入一个列表即可。

（2）对某些列做汇总

```
df %>%
  group_by(class, sex) %>%
  summarise(across(contains("h"), mean, na.rm = TRUE))

## # A tibble: 12 x 5
## # Groups:   class [6]
##   class sex   chinese  math english
##   <chr> <chr>   <dbl> <dbl>   <dbl>
## 1 六1班 男       57    79.7    64.7
## 2 六1班 女       80.7  77.2    67.4
## 3 六2班 男       75.4  68.8    42.6
## 4 六2班 女       92.2  73.8    63.8
## 5 六3班 男       66    30.4    67.6
## 6 六3班 女       68.4  49.2    67.8
## # ... with 6 more rows
```

（3）对所有列做汇总

```
df %>%
  select(-name) %>%
  group_by(class, sex) %>%
  summarise(across(everything(), mean, na.rm = TRUE))

## # A tibble: 12 x 7
## # Groups:   class [6]
```

```
##    class sex   chinese  math english moral science
##    <chr> <chr>  <dbl> <dbl>   <dbl> <dbl>   <dbl>
## 1 六1班 男      57  79.7    64.7  8.67    9.33
## 2 六1班 女    80.7  77.2    67.4  8.33    9.57
## 3 六2班 男    75.4  68.8    42.6   8.8    9.25
## 4 六2班 女    92.2  73.8    63.8  8.33       9
## 5 六3班 男      66  30.4    67.6   4.6    4.75
## 6 六3班 女    68.4  49.2    67.8  6.25     7.2
## # ... with 6 more rows
```

（4）对满足条件的列做多种汇总

```
df_grp = df %>%
  group_by(class) %>%
  summarise(across(where(is.numeric),
                   list(sum=sum, mean=mean, min=min), na.rm = TRUE))
df_grp
```

```
## # A tibble: 6 x 16
##    class chinese_sum chinese_mean chinese_min math_sum math_mean
##    <chr>       <dbl>        <dbl>       <dbl>    <dbl>     <dbl>
## 1 六1班         622         77.8          57      702        78
## 2 六2班         746         82.9          66      570      71.2
## 3 六3班         606         67.3          44      349      38.8
## 4 六4班         850           85          72      771      77.1
## 5 六5班         726         72.6          58      720        72
## 6 <NA>           90           90          90       86        86
## # ... with 10 more variables: math_min <dbl>, english_sum <dbl>,
## #   english_mean <dbl>, english_min <dbl>, moral_sum <dbl>,
## #   moral_mean <dbl>, moral_min <dbl>, science_sum <dbl>,
## #   science_mean <dbl>, science_min <dbl>
```

如果数据的可读性不好，可以通过宽表变长表来改善：

```
df_grp %>%
  pivot_longer(-class, names_to = c("Vars", ".value"), names_sep = "_")
```

```
## # A tibble: 30 x 5
##    class Vars      sum  mean   min
##    <chr> <chr>   <dbl> <dbl> <dbl>
## 1 六1班 chinese   622  77.8    57
## 2 六1班 math      702    78    55
## 3 六1班 english   666  66.6    54
## 4 六1班 moral      76  8.44     8
## 5 六1班 science    95   9.5     9
## 6 六2班 chinese   746  82.9    66
## # ... with 24 more rows
```

（5）支持多返回值的汇总函数

summarise()函数以前只支持一个返回值的汇总函数，如 sum、mean 等。现在也支持多返回值（返回向量值、甚至是数据框）的汇总函数，如 range()、quantile()等。

```
qs = c(0.25, 0.5, 0.75)

df_q = df %>%
  group_by(sex) %>%
  summarise(math_qs = quantile(math, qs, na.rm = TRUE), q = qs)
df_q
```

```
## # A tibble: 9 x 3
## # Groups:   sex [3]
##    sex   math_qs     q
##    <chr>   <dbl> <dbl>
## 1 男       57.5  0.25
## 2 男         69   0.5
## 3 男         80  0.75
## 4 女         55  0.25
## 5 女         73   0.5
## 6 女       86.5  0.75
## # ... with 3 more rows
```

如果数据的可读性不好，可以通过长表变宽表来改善：

```
df_q %>%
  pivot_wider(names_from = q, values_from = math_qs, names_prefix = "q_")
## # A tibble: 3 x 4
## # Groups:   sex [3]
##   sex   q_0.25 q_0.5 q_0.75
##   <chr>  <dbl> <dbl>  <dbl>
## 1 男      57.5    69   80
## 2 女      55      73   86.5
## 3 <NA>    85      85   85
```

5. 分组计数

用 count() 按分类变量 class 和 sex 进行分组，并按分组大小排序：

```
df %>%
  count(class, sex, sort = TRUE)
## # A tibble: 12 x 3
##   class sex       n
##   <chr> <chr> <int>
## 1 六1班 女       7
## 2 六4班 男       6
## 3 六2班 男       5
## 4 六3班 男       5
## 5 六3班 女       5
## 6 六5班 女       5
## # ... with 6 more rows
```

对已分组的数据框，用 tally() 函数进行计数：

```
df %>%
  group_by(math_level = cut(math, breaks = c(0, 60, 75, 80, 100), right = FALSE)) %>%
  tally()
## # A tibble: 5 x 2
##   math_level     n
##   <fct>      <int>
## 1 [0,60)        14
## 2 [60,75)       11
## 3 [75,80)        5
## 4 [80,100)      17
## 5 <NA>           3
```

> **注意**：count() 和 tally() 函数都有参数 wt，可以设置加权计数。

用 add_count() 和 add_tally() 函数可以为数据集增加一列按分组变量分组的计数：

```
df %>%
  add_count(class, sex)
## # A tibble: 50 x 9
##   class name  sex   chinese  math english moral science     n
##   <chr> <chr> <chr>   <dbl> <dbl>   <dbl> <dbl>   <dbl> <int>
## 1 六1班 何娜   女       87    92      79     9      10     7
## 2 六1班 黄才菊 女       95    77      75    NA       9     7
## 3 六1班 陈芳妹 女       79    87      66     9      10     7
## 4 六1班 陈学勤 男       NA    79      66     9      10     3
## 5 六1班 陈祝贞 女       76    79      67     8      10     7
## 6 六1班 何小薇 女       83    73      65     8       9     7
## # ... with 44 more rows
```

2.6 其他数据操作

2.6.1 按行汇总

通常的数据操作逻辑都是**按列方式**（colwise），这使得按行汇总很困难。

dplyr 包提供了 rowwise() 函数为数据框创建**行化逻辑**（rowwise），使用 rowwise()

后并不是真的改变了数据框，只是创建了行化逻辑的元信息，改变了数据框的操作逻辑：

```
rf = df %>%
  rowwise()
rf
## # A tibble: 50 x 8
## # Rowwise:
##    class name  sex   chinese  math english moral science
##    <chr> <chr> <chr>   <dbl> <dbl>   <dbl> <dbl>   <dbl>
## 1 六1班 何娜    女       87    92      79     9      10
## 2 六1班 黄才菊  女       95    77      75    NA       9
## 3 六1班 陈芳妹  女       79    87      66     9      10
## 4 六1班 陈学勤  男       NA    79      66     9      10
## 5 六1班 陈祝贞  女       76    79      67     8      10
## 6 六1班 何小薇  女       83    73      65     8       9
## # ... with 40 more rows
rf %>%
  mutate(total = sum(chinese, math, english))
## # A tibble: 50 x 9
## # Rowwise:
##    class name  sex   chinese  math english moral science total
##    <chr> <chr> <chr>   <dbl> <dbl>   <dbl> <dbl>   <dbl> <dbl>
## 1 六1班 何娜    女       87    92      79     9      10   258
## 2 六1班 黄才菊  女       95    77      75    NA       9   247
## 3 六1班 陈芳妹  女       79    87      66     9      10   232
## 4 六1班 陈学勤  男       NA    79      66     9      10    NA
## 5 六1班 陈祝贞  女       76    79      67     8      10   222
## 6 六1班 何小薇  女       83    73      65     8       9   221
## # ... with 44 more rows
```

函数 `c_across()` 是为**按行方式（rowwise）**在选定的列范围汇总数据而设计的，它没有提供 `.fns` 参数，只能选择列。

```
rf %>%
  mutate(total = sum(c_across(where(is.numeric))))
## # A tibble: 50 x 9
## # Rowwise:
##    class name  sex   chinese  math english moral science total
##    <chr> <chr> <chr>   <dbl> <dbl>   <dbl> <dbl>   <dbl> <dbl>
## 1 六1班 何娜    女       87    92      79     9      10   277
## 2 六1班 黄才菊  女       95    77      75    NA       9    NA
## 3 六1班 陈芳妹  女       79    87      66     9      10   251
## 4 六1班 陈学勤  男       NA    79      66     9      10    NA
## 5 六1班 陈祝贞  女       76    79      67     8      10   240
## 6 六1班 何小薇  女       83    73      65     8       9   238
## # ... with 44 more rows
```

若只是做按行求和或均值，直接用 `rowSums()` 或 `rowMeans()` 函数速度更快（不需要"分割—汇总—合并"），这里经过行化后提供可以做更多的按行汇总的可能。

```
df %>%
  mutate(total = rowSums(across(where(is.numeric))))
## # A tibble: 50 x 9
##    class name  sex   chinese  math english moral science total
##    <chr> <chr> <chr>   <dbl> <dbl>   <dbl> <dbl>   <dbl> <dbl>
## 1 六1班 何娜    女       87    92      79     9      10   277
## 2 六1班 黄才菊  女       95    77      75    NA       9    NA
## 3 六1班 陈芳妹  女       79    87      66     9      10   251
## 4 六1班 陈学勤  男       NA    79      66     9      10    NA
## 5 六1班 陈祝贞  女       76    79      67     8      10   240
## 6 六1班 何小薇  女       83    73      65     8       9   238
## # ... with 44 more rows
```

按行方式（rowwise）可以理解为一种特殊的分组，即每一行作为一组。为 rowwise() 函数提供行 ID，用 summarise() 函数做汇总更能体会这一点。要解除行化模式，可以使用 ungroup() 函数。

```
df %>%
  rowwise(name) %>%
  summarise(total = sum(c_across(where(is.numeric))))
```

```
## # A tibble: 50 x 2
## # Groups:   name [50]
##   name    total
##   <chr>   <dbl>
## 1 何娜      277
## 2 黄才菊     NA
## 3 陈芳妹     251
## 4 陈学勤     NA
## 5 陈祝贞     240
## 6 何小薇     238
## # ... with 44 more rows
```

rowwise 行化操作的缺点是速度相对更慢，更建议用 1.6.2 节讲到的 pmap() 函数逐行迭代。

rowwise 行化更让人惊喜的是：它的逐行处理的逻辑和嵌套数据框可以更好地实现批量建模，在 rowwise 行化模式下，批量建模就像计算新列一样自然。批量建模（参见 3.3.3 节）可以用"嵌套数据框 + purrr::map_*()"实现，但这种 rowwise 技术，具有异曲同工之妙。

逐行迭代除了 for 循环通常有四种做法，具体如下：

```
iris[1:4] %>%                        # apply
  mutate(avg = apply(., 1, mean))
iris[1:4] %>%                        # rowwise (慢)
  rowwise() %>%
  mutate(avg = mean(c_across()))
iris[1:4] %>%                        # pmap
  mutate(avg = pmap_dbl(., ~ mean(c(...))))
iris[1:4] %>%                        # asplit(逐行分割) + map
  mutate(avg = map_dbl(asplit(., 1), mean))
```

2.6.2 窗口函数

汇总函数（如 sum() 和 mean()）接受 n 个输入，返回 1 个值。而窗口函数是汇总函数的变体：接受 n 个输入，返回 n 个值。

例如，cumsum()、cummean()、rank()、lead()、lag() 等函数。

1. 排名和排序函数

共有 6 个排名函数，这里只介绍比较常用的 min_rank() 函数，该函数可以实现从小到大排名（ties.method="min"），若要从大到小排名需要加"-"或嵌套一个 desc() 函数。

```
df %>%
  mutate(ranks = min_rank(desc(-math))) %>%
  arrange(ranks)
```

```
## # A tibble: 50 x 9
##   class name   sex   chinese  math english moral science ranks
##   <chr> <chr>  <chr>   <dbl> <dbl>   <dbl> <dbl>   <dbl> <int>
## 1 六4班 周婵   女         92    94      77    10       9     1
## 2 六4班 陈丽丽 女         87    93      NA     8       6     2
## 3 六1班 何娜   女         87    92      79     9      10     3
## 4 六5班 符苡榕 女         85    89      76     9      NA     4
## 5 六2班 黄祖娜 女         94    88      75    10      10     5
## 6 六1班 陈芳妹 女         79    87      66     9      10     6
## # ... with 44 more rows
```

2. 移位函数

- lag() 函数：取前一个值，数据整体右移一位，相当于将时间轴滞后一个单位。
- lead() 函数：取后一个值，数据整体左移一位，相当于将时间轴超前一个单位。

```
library(lubridate)
dt = tibble(
  day = as_date("2019-08-30") + c(0,4:6),
  wday = weekdays(day),
  sales = c(2,6,2,3),
  balance = c(30, 25, -40, 30))
dt
## # A tibble: 4 x 4
##   day        wday   sales balance
##   <date>     <chr>  <dbl>   <dbl>
## 1 2019-08-30 星期五      2      30
## 2 2019-09-03 星期二      6      25
## 3 2019-09-04 星期三      2     -40
## 4 2019-09-05 星期四      3      30
dt %>%
  mutate(sales_lag = lag(sales), sales_delta = sales - lag(sales))

## # A tibble: 4 x 6
##   day        wday   sales balance sales_lag sales_delta
##   <date>     <chr>  <dbl>   <dbl>     <dbl>       <dbl>
## 1 2019-08-30 星期五      2      30        NA          NA
## 2 2019-09-03 星期二      6      25         2           4
## 3 2019-09-04 星期三      2     -40         6          -4
## 4 2019-09-05 星期四      3      30         2           1
```

> **注意**：默认是根据行序移位，可用参数 order_by 设置根据某变量值大小顺序做移位。

3. 累计汇总

base R 已经提供了 cumsum()、cummin()、cummax() 和 cumprod() 函数。

dplyr 包又提供了 cummean()、cumany() 和 cumall() 函数，后两者可与 filter() 函数连用以选择行。

- cumany(x)：用来选择遇到第一个满足条件之后的所有行。
- cumany(!x)：用来选择遇到第一个不满足条件之后的所有行。
- cumall(x)：用来选择所有行直到遇到第一个不满足条件的行。
- cumall(!x)：用来选择所有行直到遇到第一个满足条件的行。

```
x = c(1, 3, 5, 2, 2)
cumany(x >= 5)           # 从第一个出现 x>=5 选择后面所有值
cumany(!x < 5)           # 同上，从第一个出现不满足 x<5 开始选择后面所有值

## [1] FALSE FALSE  TRUE  TRUE  TRUE
```

```
cumall(x < 5)            # 依次选择值直到第一个 x<5 不成立
cumall(!x >= 5)          # 同上，依次选择值直到第一个出现 x>=5

## [1]  TRUE  TRUE FALSE FALSE FALSE
```

```
dt %>%
  filter(cumany(balance < 0))      # 选择第一次透支之后的所有行

## # A tibble: 2 x 4
##   day        wday   sales balance
##   <date>     <chr>  <dbl>   <dbl>
## 1 2019-09-04 星期三      2     -40
## 2 2019-09-05 星期四      3      30
```

```
dt %>%
  filter(cumall(!(balance < 0)))   # 选择所有行直到第一次透支

## # A tibble: 2 x 4
##   day        wday   sales balance
##   <date>     <chr>  <dbl>   <dbl>
## 1 2019-08-30 星期五      2      30
## 2 2019-09-03 星期二      6      25
```

2.6.3 滑窗迭代

"窗口函数"这一术语来自 SQL，意味着逐窗口浏览数据，将某函数重复应用于数据的每个"窗口"。窗口函数的典型应用包括滑动平均、累计和以及更复杂如滑动回归。

slider 包提供了 slide_*() 系列函数实现滑窗迭代，其基本格式为：

```
slide_*(.x, .f, ..., .before, .after, .step, .complete)
```

.x：为窗口所要滑过的向量。

.f：要应用于每个窗口的函数，支持 purrr 风格公式写法。

...：用来传递 .f 的其他参数。

.before 和 .after：设置窗口范围当前元往前、往后几个元，可以取 Inf（即往前、往后所有元）。

.step：每次函数调用时，窗口往前移动的步长。

.complete：设置两端处是否保留不完整窗口，默认为 FALSE。

slider::slide_*() 系列函数与 purrr::map_*() 是类似的，只是将"逐元素迭代"换成了"逐窗口迭代"。

slide 滑窗迭代的作用机制如图 2.22 所示，其逻辑是先利用窗口参数正确设计并生成滑动窗口，每个滑动窗口是一个小向量，函数 .f 是作用在一个小

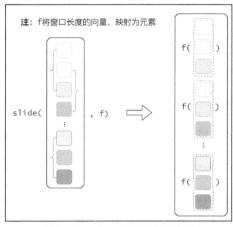

图 2.22 slide 滑窗迭代示意图

向量上，通过后缀控制返回结果类型，返回结果通常作为 mutate 的一列。

金融时间序列数据经常需要计算滑动平均值，比如计算 sales 的 3 日滑动平均：

```
library(slider)
dt %>%
  mutate(avg_3 = slide_dbl(sales, mean, .before = 1, .after = 1))
## # A tibble: 4 x 5
##   day        wday   sales balance avg_3
##   <date>     <chr>  <dbl>   <dbl> <dbl>
## 1 2019-08-30 星期五     2      30  4
## 2 2019-09-03 星期二     6      25  3.33
## 3 2019-09-04 星期三     2     -40  3.67
## 4 2019-09-05 星期四     3      30  2.5
```

输出每个滑动窗口更便于理解该 3 日滑动平均值是如何计算的：

```
slide(dt$sales, ~ .x, .before = 1, .after = 1)
## [[1]]
## [1] 2 6
##
## [[2]]
## [1] 2 6 2
##
## [[3]]
## [1] 6 2 3
##
## [[4]]
## [1] 2 3
```

细心的读者可能发现了：上面计算的并不是真正的 3 日滑动平均值，而是连续 3 个值的滑动平均值。这是因为 slide() 函数默认是以行索引来滑动，如果日期也是连续日期就没有问题。但是若日期有跳跃，则结果可能不是你想要的。

那么，怎么计算真正的 3 日滑动平均值呢？需要改用 slide_index() 函数，并提供日期

索引，其基本格式为：

```
slide_index(.x, .i, .f, ...)
```

其中参数 `.i` 用来传递索引向量，实现根据 ".i 的当前元+其前/后若干元"创建相应的 `.x` 的滑动窗口。

来看一下的连续 3 日滑动窗口与连续 3 值滑动窗口的区别：

```
slide(dt$day, ~ .x, .before = 1, .after = 1)
## [[1]]
## [1] "2019-08-30" "2019-09-03"
##
## [[2]]
## [1] "2019-08-30" "2019-09-03" "2019-09-04"
##
## [[3]]
## [1] "2019-09-03" "2019-09-04" "2019-09-05"
##
## [[4]]
## [1] "2019-09-04" "2019-09-05"
```

```
slide_index(dt$day, dt$day, ~ .x, .before = 1, .after = 1)
## [[1]]
## [1] "2019-08-30"
##
## [[2]]
## [1] "2019-09-03" "2019-09-04"
##
## [[3]]
## [1] "2019-09-03" "2019-09-04" "2019-09-05"
##
## [[4]]
## [1] "2019-09-04" "2019-09-05"
```

最后，计算 sales 真正的 3 日滑动平均值：

```
dt %>%
  mutate(avg_3 = slide_index_dbl(sales, day, mean, .before = 1, .after = 1))
## # A tibble: 4 x 5
##   day        wday   sales balance avg_3
##   <date>     <chr>  <dbl>   <dbl> <dbl>
## 1 2019-08-30 星期五     2      30  2
## 2 2019-09-03 星期二     6      25  4
## 3 2019-09-04 星期三     2     -40  3.67
## 4 2019-09-05 星期四     3      30  2.5
```

2.6.4 整洁计算

tidyverse 代码之所以这么整洁、优雅，并且访问列时只需要提供列名，不需要加引号，也不需要加数据框环境 df$，这是因为它内部采用了一套**整洁计算**（tidy evaluation）框架。

如果我们也想自定义这样整洁、优雅的函数，也即在自定义函数中这样"整洁、优雅"地传递参数，就需要掌握一些**整洁计算**的技术，具体如下。

1. 数据屏蔽与整洁选择

整洁计算的两种基本形式如下所示。

- 数据屏蔽：使得可以不用带数据框（环境变量）名字，就能使用数据框内的变量（数据变量），以便于在数据集内计算值。
- 整洁选择：即各种选择列的语法，便于使用数据集中的列。

数据屏蔽内在的机制是先冻结表达式，然后注入函数，再恢复其计算。整洁计算已经为此做好了两种封装，如下所示。

- {{ }}（curly-curly 算符）：若只是传递，可将"冻结+注入"合成一步。
- enquo()和!!（引用与反引用）：不只是传递，而是在冻结和注入之间仍需要做额外操作。

自定义函数时，想要像 tidyverse 那样整洁地传递变量名，需要用到{{ }}，即用两个大括号将变量括起来：

```
var_summary = function(data, var) {
  data %>%
    summarise(n = n(), mean = mean({{var}}))
}
mtcars %>%
  group_by(cyl) %>%
  var_summary(mpg)

## # A tibble: 3 x 3
##     cyl     n  mean
##   <dbl> <int> <dbl>
## 1     4    11  26.7
## 2     6     7  19.7
## 3     8    14  15.1
```

若要传递多个整洁变量名，可以借助 across()函数传递一个整洁选择（tidy select）：

```
group_count = function(data, var) {
  data %>%
    group_by(across({{var}})) %>%
    summarise(n = n())
}
group_count(mtcars, c(vs, am))

## # A tibble: 4 × 3
## # Groups:    vs [2]
##      vs    am     n
##   <dbl> <dbl> <int>
## 1     0     0    12
## 2     0     1     6
## 3     1     0     7
## 4     1     1     7
```

若想用字符串形式传递变量名，在访问数据时需要借助.data[[var]]，这里的.data 相当于代替数据集的代词：

```
var_summary = function(data, var) {
  data %>%
    summarise(n = n(), mean = mean(.data[[var]]))
}
mtcars %>%
  group_by(cyl) %>%
  var_summary("mpg")

## # A tibble: 3 x 3
##     cyl     n  mean
##   <dbl> <int> <dbl>
## 1     4    11  26.7
## 2     6     7  19.7
## 3     8    14  15.1
```

该用法还可用于对列名向量做循环迭代，比如对因子型各列计算水平值频数：

```
mtcars[,9:10] %>%
  names() %>%
  map(~ count(mtcars, .data[[.x]]))

## [[1]]
##   am  n
## 1  0 19
## 2  1 13
##
## [[2]]
##   gear  n
```

```
## 1     3 15
## 2     4 12
## 3     5  5
```

同样地，将整洁选择作为函数参数传递，也需要用到{{ }}：

```
summarise_mean = function(data, vars) {
  data %>%
    summarise(n = n(), across({{vars}}, mean))
}
mtcars %>%
  group_by(cyl) %>%
  summarise_mean(where(is.numeric))
```

```
## # A tibble: 3 x 12
##     cyl     n  mpg  disp    hp  drat    wt  qsec    vs    am  gear
##   <dbl> <dbl> <dbl> <dbl> <dbl> <dbl> <dbl> <dbl> <dbl> <dbl> <dbl>
## 1     4    11  26.7  105.  82.6  4.07  2.29  19.1 0.909 0.727  4.09
## 2     6     7  19.7  183.  122.  3.59  3.12  18.0 0.571 0.429  3.86
## 3     8    14  15.1  353.  209.  3.23  4.00  16.8 0     0.143  3.29
## # ... with 1 more variable: carb <dbl>
```

若传递的参数是多个列名构成的字符向量，则需要借助函数 all_of() 或 any_of()，具体选用哪个取决于你的选择：

```
vars = c("mpg", "vs")
mtcars %>% select(all_of(vars))
mtcars %>% select(!all_of(vars))
```

最后，再来看使用{{ }}或整洁选择同时修改列名的用法：

```
my_summarise = function(data, mean_var, sd_var) {
  data %>%
    summarise("mean_{{mean_var}}" := mean({{mean_var}}),
              "sd_{{sd_var}}" := sd({{sd_var}}))
}
mtcars %>%
  group_by(cyl) %>%
  my_summarise(mpg, disp)
```

```
## # A tibble: 3 x 3
##     cyl mean_mpg sd_disp
##   <dbl>    <dbl>   <dbl>
## 1     4     26.7    26.9
## 2     6     19.7    41.6
## 3     8     15.1    67.8
```

```
my_summarise = function(data, group_var, summarise_var) {
  data %>%
    group_by(across({{group_var}})) %>%
    summarise(across({{summarise_var}}, mean, .names = "mean_{.col}"))
}
mtcars %>%
  my_summarise(c(am, cyl), where(is.numeric))
```

```
## # A tibble: 6 x 11
## # Groups:   am [2]
##      am   cyl mean_mpg mean_disp mean_hp mean_drat mean_wt mean_qsec
##   <dbl> <dbl>    <dbl>     <dbl>   <dbl>     <dbl>   <dbl>     <dbl>
## 1     0     4     22.9      136.    84.7      3.77    2.94      21.0
## 2     0     6     19.1      205.    115.      3.42    3.39      19.2
## 3     0     8     15.0      358.    194.      3.12    4.10      17.1
## 4     1     4     28.1      93.6    81.9      4.18    2.04      18.4
## 5     1     6     20.6      155     132.      3.81    2.76      16.3
## 6     1     8     15.4      326     300.      3.88    3.37      14.6
## # ... with 3 more variables: mean_vs <dbl>, mean_gear <dbl>,
## #   mean_carb <dbl>
```

对于字符串列名，同时修改列名的方法如下所示：

```
var_summary = function(data, var) {
  data %>%
    summarise(n = n(),
```

```
                !!enquo(var) := mean(.data[[var]]))
}
mtcars %>%
 group_by(cyl) %>%
 var_summary("mpg")
```

```
## # A tibble: 3 x 3
##     cyl     n   mpg
##   <dbl> <int> <dbl>
## 1     4    11  26.7
## 2     6     7  19.7
## 3     8    14  15.1
```

```
var_summary = function(data, var) {
  data %>%
    summarise(n = n(),
              !!str_c("mean_", var) := mean(.data[[var]]))
}
mtcars %>%
 group_by(cyl) %>%
 var_summary("mpg")
```

```
## # A tibble: 3 x 3
##     cyl     n mean_mpg
##   <dbl> <int>    <dbl>
## 1     4    11     26.7
## 2     6     7     19.7
## 3     8    14     15.1
```

2. 引用与反引用

引用与反引用将冻结和注入分成两步,在使用上更加灵活:

- 用 enquo() 让函数自动引用其参数;
- 用 "!!" 反引用该参数。

以自定义计算分组均值函数为例:

```
grouped_mean = function(data, summary_var, group_var) {
  summary_var = enquo(summary_var)
  group_var = enquo(group_var)
  data %>%
    group_by(!!group_var) %>%
    summarise(mean = mean(!!summary_var))
}
grouped_mean(mtcars, mpg, cyl)
```

```
## # A tibble: 3 x 2
##     cyl  mean
##   <dbl> <dbl>
## 1     4  26.7
## 2     6  19.7
## 3     8  15.1
```

要想修改结果列名,可借助 as_label() 函数从引用中提取名字:

```
grouped_mean = function(data, summary_var, group_var) {
  summary_var = enquo(summary_var)
  group_var = enquo(group_var)

  summary_nm = str_c("mean_", as_label(summary_var))
  group_nm = str_c("group_", as_label(group_var))

  data %>%
    group_by(!!group_nm := !!group_var) %>%
    summarise(!!summary_nm := mean(!!summary_var))
}
grouped_mean(mtcars, mpg, cyl)
```

```
## # A tibble: 3 x 2
##   group_cyl mean_mpg
##       <dbl>    <dbl>
## 1         4     26.7
## 2         6     19.7
## 3         8     15.1
```

要传递多个参数可以用特殊参数 "...".比如,我们还想让计算分组均值的 group_var 可以是任意多个,这就需要改用 "..." 参数,为了更好地应付这种参数传递,我们特意将该参数放在最后一个位置。另外,将其他函数参数都增加前缀 "." 是一个好的做法,因为可以降低其与 "..." 参数的冲突风险。

```
grouped_mean = function(.data, .summary_var, ...) {
  summary_var = enquo(.summary_var)
  .data %>%
    group_by(...) %>%
    summarise(mean = mean(!!summary_var))
}
grouped_mean(mtcars, disp, cyl, am)

## # A tibble: 6 x 3
## # Groups:   cyl [3]
##     cyl    am  mean
##   <dbl> <dbl> <dbl>
## 1     4     0 136.
## 2     4     1  93.6
## 3     6     0 205.
## 4     6     1 155
## 5     8     0 358.
## 6     8     1 326
```

"..." 参数不需要做引用和反引用就能正确工作,但若要修改结果列名就不行了,仍需要借助引用和反引用,但是要改用 enques() 和 "!!!"。

```
grouped_mean = function(.data, .summary_var, ...) {
  summary_var = enquo(.summary_var)
  group_vars = enquos(..., .named = TRUE)
  summary_nm = str_c("avg_", as_label(summary_var))
  names(group_vars) = str_c("groups_", names(group_vars))
  .data %>%
    group_by(!!!group_vars) %>%
    summarise(!!summary_nm := mean(!!summary_var))
}
grouped_mean(mtcars, disp, cyl, am)

## # A tibble: 6 x 3
## # Groups:   groups_cyl [3]
##   groups_cyl groups_am avg_disp
##        <dbl>     <dbl>    <dbl>
## 1          4         0    136.
## 2          4         1     93.6
## 3          6         0    205.
## 4          6         1    155
## 5          8         0    358.
## 6          8         1    326
```

另外,参数 "..." 也可以传递表达式:

```
filter_fun = function(df, ...) {
  filter(df, ...)
}
mtcars %>%
  filter_fun(mpg > 25 & disp > 90)

##               mpg cyl  disp  hp drat    wt qsec vs am gear carb
## Porsche 914-2 26.0   4 120.3  91 4.43 2.140 16.7  0  1    5    2
## Lotus Europa  30.4   4  95.1 113 3.77 1.513 16.9  1  1    5    2
```

最后,再来看一个自定义绘制散点图的模板函数:

```
scatter_plot = function(df, x_var,y_var) {
  x_var = enquo(x_var)
  y_var = enquo(y_var)
  ggplot(data = df, aes(x = !!x_var, y = !!y_var)) +
    geom_point() +
    theme_bw() +
    theme(plot.title = element_text(lineheight = 1, face = "bold", hjust = 0.5)) +
    geom_smooth() +
```

```
          ggtitle(str_c(as_label(y_var), " vs. ", as_label(x_var)))
}
scatter_plot(mtcars, disp, hp)
```

结果如图 2.23 所示。

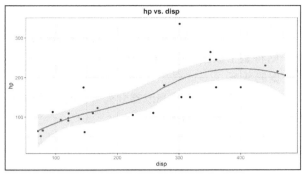

图 2.23　自定义绘制散点图

2.7　数据处理神器：**data.table** 包

data.table 包是 data.frame 的高性能版本，不依赖其他包就能胜任各种数据操作，速度超快，让个人计算机都能轻松处理几 GB 甚至十几 GB 的数据。data.table 的高性能来源于内存管理（引用语法）、并行化和大量精细优化。

但是，与 tidyverse **一次用一个函数做一件事，通过管道依次连接，整洁地完成复杂事情**的理念截然不同，data.table 语法高度抽象、简洁、统一，如图 2.24 所示。

一句话概括 data.table 语法：**用 i 选择行，用 j 操作列，根据 by 分组。**

图 2.24　data.table 包的最简语法

其中，j 表达式非常强大和灵活，可以**选择、修改、汇总和计算新列**，甚至可以接受任意表达式。需要记住的关键一点是：**只要返回的 list 元素是等长元素或长度为 1 的元素，那么每个 list 元素将转化为结果 data.table 的一列。**

data.table 高度抽象的语法无疑增加了学习成本，但它的高效性能和处理大数据能力，使得我们非常有必要学习它。当然，读者如果既想要 data.table 的高性能，又想要 tidyverse 的整洁语法，也可以借助一些衔接二者的中间包（如 dtplyr、tidyfst 等）实现。

为了节省篇幅，本节将只展示代码以演示 data.table 语法，请尽量忽略输出结果。因为有些复杂操作采用了同前文一样的数据，会得到同样的结果。

2.7.1　通用语法

创建 data.table 的代码如下所示：

```
library(data.table)
dt = data.table(
  x = 1:2,
  y = c("A", "B"))
dt

##    x y
## 1: 1 A
## 2: 2 B
```

用 as.data.table() 可将数据框、列表、矩阵等转化为 data.table；若只想按引用转化，则使用 setDT() 函数。

1．引用语法

高效计算的编程都支持引用语法，也叫浅复制。

浅复制[①]只是复制列指针向量（对应数据框的列），而实际数据在内存中不做物理复制；而相对的概念——深复制，则将整个数据复制到内存中的另一位置，深复制这种冗余的复制极大地影响性能，特别是大数据的情形。

data.table 使用 ":=" 运算符，做整列或部分列替换时都不做任何复制，因为 ":=" 运算符是通过引用就地更新 data.table 的列。

若想要复制数据而不想按引用处理（修改数据本身），则使用 DT2 = copy(DT1)。

2．键与索引

data.table 支持设置**键**和**索引**，使得选择行和做数据连接更加方便快速。

- 键：一级有序索引。
- 索引：自动二级索引。

```
setkey(dt, v1, v3)              # 设置键
setindex(dt, v1, v3)           # 设置索引
```

二者的主要不同在于以下方面。

- 使用键时，数据在内存中做物理上的重排序；而使用索引时，顺序只是保存为属性；
- 键是显式定义的；索引可以手动创建，也可以在运行时创建（比如用 == 或 %in% 时）；
- 索引与参数 on 连用；键的使用是可选的，但为了可读性建议使用键。

3．特殊符号

data.table 提供了一些辅助操作的特殊符号，如下所示。

- .()：代替 list()。
- := ：按引用方式增加和修改列。
- .N：行数。
- .SD：每个分组数据（除了 by 或 keyby 的列）。
- .SDcols：与 .SD 连用，用来选择包含在 .SD 中的列。
- .BY：包含所有 by 分组变量的 list
- .I：整数向量 seq_len(nrow(x))，例如 DT[, .I[which.max(somecol)], by=grp]。
- .GRP：分组索引，1 代表第 1 分组，2 代表第 2 分组……
- .NGRP：分组数。
- .EACHI：用于 by/keyby = .EACHI 表示根据 i 表达式的每一行分组。

4．链式操作

data.table 也有自己专用的管道操作，称为链式操作：

```
DT[…][…][…]                     # 或者写开为
DT[
    …
  ][
```

---

① 引用语法，相当于是只有一个对象在内存放着，不做多余复制，用两个指针都指向该同一对象，无论操作哪个指针，都是在修改该同一对象。

```
    …
  ][
    …
  ]
```

2.7.2　数据读写

函数 fread() 和 fwrite() 是 data.table 中最强大的函数之二。它们最大的优势，仍是读取大数据时速度超快，且非常稳健，分隔符、列类型、行数都可以自动检测；它们非常通用，可以处理不同的文件格式（但不能直接读取 Excel 文件），还可以接受 URL 甚至是操作系统指令。

1. 读入数据

```
fread("DT.csv")
fread("DT.txt", sep = "\t")
# 选择部分行列读取
fread("DT.csv", select = c("V1", "V4"))
fread("DT.csv", drop = "V4", nrows = 100)
# 读取压缩文件
fread(cmd = "unzip -cq myfile.zip")
fread("myfile.gz")
# 批量读取
c("DT.csv", "DT.csv") %>%
  lapply(fread) %>%
  rbindlist()                       # 多个数据框/列表按行合并
```

2. 写出数据

```
fwrite(DT, "DT.csv")
fwrite(DT, "DT.csv", append = TRUE)             # 追加内容
fwrite(DT, "DT.txt", sep = "\t")
fwrite(setDT(list(0, list(1:5))), "DT2.csv")    # 支持写列表列
fwrite(DT, "myfile.csv.gz", compress = "gzip")  # 写出到压缩文件
```

vroom 包提供了速度更快的文件读写函数：vroom() 和 vroom_write()，感兴趣的读者可以自行了解。

2.7.3　数据连接

data.table 提供了简单的按行合并函数。

- rbind(DT1, DT2, ...)：按行堆叠多个 data.table。
- rbindlist(DT_list, idcol)：堆叠多个 data.table 构成 list。

最常用的六种数据连接是左连接、右连接、内连接、全连接、半连接、反连接。

1. 左连接

外连接至少保留一个数据表中的所有观测，分为左连接、右连接、全连接，其中最常用的是左连接：保留 x 的所有行，合并匹配的 y 中的列。

```
y[x, on = "v1"]               # 注意是以 x 为左表
y[x]                          # 若 v1 是键
merge(x, y, all.x = TRUE, by = "v1")
```

> 若表 x 与 y 中匹配列的列名不同，可以用 by.x = "c1", by.y = "c2"，若有多个匹配列，嵌套使用 c() 即可。

上面代码提供了左连接的三种不同实现，为了易记性和可读性，更建议用第三种 merge() 函数。

> **注意**，只要加载了 data.table 包，程序将自动使用更快速的 data.table::merge() 函数，而不是 base R 中的 merge() 函数，尽管二者语法相同。

2. 右连接

保留 y 中的所有行，合并匹配的 x 中的列：

```
merge(x, y, all.y = TRUE, by = "v1")
```

3. 内连接

内连接是保留两个数据表中所共有的观测：只保留 x 中与 y 匹配的行，合并匹配的 y 中的列：

```
merge(x, y, by = "v1")
```

4. 全连接

保留 x 表中与 y 表相匹配的所有行，即根据在 y 表中匹配成功的部分来筛选 x 表中的行：

```
merge(x, y, all = TRUE, by = "v1")
```

5. 半连接

删掉 x 表中与 y 表相匹配的所有行，即根据在 y 表中没有匹配成功的部分来筛选 x 表中的行：

```
x[y$v1, on = "v1", nomatch = 0]
```

6. 反连接

根据不在 y 中，来筛选 x 中的行：

```
x[!y, on = "v1"]
```

7. 集合运算

```
fintersect(x, y)
fsetdiff(x, y)
funion(x, y)
fsetequal(x, y)
```

2.7.4 数据重塑

1. 宽表变长表

宽表的特点是表比较宽，本来该是"值"的，却出现在"变量（名)"中。这就需要给它变到"值"中，新起个列名存为一列，这就是所谓的宽表变长表。

* 每一行只有 1 个观测的情形

```
DT = fread("data/分省年度 GDP.csv", encoding = "UTF-8")
DT %>%
  melt(measure = 2:4, variable = "年份", value = "GDP")
```

参数 measure 是用整数向量指定要变形的列，也可以使用正则表达式 patterns("年$")，也可以改用参数 id 指定不变形的列；若需要忽略缺失值，可以设置参数 na.rm = TRUE。

基于 tidyr::pivot_longer() 的实现如下：

```
DT %>%
  pivot_longer(-地区, names_to = "年份", values_to = "GDP")
```

两种语法基本相同，都是指定要变形的列，为存放变形列的列名中的"值"指定新列名，为存放变形列中的"值"指定新列名。

* 每一行有多个观测的情形

```
load("data/family.rda")
DT = as.data.table(family)              # family 数据
```

```
DT %>%
  melt(measure = patterns("^dob", "^gender"),
       value = c("dob", "gender"), na.rm = TRUE)
```

2. 长表变宽表

长表的特点是表比较长。有时候需要将分类变量的若干水平值变成变量（列名），这就是长表变宽表，它与宽表变长表正好相反（二者互逆）。

- 只有 1 个列名列和 1 个值列的情形

```
load("data/animals.rda")
DT = as.data.table(animals)              # 农场动物数据
DT %>%
  dcast(Year ~ Type, value = "Heads", fill = 0)
```

基于 tidyr::pivot_wider() 的实现如下：

```
DT %>%
  pivot_wider(names_from = Type, values_from = Heads, values_fill = 0)
```

dcast() 函数的第 1 个参数是公式形式，~ 左边是不变的列，右边是"变量名"来源列，参数 value 指定"值"的来源列。

- 有多个列名列和多个值列的情形

```
us_rent_income %>%
  as.data.table() %>%
  dcast(GEOID + NAME ~ variable, value = c("estimate", "moe"))
```

3. 数据分割与合并

函数 split(DT, by) 可将 data.table 分割为 list，然后就可以接 map_*() 函数实现逐分组迭代。

- 拆分列

```
DT = as.data.table(table3)
# 将 case 列拆分为两列，并删除原列
DT[, c("cases", "population") := tstrsplit(DT$rate, split = "/")][,
                                          rate := NULL]
```

- 合并列

```
DT = as.data.table(table5)
# 将 century 和 year 列合并为新列 new，并删除原列
DT[, new := paste0(century, year)][, c("century", "year") := NULL]
```

2.7.5　数据操作

1. 选择行

用 i 表达式选择行。

- 根据索引

```
dt[3:4,]                    # 或 dt[3:4]
dt[!3:7,]                   # 反选，或 dt[-(3:7)]
```

- 根据逻辑表达式

```
dt[v2 > 5]
dt[v4 %chin% c("A","C")]    # 比 %in% 更快
dt[v1==1 & v4=="A"]
```

- 删除重复行

```
unique(dt)
unique(dt, by = c("v1","v4"))              # 返回所有列
```

- 删除包含 NA 的行

```
na.omit(dt, cols = 1:4)
```

- 行切片

```
dt[sample(.N, 3)]                              # 随机抽取 3 行
dt[sample(.N, .N * 0.5)]                        # 随机抽取 50% 的行
dt[frankv(-v1, ties.method = "dense") < 2]     # v1 值最大的行
```

- 其他

```
dt[v4 %like% "^B"]                              # v4 值以 B 开头
dt[v2 %between% c(3,5)]                          # 闭区间
dt[between(v2, 3, 5, incbounds = FALSE)]        # 开区间
dt[v2 %inrange% list(-1:1, 1:3)]                # v2 值属于多个区间的某个
dt[inrange(v2, -1:1, 1:3, incbounds = TRUE)]    # 同上
```

2. 对行进行排序

```
dt[order(v1)]                                   # 默认按 v1 从小到大
dt[order(-v1)]                                  # 按 v1 从大到小
dt[order(v1, -v2)]                              # 按 v1 从小到大，v2 从大到小
```

若按引用对行进行重排序：

```
setorder(DT, V1, -V2)
```

---

data.table 包还提供了函数 fsort() 和 frank()，它们是 Base R 中 sort() 和 rank() 函数的快速版本。

---

3. 操作列

用 j 表达式操作列。

- 选择一列或多列

```
# 根据索引
dt[[3]]                          # 或 dt[["v3"]]，dt$v3，返回向量
dt[, 3]                          # 或 dt[, "v3"]，返回 data.table
# 根据列名
dt[, .(v3)]                      # 或 dt[, list(v3)]
dt[, .(v2,v3,v4)]
dt[, v2:v4]
dt[, !c("v2","v3")]              # 反选列
```

- 反引用列名

tidyverse 提供了丰富的选择列的辅助函数，而 data.table 需要通过字符串函数、正则表达式构造出列名向量，再通过反引用选择相应的列。

```
cols = c("v2", "v3")
dt[, ..cols]
dt[, !..cols]

cols = paste0("v", 1:3)          # v1, v2, ...
cols = union("v4", names(dt))    # v4 列提到第 1 列
cols = grep("v", names(dt))      # 列名中包含"v"
cols = grep("^(a)", names(dt))   # 列名以"a"开头
cols = grep("b$", names(dt))     # 列名以"b"结尾
cols = grep(".2", names(dt))     # 正则匹配".2"的列
cols = grep("v1|X", names(dt))   # v1 或 x
dt[, ..cols]
```

- 调整列序

```
cols = rev(names(DT))            # 或其他列序
setcolorder(DT, cols)
```

- 修改列名

```
setnames(DT, old, new)
```

- 修改因子水平

```
DT[, setattr(sex, "levels", c("M", "F"))]
```

tidyverse 是用 mutate() 函数修改列，此时并不会修改原数据框，必须赋值才能看到结果变化结果；data.table 修改列是用列赋值符号 " := "（不执行复制），可以直接对原数据框修改。

- 修改或增加一列

```
dt[, v1 := v1 ^ 2][]                    # 修改列，加[]输出结果
dt[, v2 := log(v1)]                     # 增加新列
dt[, .(v2 = log(v1), v3 = v2 + 1)]      # 只保留新列
```

注意，代码 v3 = v2 + 1 中的 v2 是原始的 v2 列，而不是前面新计算的 v2 列；若想使用新计算的列，可以用以下语句：

```
dt[, c("v2", "v3") := .(temp <- log(v1), v3 = temp + 1)]
```

- 增加多列

```
dt[, c("v6","v7") := .(sqrt(v1), "x")]  # 或者
dt[, ':='(v6 = sqrt(v1),
          v7 = "x")]                    # v7 列的值全为 x
```

- 同时修改多列

tidyverse 是借助 across() 函数或 _all、_if、_at 后缀选择并同时操作多列；而 data.table 选择并操作多列是借助 lapply() 函数以及特殊符号。

- .SD：每个分组数据（除了 by 或 keyby 的列）。
- .SDcols：与 .SD 连用，用来选择包含在 .SD 中的列，支持索引、列名、连选、反选、正则表达式和条件判断函数。

```
# 使用不带 NA 的考试成绩数据
DT = readxl::read_xlsx("data/ExamDatas.xlsx") %>%
  as.data.table()
# 把函数应用到所有列
DT[, lapply(.SD, as.character)]
# 把函数应用到满足条件的列
DT[, lapply(.SD, rescale),         # rescale()为自定义的归一化函数
    .SDcols = is.numeric]
# 把函数应用到指定列
DT = as.data.table(iris)
DT[, .SD * 10, .SDcols = patterns("(Length)|(Width)")]
```

注意，上述同时修改多列的代码，都是只保留新列，若要保留所有列，需要准备新列名 cols，再在 j 表达式中使用 (cols) := ...

- 删除列

```
dt[, v1 := NULL]
dt[, c("v2","v3") := NULL]
cols = c("v2","v3")
dt[, (cols) := NULL]       # 注意，不是 dt[, cols := NULL]
```

- 重新编码

```
# 一分支
dt[v1 < 4, v1 := 0]
# 二分支
dt[, v1 := fifelse(v1 < 0, -v1, v1)]
# 多分支
dt[, v2 := fcase(v2 < 4, "low",
```

```
                        v2 < 7, "middle",
                        default = "high")]
```

- 前移/后移运算

```
shift(x, n = 1, fill = NA, type = "lag")     # 1,2,3 -> NA,1,2
shift(x, n = 1, fill = NA, type = "lead")    # 1,2,3 -> 2,3,NA
```

2.7.6 分组操作

用 by 表达式指定分组。

data.table 是根据 by 或 keyby 分组，区别是，keyby 会排序结果并创建键，使得我们可以更快地访问子集。

未分组数据框相当于把整个数据框作为 1 组，数据操作是在整个数据框上进行，若汇总则得到的是 1 个结果。

分组数据框相当于把整个数据框分成了 m 个数据框，数据操作是分别在每个数据框上进行，若汇总则得到的是 m 个结果。

```
# 使用带 NA 值的考试成绩数据
DT = readxl::read_xlsx("data/ExamDatas_NAs.xlsx") %>%
  as.data.table()
```

- 分组修改

分别对每个分组进行操作（计算新列），相当于 group_by+mutate：

```
DT[, ':='(math.avg = mean(math,  na.rm = TRUE),
          math_med = median(math)),
          by = sex]
```

- 未分组汇总

```
DT[, .(math_avg = mean(math, na.rm = TRUE))]
```

```
##     math_avg
## 1: 68.04255
```

- 简单的分组汇总

```
DT[, .(n = .N,
       math_avg = mean(math,  na.rm = TRUE),
       math_med = median(math)),
   by = sex]
```

```
##      sex  n math_avg math_med
## 1:   女 25 70.78261      NA
## 2:   男 24 64.56522      NA
## 3: <NA>  1 85.00000      85
```

可以直接在 by 中使用判断条件或表达式，特别是根据整合单位的日期时间汇总：

```
date = as.IDate("2021-01-01") + 1:50
DT = data.table(date, a = 1:50)
DT[, mean(a), by = list(mon = month(date))]    # 按月平均
```

data.table 提供快速处理日期时间的 IDateTime 类，更多信息可查阅帮助文档。

- 对某些列做汇总

```
DT[, lapply(.SD, mean), .SDcols = patterns("h"), by = .(class, sex)]
# 或用 by = c("class", "sex")
```

- 对所有列做汇总

```
DT[, name := NULL][, lapply(.SD, mean, na.rm = TRUE),
                   by = .(class, sex)]
```

- 对满足条件的列做汇总

```
DT[, lapply(.SD, mean, na.rm = TRUE), by = class,
   .SDcols = is.numeric]
```

- 分组计数

```
DT = na.omit(DT)
DT[, .N, by = .(class, cut(math, c(0, 60, 100)))] %>%
  print(topn = 2)

##       class      cut N
## 1: 六 1 班 (60,100] 5
## 2: 六 1 班   (0,60] 1
## ---
## 8: 六 5 班 (60,100] 5
## 9: 六 5 班   (0,60] 1
```

上述分组计数会忽略频数为 0 的分组，若要显示频数为 0 的分组可以用以下方法：

```
DT[, Bin := cut(math, c(0, 60, 100))]
DT[CJ(class = class, Bin = Bin, unique = TRUE),
   on = c("class","Bin"), .N, by = .EACHI]
```

其中，函数 CJ() 相当于 expand_grid()，可以生成所有两两组合（笛卡儿积）。

- 分组选择行

data.table 也提供了辅助函数：first()、last()、uniqueN()，比如提取每组的 first/nth 观测，可以使用以下方式：

```
DT[, first(.SD), by = class]
DT[, .SD[3], by = class]            # 每组第 3 个观测
DT[, tail(.SD, 2), by = class]      # 每组后 2 个观测
# 选择每个班男生数学最高分的观测
DT[sex == "男", .SD[math == max(math)], by = class]
```

提示

本节是分别按 i、j、by 的顺序讲解语法，当你真正实践的时候，是把三者组合起来使用，即同时对 i 所选择的行，根据 by 分组，并做 j 操作。

在 data.table 中，人们习惯用 lapply() 函数，换成 map() 函数也是一样的效果，好处是 map() 函数支持函数的 purrr-风格公式写法。

拓展学习

读者如果想进一步了解 tidyverse 数据操作，建议大家去阅读 Hadley 编写的《R 数据科学》（*R for Data Science*），Desi Quintans 编写的 *Working in Tidyverse*，Benjamin 编写的 *Modern Data Science with R*，王敏杰编写的《数据科学中的 R 语言》，以及 dplyr 包、tidyr 包、slider 包文档及相关资源。

读者如果想进一步了解整洁计算，建议大家阅读 Lionel Henry 编写的 *Tidy evaluation*，以及 rlang 包文档及相关资源。

读者如果想进一步了解 data.table 数据操作，建议大家阅读 data.table 包文档及相关资源。

3 可视化与建模技术

可视化历来是 R 语言的强项，本章介绍经典的 ggplot2 绘图。统计建模技术将围绕整洁模型结果、建模辅助函数、批量建模展开。

3.1 ggplot2 基础语法

3.1.1 ggplot2 概述

ggplot2 是非常流行的 R 可视化包，最初是 Hadley Wickham 读博期间的作品。ggplot2 凭借图层化语法（图形是一层一层的图层叠加而成）、先进的绘图理念、优雅的语法代码、美观大方的生成图形，迅速走红。

ggplot2 几乎是 R 语言的代名词，提起 R 语言，人们首先想到的是强大的可视化功能。未来我希望提起 R 语言，人们首先想到的是 tidyverse（将 ggplot2 扩展到整个数据科学流程）。

ggplot2 绘图语法

ggplot2 的绘图语法是从数据产生图形的一系列语法。

即选取整洁数据将其**映射**为**几何对象**（如点、线等），几何对象具有**美学特征**（如坐标轴、颜色等）。若需要则对数据做**统计变换**，**调整标度**，可将结果投影到**坐标系**，再根据喜好选择**主题**。

先来看一下，ggplot2 基本的绘图流程示意图，如图 3.1 所示。

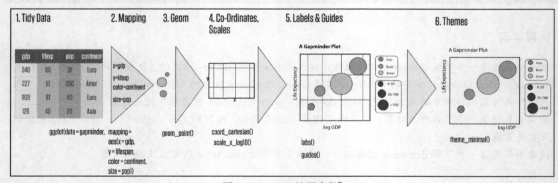

图 3.1 ggplot2 绘图流程[①]

ggplot 的语法包括 10 个部件：

- 数据（data）；
- 映射（mapping）；

---

① 该图引用自 2020 年 rstudio 大会上 Data Visualization 专题研讨。

- 几何对象（geom）；
- 标度（scale）；
- 统计变换（stats）；
- 坐标系（coord）；
- 位置调整（position adjustments）；
- 分面（facet）；
- 主题（theme）；
- 输出（output）。

在以上 10 个部件中，前 3 个是必需的，**ggplot2** 会自动帮你把其他部件做"最优"的配置，当然你也可以手动定制。

ggplot2 基本绘图模板如下：

```
ggplot(data = <DATA>,
       mapping = aes(<MAPPINGS>)) +
       <GEOM_FUNCTION>(
                       mapping = aes(<MAPPINGS>),
                       stat = <STAT>,
                       position = <POSITION>) +
       <SCALE_FUNCTION> +
       <COORDINATE_FUNCTION> +
       <FACET_FUNCTION> +
       <THEME_FUNCTION>
```

注意：在以上代码中，添加图层的加号只能放在行尾，而不能放在下一行开头。

3.1.2 数据、映射、几何对象

1. 数据（data）

数据：用于绘图的数据，要求是整洁的数据框。本节用 **ggplot2** 自带的数据集演示。

```
library(tidyverse)
head(mpg, 4)

## # A tibble: 4 x 11
##   manufacturer model displ year   cyl trans  drv    cty   hwy fl
##   <chr>        <chr> <dbl> <int> <int> <chr>  <chr> <int> <int> <chr>
## 1 audi         a4      1.8  1999     4 auto(~ f        18    29 p
## 2 audi         a4      1.8  1999     4 manua~ f        21    29 p
## 3 audi         a4      2    2008     4 manua~ f        20    31 p
## 4 audi         a4      2    2008     4 auto(~ f        21    30 p
## # ... with 1 more variable: class <chr>
```

用 ggplot() 创建一个坐标系，先是只提供数据，此时只是创建了一个空的图形，如图 3.2 所示：

```
ggplot(data = mpg)
```

图 3.2 空图形

2．映射（mapping）

函数 aes()是 ggplot2 中的映射函数，所谓映射就是将数据集中的数据变量映射（关联）到相应的图形属性，也称为"美学映射"或"美学"。

映射：指明了变量与图形所见元素之间的联系，告诉 ggplot 图形元素想要关联哪个变量数据。

最常用的映射（美学）如下所示。

- x：*x* 轴。
- y：*y* 轴。
- color：颜色。
- size：大小。
- shape：形状。
- fill：填充。
- alpha：透明度。

最需要的美学是 x 和 y，分别映射到变量 displ 和 hwy，再将美学 color 映射到 drv，此时图形就有了坐标轴和网格线，color 美学在绘制几何对象前还体现不出来：

```
ggplot(data = mpg, mapping = aes(x = displ, y = hwy, color = drv))
```

注意：映射不是直接为出现在图形中的颜色、外形、线型等设定特定值，而是建立数据中的变量与可见的图形元素之间的联系，经常将图形的美学 color、size 等映射到数据集的分类变量，以实现不同分组用不同的美学来区分。所以，若要为美学指定特定值，比如 color = "red"，这部分内容是不能放在映射 aes()中的。

3．几何对象（geometric）

每个图形都是采用不同的视觉对象来表达数据，称为"几何对象"。

我们通常用不同类型的"几何对象"从不同角度来表达数据，如散点图、平滑曲线、折线图、条形图、箱线图等。

ggplot2 提供了 50 余种"几何对象"，均以 geom_xxxx()的方式命名，常用的有以下几种。

- geom_point()：散点图。
- geom_line()：折线图。
- geom_smooth()：光滑（拟合）曲线。
- geom_bar()/geom_col()：条形图。
- geom_histogram()：直方图。
- geom_density()：概率密度图。
- geom_boxplot()：箱线图。
- geom_abline()/geom_hline()/geom_vline()：参考直线。

要绘制几何对象，添加图层即可。以下先来绘制散点图，为了简洁，此处省略前文已知的函数参数名：

```
ggplot(mpg, aes(displ, hwy, color = drv)) +
  geom_point()
```

结果如图 3.3 所示。

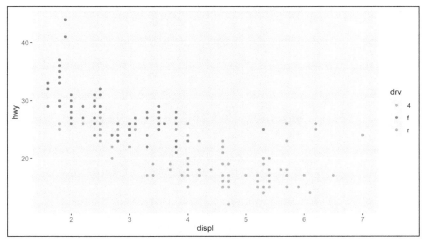

图 3.3 简单的分组散点图

不同的几何对象支持的美学会有些不同，美学映射也可以放在几何对象中，此时上面的代码可改写为：

```
ggplot(mpg, aes(displ, hwy)) +
  geom_point(aes(color = drv))
```

前面提到，为图形美学设置特定值也是可以的，但不能放在映射 aes() 中。例如设置散点图中点的颜色，代码如下：

```
ggplot(mpg, aes(displ, hwy)) +
  geom_point(color = "blue")
```

结果如图 3.4 所示。

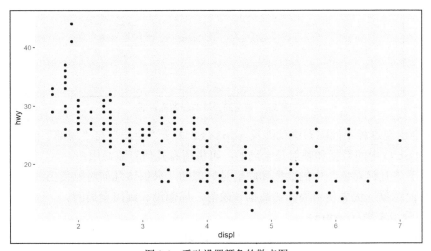

图 3.4 手动设置颜色的散点图

在图 3.4 的基础上，再添加一个几何对象（光滑曲线），color 映射的位置不同，所得的结果就不一样。下面通过设置不同类型的光滑曲线以实现更好的可视化效果：

```
ggplot(mpg, aes(displ, hwy, color = drv)) +
  geom_point() +
  geom_smooth()
```

结果如图 3.5 所示。

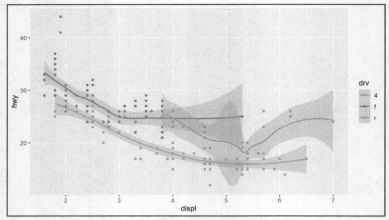

图 3.5　带分组光滑曲线的散点图

```
ggplot(mpg, aes(displ, hwy)) +
  geom_point(aes(color = drv)) +
  geom_smooth()
```

结果如图 3.6 所示。

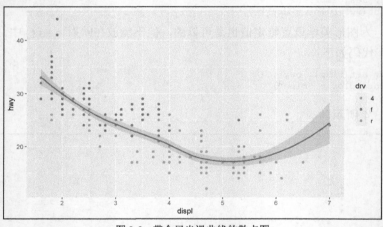

图 3.6　带全局光滑曲线的散点图

为什么会出现这种不同呢？这就涉及 ggplot2 关于"全局"与"局部"的约定：

- ggplot() 中的数据和映射是全局的，可供所有几何对象共用；
- 而位于"几何对象"中的数据和映射是局部的，只供该几何对象使用；
- "几何对象"优先使用局部的数据和映射，局部没有则用全局的。

4．关于分组美学（group）

在前例中，用 aes(color = drv) 将颜色映射到分类变量 drv，实际上就是实现了一种分组，对不同 drv 值的数据，按不同颜色分别绘图。

但是对于下面这种情况，根据 2001—2017 年我国各地经济统计数据集 ecostats，绘制人均 GDP 与年份之间的折线图，如果不区分各个地区，仅显示每个年份都对应的人均 GDP 值，代码如下：

```
load("data/ecostats.rda")
ecostats

## # A tibble: 527 x 7
##   Region   Year Electricity Investment Consumption Population gdpPercap
##   <chr>   <dbl>       <dbl>      <dbl>       <dbl>      <dbl>     <dbl>
```

```
## 1  安徽    2001     360.      893.     2739     6128     5716.
## 2  北京    2001     400.     1513.     9057     1385    27881.
## 3  福建    2001     439.     1173.     4770     3445    11823.
## 4  甘肃    2001     306.      460.     2099     2523     4461.
## 5  广东    2001    1458.     3484.     5445     8733    13886.
## 6  广西    2001     332.      656.     2572     4788     4760.
## # ... with 521 more rows
```

```
ggplot(ecostats, aes(Year, gdpPercap)) +
  geom_line()
```

结果如图 3.7 所示。

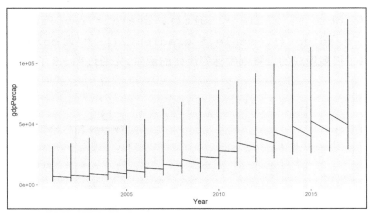

图 3.7　多组数据的不分组折线图

这个图形显然不是我们想要的，图中应该能区分不同省份，这就需要显式地映射分组美学，可以使用 aes(group = Region) 实现：

```
ggplot(ecostats, aes(Year, gdpPercap)) +
  geom_line(aes(group = Region), alpha = 0.2) +
  geom_smooth(se = FALSE, size = 1.2)
```

结果如图 3.8 所示。

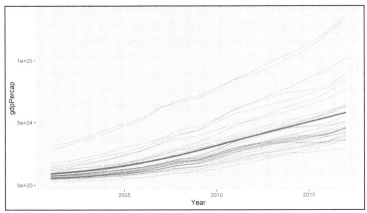

图 3.8　多组数据的分组折线图

3.1.3　标度

通常 ggplot2 会自动根据输入变量选择最优的坐标刻度方案，若要手动设置或调整，就需要用到标度函数 scale_<MAPPING>_<KIND>()。

标度函数控制几何对象中的标度映射：不只是 x、y 轴，还有 color、fill、shape 和 size 产生的图例。它们是数据中的连续或分类变量的可视化表示，因为需要关联到标度，所以要用到映射。

常用的标度函数如下所示。

- scale_*_continuous()：*为 x 或 y。
- scale_*_discrete()：*为 x 或 y。
- scale_x_date()。
- scale_x_datetime()。
- scale_*_log10()，scale_*_sqrt()，scale_*_reverse()：* 为 x 或 y。
- scale_*_gradient()，scale_*_gradient2()：* 为 color、fill 等。

scales 包提供了很多现成的设置刻度标签风格的函数。先通过图 3.9 了解图例与坐标轴组件。

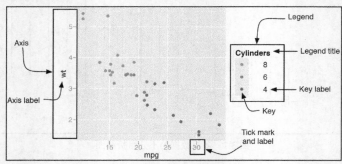

图 3.9　图例与坐标轴的组件[①]

1. 修改坐标轴刻度及标签

用 scale_*_continuous() 函数修改连续变量坐标轴的刻度和标签：

- 参数 breaks 设置各个刻度的位置；
- 参数 labels 设置各个刻度对应的标签。

```
ggplot(mpg, aes(displ, hwy)) +
  geom_point() +
  scale_y_continuous(breaks = seq(15, 40, by = 10),
                     labels = c("一五","二五","三五"))
```

结果如图 3.10 所示。

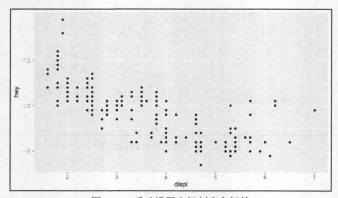

图 3.10　手动设置坐标刻度和标签

---

① 该图引用自 Hadley 编写的 *ggplot2: Elegant Graphics for Data Analysis, 3rd Edition*。

用 scale_*_discrete() 函数修改离散变量坐标轴的标签：

```
ggplot(mpg, aes(x = drv)) +
  geom_bar() +        # 条形图
  scale_x_discrete(labels = c("4" = "四驱", "f" = "前驱", "r" = "后驱"))
```

结果如图 3.11 所示。

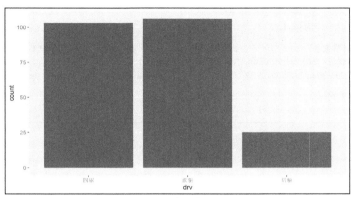

图 3.11 手动设置离散变量坐标轴标签

用 scale_x_date() 设置日期刻度，用参数 date_breaks 设置刻度间隔，用 date_labels 设置标签的日期格式。借助 scales 包中的函数设置特殊格式，比如百分数函数（percent）、科学记数法函数（scientific）、美元格式函数（dollar）等。

```
economics
## # A tibble: 574 x 6
##    date          pce    pop psavert uempmed unemploy
##    <date>      <dbl>  <dbl>   <dbl>   <dbl>    <dbl>
## 1 1967-07-01   507. 198712    12.6     4.5     2944
## 2 1967-08-01   510. 198911    12.6     4.7     2945
## 3 1967-09-01   516. 199113    11.9     4.6     2958
## 4 1967-10-01   512. 199311    12.9     4.9     3143
## 5 1967-11-01   517. 199498    12.8     4.7     3066
## 6 1967-12-01   525. 199657    11.8     4.8     3018
## # ... with 568 more rows
ggplot(tail(economics, 45), aes(date, uempmed / 100)) +
  geom_line() +
  scale_x_date(date_breaks = "6 months", date_labels = "%b%Y") +
  scale_y_continuous(labels = scales::percent)
```

结果如图 3.12 所示。

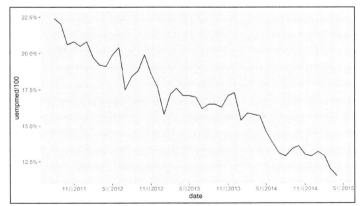

图 3.12 用 scales 包设置坐标轴的特殊格式标签

2. 修改坐标轴标签、图例名及图例位置

用 labs() 函数的参数 x、y，或者函数 xlab()、ylab()，设置 x 轴标签、y 轴标签，前面已学过 color 美学，则可以在 labs() 函数中使用参数 color 修改颜色的图例名。

图例位置是在 theme 图层通过参数 legend.position 设置，可选取值有"none""left""right""bottom""top"。

```
ggplot(mpg, aes(displ, hwy)) +
  geom_point(aes(color = drv)) +
  labs(x = "引擎大小 (L)", y = "高速燃油率 (mpg)", color = "驱动类型") + # 或者
  # xlab("引擎大小 (L)") + ylab("高速燃油率 (mpg)")
  theme(legend.position = "top")
```

结果如图 3.13 所示。

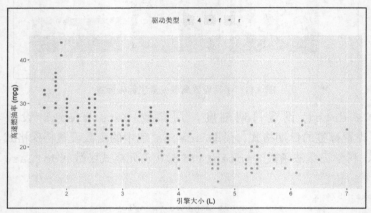

图 3.13　设置坐标轴标签、图例位置及标签

3. 设置坐标轴范围

用 coord_cartesian() 函数的参数 xlim 和 ylim，或者用 xlim() 和 ylim() 函数，可以设置 x 轴和 y 轴的范围：

```
ggplot(mpg, aes(displ, hwy)) +
  geom_point(aes(color = drv)) +
  coord_cartesian(xlim = c(5, 7), ylim = c(10, 30))    # 或者 xlim(5, 7) + ylim(10, 30)
```

结果如图 3.14 所示。

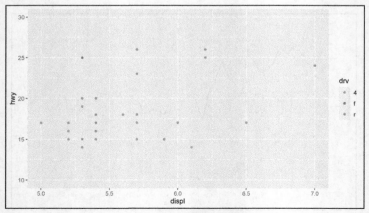

图 3.14　设置坐标轴范围

4．变换坐标轴

先变换数据再绘图，比如经过对数变换之后，坐标刻度也会进行相应的变换，这会使图形不好理解。

ggplot2 提供的坐标变换函数 scale_x_log10() 等可以变换坐标系，能够在视觉效果相同的情况下，继续使用原始数据的坐标刻度：

```
load("data/gapminder.rda")
p = ggplot(gapminder, aes(gdpPercap, lifeExp)) +
  geom_point() +
  geom_smooth()
p + scale_x_continuous(labels = scales::dollar)
```

结果如图 3.15 所示。

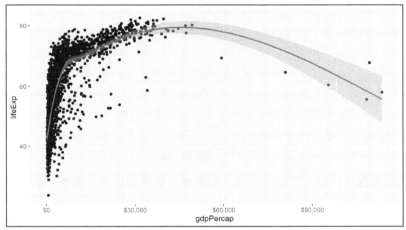

图 3.15　原始坐标下的图形

```
p + scale_x_log10(labels = scales::dollar)
```

经过坐标变换之后，结果如图 3.16 所示。

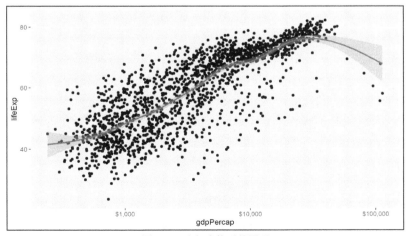

图 3.16　坐标变换后的图形

5．设置图形标题

用 labs() 函数的参数 title、subtitle 和 caption 设置标题、副标题、脚注标题（默认右下角），代码如下：

```
p = ggplot(mpg, aes(displ, hwy)) +
  geom_point(aes(color = drv)) +
  geom_smooth(se = FALSE) +
  labs(title = "燃油效率随引擎大小的变化图",
       subtitle = "两座车 (跑车) 因重量小而符合预期",
       caption = "数据来自 fueleconomy.gov")
p
```

结果如图 3.17 所示。

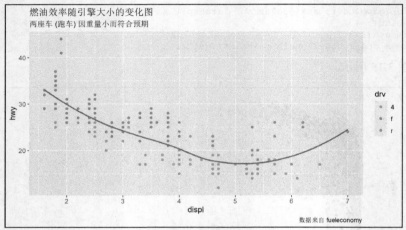

图 3.17　设置图形标题

一部分人习惯图形标题位于顶部左端，如果想改成顶部居中，需要添加 theme 图层专门设置：

```
p + theme(plot.title = element_text(hjust = 0.5),        # 标题居中
          plot.subtitle = element_text(hjust = 0.5))
```

结果如图 3.18 所示。

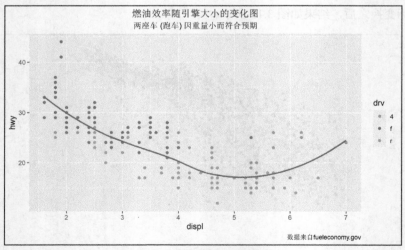

图 3.18　设置图形标题居中

6. 设置 fill 和 color 的颜色

数据的某个维度信息可以通过颜色来展示，颜色直接影响图形的美感。我们可以直接使用颜色值来设置颜色，但是更建议使用 RColorBrewer（调色板）或 colorspace 包。

（1）离散变量

- `manual`：直接指定分组使用的颜色。
- `hue`：通过改变色调（hue）、饱和度（chroma）、亮度（luminosity）来调整颜色。
- `brewer`：使用 ColorBrewer 的颜色。
- `grey`：使用不同程度的灰色。

用 `scale_*_manual()` 手动设置颜色，并修改图例及其标签：

```
ggplot(mpg, aes(displ, hwy, color = drv)) +
    geom_point() +
    scale_color_manual("驱动方式",          # 修改图例名
                       values = c("red", "blue", "green"),
                       # breaks = c("4", "f", "r"),
                       labels = c("四驱", "前驱", "后驱"))
```

结果如图 3.19 所示。

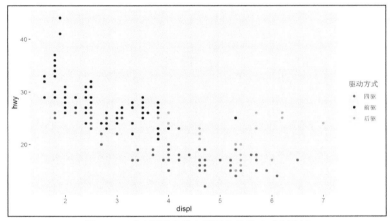

图 3.19　手动设置离散变量颜色并修改对应图例

用 `scale_*_brewer()` 调用调色板中的颜色：

```
ggplot(mpg, aes(x = class, fill = class)) +
  geom_bar() +
  scale_fill_brewer(palette = "Dark2")      # 使用 Dark2 调色版
```

结果如图 3.20 所示。

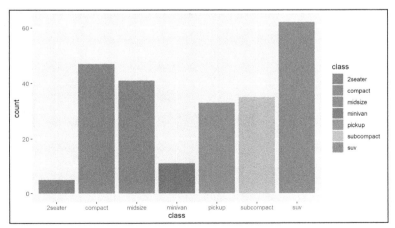

图 3.20　使用调色板颜色设置离散变量颜色

使用 RColorBrewer::display.brewer.all()函数查看所有可用的调色板；使用 hcl_palettes::hcl_palettes(plot = TRUE)函数查看所有可用的颜色空间。

(2) 连续变量

- gradient：设置二色渐变色。
- gradient2：设置三色渐变色。
- distiller：使用 ColorBrewer 的颜色。
- identity：使用 color 变量对应的颜色，对离散型和连续型都有效。

用 scale_color_gradient()设置二色渐变色：

```
ggplot(mpg, aes(displ, hwy, color = hwy)) +
  geom_point() +
  scale_color_gradient(low = "green", high = "red")
```

结果如图 3.21 所示。

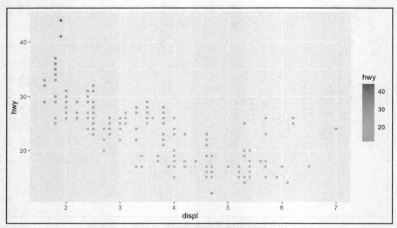

图 3.21　使用渐变色设置连续变量颜色

用 scale_*_distiller()调用调色板中的颜色：

```
ggplot(mpg, aes(displ, hwy, color = hwy)) +
  geom_point() +
  scale_color_distiller(palette = "Set1")
```

结果如图 3.22 所示。

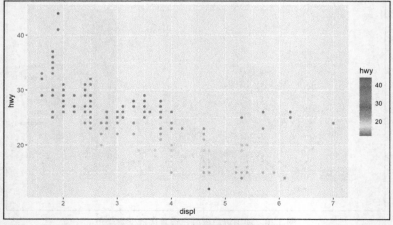

图 3.22　使用调色板设置连续变量颜色

7. 添加文字标注

ggrepel 包提供了 geom_label_repel() 和 geom_text_repel() 函数，为图形添加文字标注。

首先要准备好带标记点的数据，然后增加文字标注的图层，我们需要提供标记点数据，以及要标注的文字给 label 美学，若处理的是来自数据的变量，则需要用映射。

```
library(ggrepel)
best_in_class = mpg %>%            # 选取每种车型 hwy 值最大的样本
  group_by(class) %>%
  slice_max(hwy, n = 1)
ggplot(mpg, aes(displ, hwy)) +
  geom_point(aes(color = class)) +
  geom_label_repel(data = best_in_class, aes(label = model))
```

结果如图 3.23 所示。

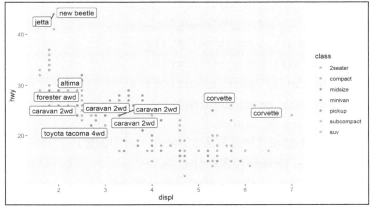

图 3.23 为图形添加文字标注

若要在图形某坐标位置添加文本注释，则用 annotate() 函数，我们需要提供添加文本的中心坐标位置和要添加的文字内容：

```
ggplot(mpg, aes(displ, hwy)) +
  geom_point() +
  annotate(geom = "text", x = 6, y = 40,
           label = "引擎越大\n 燃油效率越高!", size = 4, color = "red")
```

结果如图 3.24 所示。

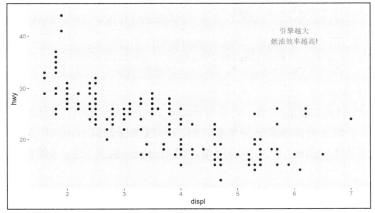

图 3.24 为图形添加文字注释

3.1.4 统计变换、坐标系、位置调整

1. 统计变换（statistics）

构建新的统计量进而绘图，该过程称为"统计变换"，简称"统计"。比如，条形图、直方图都是先对数据分组，再计算分组频数（落在每组的样本点数）绘图；箱线图可以计算稳健的分布汇总，并用特殊盒子展示出来；平滑曲线用来根据数据拟合模型，进而绘制模型预测值。

ggplot2 强大的一点在于把统计变换直接融入绘图语法中，而不必先在外面对数据做统计变换，再回来绘图。

ggplot2 提供了 30 多种"统计"函数，均以 stat_xxxx() 的格式命名。具体分为两类。

- 一种"统计"可以在几何对象函数 geom_*() 中创建，通常直接使用 geom_*() 函数即可。

  ◆ stat_bin()：geom_bar()、geom_freqpoly()、geom_histogram()。
  ◆ stat_bindot()：geom_dotplot()。
  ◆ stat_boxplot()：geom_boxplot()。
  ◆ stat_contour()：geom_contour()。
  ◆ stat_quantile()：geom_quantile()。
  ◆ stat_smooth()：geom_smooth()。
  ◆ stat_sum()：geom_count()。

- 另一种"统计"则不能在几何对象函数 geom_*() 中创建。

  ◆ stat_ecdf()：计算经验累积分布图。
  ◆ stat_function()：根据 x 值的函数计算 y 值。
  ◆ stat_summary()：在 x 唯一值处汇总 y 值。
  ◆ stat_qq()：执行 Q-Q 图计算。
  ◆ stat_spoke()：转换极坐标的角度和半径为直角坐标位置。
  ◆ stat_unique()：剔除重复行。

用 stat_summary() 做统计汇总并绘图。通过传递函数做统计计算，首先注意将 x 和 y 美学映射到 calss 和 hwy，fun = mean 是根据 x 计算 y，故对每个车型（**class** 值）计算一个平均的 hwy，fun.max 和 fun.min 是分别根据 x 计算 y 的均值加减标准差的结果。统计计算的结果将传递给几何对象参数 geom 用于绘图：

```
ggplot(mpg, aes(x = class, y = hwy)) +
  geom_violin(trim = FALSE, alpha = 0.5, color = "green") +  # 小提琴图
  stat_summary(fun = mean,
               fun.min = function(x) {mean(x) - sd(x)},
               fun.max = function(x) {mean(x) + sd(x)},
               geom = "pointrange", color = "red")
```

结果如图 3.25 所示。

stat_smooth() 添加光滑曲线，效果与 geom_smooth() 相同，具体的参数包括以下几个。

- method：指定平滑曲线的统计函数，如 lm（线性回归）、glm（广义线性回归）、loess（多项式回归）、gam（广义加法模型，来自 mgcv 包）、rlm（稳健回归，来自 MASS 包）等。

- formula：指定平滑曲线的方程，如"y ~ x""y ~ poly(x, 2)""y ~ log(x)"，这些方程需要与 method 参数搭配使用。

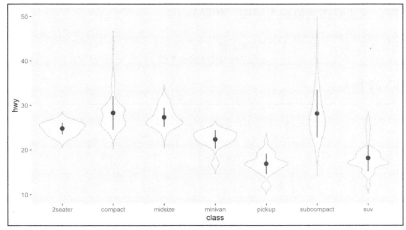

图 3.25 标注均值和标准差的小提琴图

- se：设置是否绘制置信区间。

```
ggplot(mpg, aes(displ, hwy)) +
  geom_point() +
  stat_smooth(method = "lm",
              formula = y ~ splines::bs(x, 3),
              se = FALSE)                    # 不绘制置信区间
```

结果如图 3.26 所示。

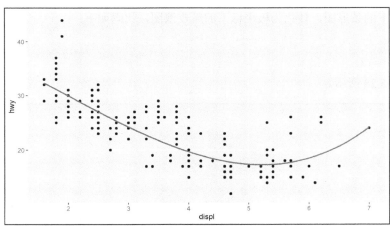

图 3.26 三次样条光滑曲线

2. 坐标系（coordinate）

ggplot2 默认坐标系是直角坐标系将 `coord_cartesian()`，常用的坐标系操作还有以下几种。

- `coord_flip()`：坐标轴翻转，即将 x 轴与 y 轴互换，比如绘制水平条形图。
- `coord_fixed()`：参数 ratio=y/x。
- `coord_polar()`：转化为极坐标系，比如将条形图转为极坐标系即为饼图。
- `coord_trans()`：彻底的坐标变换，不同于 `scale_x_log10()` 等。
- `coord_map()` 和 `coord_quickmap()`：可与 `geom_polygon()` 连用，控制地图的坐标投影。
- `coord_sf()`：与 `geom_sf()` 连用，用于控制地图的坐标投影。

翻转坐标轴,从竖直图转换成水平图,代码如下:

```
ggplot(mpg, aes(class, hwy)) +
  geom_boxplot() +                # 箱线图
  coord_flip()                    # 从竖直图变成水平图
```

结果如图 3.27 所示。

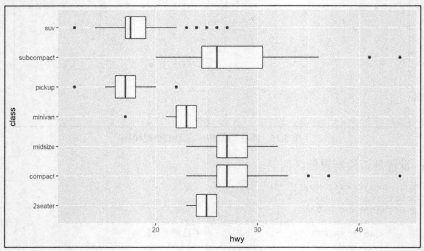

图 3.27 水平箱线图

直角坐标下的条形图,转化为极坐标下的风玫瑰图,代码如下:

```
ggplot(mpg, aes(class, fill = drv)) +
  geom_bar() +
  coord_polar()
```

结果如图 3.28 所示。

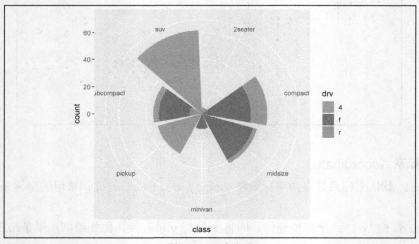

图 3.28 风玫瑰图

3. 位置调整(position adjustments)

通过调用位置调整函数来调整某些图形元素的实际位置,例如条形图中的条形位置调整,示例如下:

- `position_stack()`:竖直堆叠

- `position_fill()`：竖直（百分比）堆叠，按比例放缩并保证条形的总高度为 1。
- `position_dodge()`，`position_dodge2()`：水平堆叠。

```
ggplot(mpg, aes(class, fill = drv)) +
  geom_bar(position = position_dodge(preserve = "single"))
  # geom_bar(position = "dodge")
```

结果如图 3.29 所示。

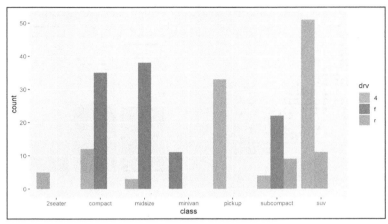

图 3.29 堆叠条形图

散点图中的散点位置调整，可使用以下函数。

- `position_nudge()`：将散点移动固定的偏移量。
- `position_jitter()`：给每个散点增加一点随机噪声，形成抖散图。
- `position_jitterdodge()`：增加一点随机噪声并躲避组内的点，特别用于箱线图和散点图。

```
ggplot(mpg, aes(displ, hwy)) +
  geom_point(position = "jitter")   # 避免有散点重叠
```

结果如图 3.30 所示。

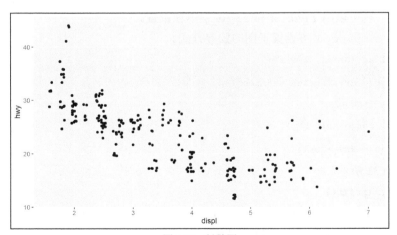

图 3.30 抖散图

有时候需要将多个图形排布在画板中，此时借助 patchwork 包更方便。

```
library(patchwork)
p1 = ggplot(mpg, aes(displ, hwy)) +
```

```
  geom_point()
p2 = ggplot(mpg, aes(drv, displ)) +
  geom_boxplot()
p3 = ggplot(mpg, aes(drv)) +
  geom_bar()
p1 | (p2 / p3)
```

结果如图 3.31 所示。

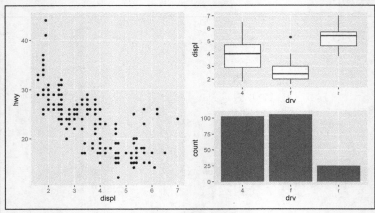

图 3.31   图形排布

3.1.5   分面、主题、输出

1. 分面（facet）

利用分类变量将图形分为若干个"面"（子图），即对数据分组再分别绘图，该过程称为"分面"。

（1）facet_wrap()

封装分面要先生成一维的面板系列，再封装到二维中。

- 分面形式：~分类变量（关于一个分类变量平面），~分类变量 1 + 分类变量 2（关于两个分类变量平面）。
- scales 参数用于设置是否共用坐标刻度，"fixed"（默认）表示共用，"free"表示不共用，也可以用 free_x 和 free_y 单独设置。
- 参数 nrow 和 ncol 可设置子图的放置方式。

```
ggplot(mpg, aes(displ, hwy)) +
  geom_point() +
  facet_wrap(~ drv, scales = "free")
```

结果如图 3.32 所示。

```
ggplot(mpg, aes(displ, hwy)) +
  geom_point() +
  facet_wrap(~ drv + cyl)
```

结果如图 3.33 所示。

（2）facet_grid()

网格分面可生成二维的面板网格，面板的行与列通过分面变量定义。

- 分面形式：行分类变量 ~ 列分类变量

```
ggplot(mpg, aes(displ, hwy)) +
  geom_point() +
  facet_grid(drv ~ cyl)
```

结果如图 3.34 所示。

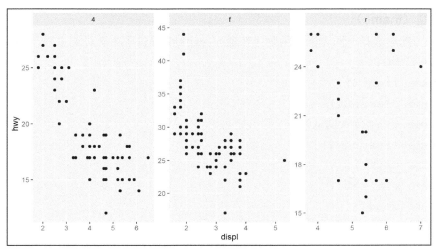

图 3.32 一个分类变量分面

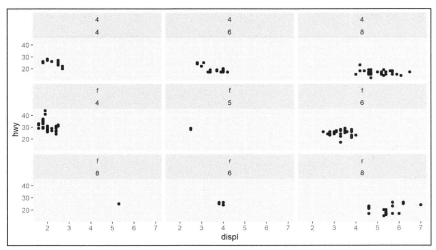

图 3.33 两个分类变量分面

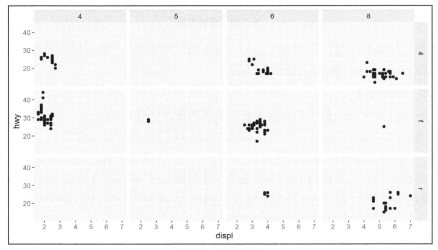

图 3.34 网格分面

2. 主题（theme）

你可以为图形选择不同风格的主题（外观），**ggplot2** 提供了 8 套可选主题，如下所示。

- `theme_bw()`
- `theme_light()`
- `theme_classic()`
- `theme_gray()`（默认）
- `theme_linedraw()`
- `theme_dark()`
- `theme_minimal()`
- `theme_void()`

使用或修改主题，只需要添加主题图层 `theme_bw()` 即可：

```
ggplot(mpg, aes(displ, hwy, color = drv)) +
  geom_point() +
  theme_bw()
```

结果如图 3.35 所示。

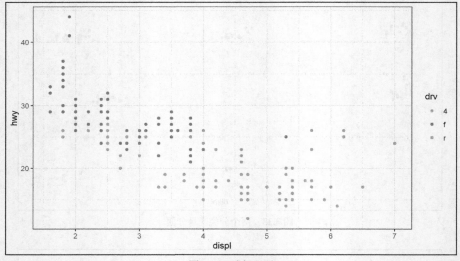

图 3.35　选择主题

如果想使用更多的主题，还可以用 `ggthemes` 包，其中包含一些顶级期刊专用的绘图主题；当然也可以用 `theme()` 函数定制自己的主题。

3. 输出（output）

用 `ggsave()` 函数将当前图形保存为想要格式的图形文件，如 `png`，`pdf` 等：

```
ggsave("my_plot.pdf", width = 8, height = 6, dpi = 300)
```

参数 `width` 和 `height` 通常只设置其中一个，另一个自动匹配，以保持原图形宽高比。

最后，再补充一点关于图形中使用中文字体导出到 `pdf` 等图形文件出现乱码问题的解决办法。之所以出现中文乱码是因为 R 环境只载入了"sans (Arial)""serif (Times New Roman)""mono (Courier New)"三种英文字体，没有中文字体可用。

解决办法就是从系统字体中载入中文字体，此时用 `showtext` 包（依赖 `sysfonts` 包）更简单一些。

- `font_paths()`：查看系统字体路径，Windows 系统默认的路径是 `C:\Windows\Fonts`。
- `font_files()`：查看系统自带的所有字体文件。
- `font_add()`：从系统字体中载入字体，需提供 `family` 参数和字体路径。

载入字体后，再执行一下 `showtext_auto()` 函数（即自动启用/关闭功能），就可以使用该字体了。

ggpplot2 中各种设置主题、文本相关的函数包括 `*_text()`、`annotate()` 等，它们都提供了 `family` 参数，设定为和 `font_add()` 中一致的 `family` 名字即可。

```
library(showtext)
font_add("heiti", "simhei.ttf")
font_add("kaiti", "simkai.ttf")
showtext_auto()
ggplot(mpg, aes(displ, hwy, color = drv)) +
  geom_point() +
  theme(axis.title = element_text(family = "heiti"),
        plot.title = element_text(family = "kaiti")) +
  xlab("发动机排量(L)") +
  ylab("高速里程数(mpg)") +
  ggtitle("汽车发动机排量与高速里程数") +
  annotate("text", 5, 35, family = "kaiti", size = 8,
           label = "设置中文字体", color = "red")
ggsave("images/font_example.pdf", width = 7, height = 4)
```

结果如图 3.36 所示。

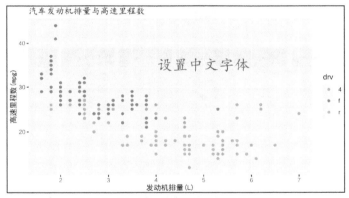

图 3.36 在 ggplot 生成的图中使用中文字体

3.2 ggplot2 图形示例

俗话说，"一图胜千言"，数据可视化能够真实、准确、全面地展示数据信息，发现数据中隐含的关系和模式。

Nathan Yau 将数据可视化的过程总结为如下 4 个思考。

- 你拥有什么样的数据？
- 你想要表达什么样的数据信息？
- 你会什么样的数据可视化方法？
- 你能从图表中获得什么样的数据信息？

上述思索需要你对数据可视化的图形种类有所了解，本节将图形分为类别比较图、数据关系图、数据分布图、时间序列图、局部整体图、地理空间图和动态交互图。下面将对各类图形进行概述，选择其中常用的、有代表性的图形进行实例展示，还有一些常用的统计图、探索变量间关系的图，将在第 4 章和第 5 章中展示。

另外，ggpubr 包和 ggsci 包提供了很多函数，可以轻松绘制适用于期刊论文发表的图形。读者针对自己的数据进行绘图时，建议首先根据展示目的选择想要绘制的图形，再查阅相关资料，完成相应图形的绘制。

《R 语言数据可视化之美：专业图表绘制指南》一书将图形分为类别比较图、数据关系图、数据分布图、时间序列图、局部整体图。本节沿用这种思路，以方便读者根据图形名称搜索绘图资料。

3.2.1　类别比较图

类别比较图，通常用于展示和比较分类变量或分类变量组合的频数。基于表示位置和长度的视觉元素的不同，产生了多种类别比较图，如图 3.37 所示。

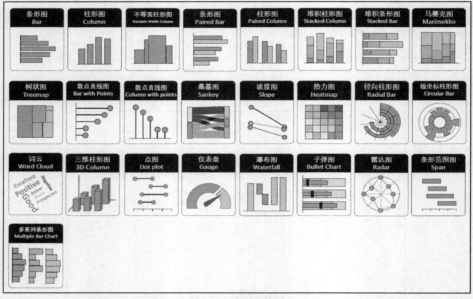

图 3.37　类别比较图

热图

两个分类变量的交叉频数可以用热图展示，根据两个分类变量的各水平值组合确定交叉网格，其上的频数（或其他数值）对应到颜色深度。邻接矩阵、混淆矩阵和相关系数矩阵也可以用热图来可视化展示。

对 mpg 数据集按车型和驱动方式统计频数，并绘制热图，需要注意别漏下 0 频数：

```
df = mpg %>%
  mutate(across(c(class, drv), as.factor)) %>%
  count(class, drv, .drop = FALSE)
df
df %>%
  ggplot(aes(class, drv)) +
  geom_tile(aes(fill = n)) +
  geom_text(aes(label = n)) +
  scale_fill_gradient(low = "white", high = "darkred")
```

结果如图 3.38 所示。

此外，ComplexHeatmap 包可绘制更复杂的热图，例如带层次聚类的热图。

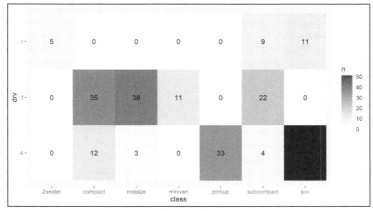

图 3.38 热图

3.2.2 数据关系图

数据关系图如图 3.39 所示，主要包括以下类型。

- 数据相关性图：展示两个或多个变量之间的关系，比如散点图、气泡图、曲面图等。
- 数据流向图：展示两个或多个状态或情形之间的流动量或关系强度，比如网络图等。

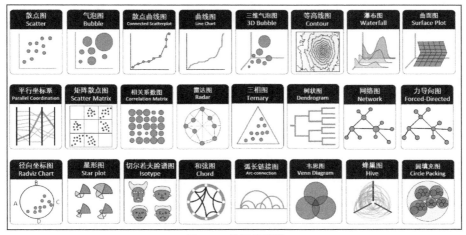

图 3.39 数据关系图

网络图

网络图可以可视化实体（个体/事物）间的内部关系，比如社会媒体网络、朋友网络、合作网络、疾病传播网络等。

可视化网络图的包有 `igraph` 以及 `tidygraph + ggraph`，当然还有更加强大的 `visNetwork` 包。这里只给一个简单示例：16 个人之间的电话数据。用 `visNetwork()` 函数实现，需要准备好节点和边的数据。

- 节点数据包括 `id`（用于边数据）、`label`（用于图显示）、`group`（设置分组颜色）、`value`（权重，即关联节点的大小）等。
- 边数据包括 `from`（起点）、`to`（终点）、`label`（用于图显示）、`value`（权重，即关联边的粗细）等。

```
load("data/phone_call.rda")
nodes
```

```
## # A tibble: 16 x 3
##   id    label value
##   <chr> <chr> <dbl>
## 1 A     A        25
## 2 B     B         7
## 3 C     C        28
## 4 D     D         2
## 5 E     E         6
## 6 F     F         2
## # ... with 10 more rows
```

```
edges
```

```
## # A tibble: 18 x 3
##   from  to    value
##   <chr> <chr> <dbl>
## 1 A     C         9
## 2 B     A         4
## 3 A     H         3
## 4 A     I         4
## 5 A     J         2
## 6 A     K         3
## # ... with 12 more rows
```

有了上述节点与边的数据，就可以绘制网络关系图：

```
library(visNetwork)
visNetwork(nodes, edges)
```

结果如图 3.40 所示。

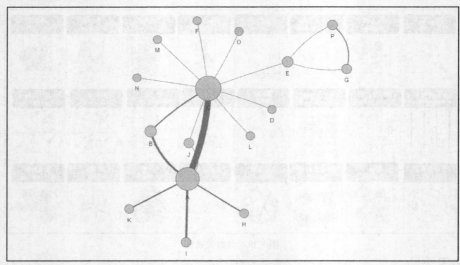

图 3.40　网络关系图

3.2.3　数据分布图

数据分布图如图 3.41 所示，主要展示数据中数值出现的频率或分布规律，比如直方图、概率密度图、箱线图等。

人口金字塔图

人口金字塔图是展示人口数量或百分比（x 轴）随年龄段（y 轴）和性别（左右两侧）分布的图形，可以方便地了解人口的构成以及当前人口增长的趋势。

- 若所绘制的图形呈长方形，表明人口增长速度较慢，老一代人正被规模大致相同的新一代人所取代。
- 若呈金字塔形，则表明人口以较快的速度增长，老一代人正在被规模更大的新一代人所替代。

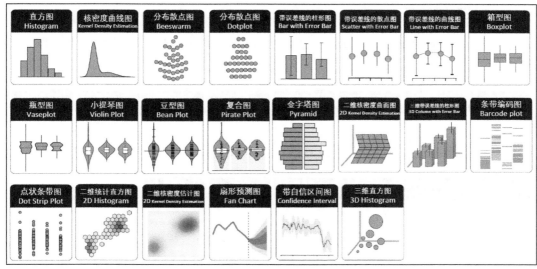

图 3.41 数据分布图

以黑龙江省 2019 年人口数据为例绘制人口金字塔图:

```
pops = read_csv("data/hljPops.csv") %>%
  mutate(Age = as_factor(Age)) %>%
  pivot_longer(-Age, names_to = "性别", values_to = "Pops")    # 宽变长
pops
ggplot(pops, aes(x = Age, fill = 性别,
              y = ifelse(性别 == "男", -Pops, Pops))) +
  geom_bar(stat = "identity") +
  scale_y_continuous(labels = abs, limits = c(-200,200)) +
  xlab("年龄段") + ylab("人口数(万)") +
  coord_flip()
```

结果如图 3.42 所示。

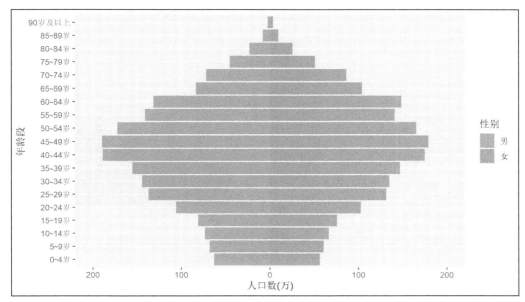

图 3.42 人口金字塔图

3.2.4 时间序列图

时间序列图如图 3.43 所示，展示数据随时间的变化规律或者趋势。比如，折线图、面积图等。

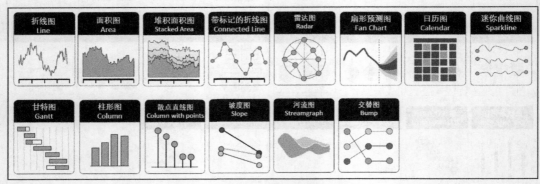

图 3.43 时间序列图

折线图与面积图

如图 3.44 左图所示，折线图是按 x 从小到大对数据进行排序，再用直线依次连接各个散点，用 geom_line() 函数绘制。类似的 geom_path() 可用于绘制路径图，不是按 x 排序，而是按数据原始顺序用直线依次连接各个散点。

面积图是在折线图下方再做填充，用 geom_area() 函数绘制，如图 3.44 右图所示。

绘制折线图和面积图的代码如下：

```
p1 = ggplot(economics, aes(date, uempmed)) +
  geom_line(color = "red")
p2 = ggplot(economics, aes(date, uempmed)) +
  geom_area(color = "red", fill = "steelblue")
p1 | p2
```

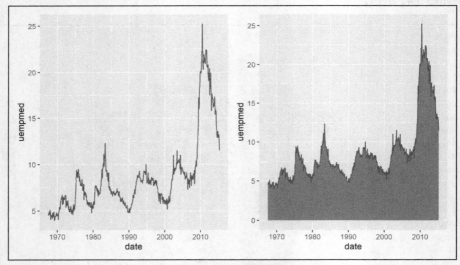

图 3.44 折线图与面积图

3.2.5 局部整体图

局部整体图如图 3.45 所示，展示部分与整体的关系，如饼图、树状图等。

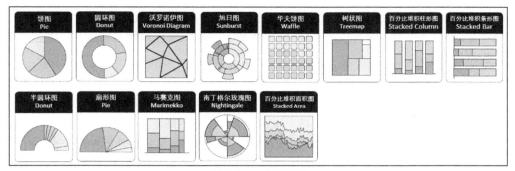

图 3.45　局部整体图

这里提供一个绘制饼图的代码模板：

```
piedat = mpg %>%                    # 先准备绘制饼图的数据
  group_by(class) %>%
  summarize(n = n(), labels = str_c(round(100 * n / nrow(.), 2), "%"))
piedat
ggplot(piedat, aes(x = "", y = n, fill = class)) +
  geom_bar(width = 1, stat = "identity") +
  coord_polar("y", start = 0) +
  geom_text(aes(label = labels),
            position = position_stack(vjust = 0.5)) +
  theme_void()
```

结果如图 3.46 所示。

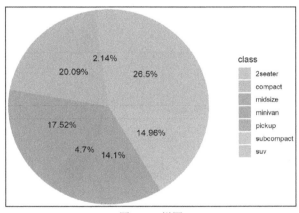

图 3.46　饼图

3.2.6　地理空间图

地理空间图是在地图上展示数据关系，即与地理位置信息联系起来绘图，地理位置通常是用经度、纬度表示。常见的地理空间图包括普通地图、等值区间地图、等位图、带散点/气泡/条形/饼图/链接线的地图、流量地图、向量地图、道林地图等。

现在的 GIS 类软件广泛使用简单要素（Simple Features）标准，主要是用二维几何图形对象（点、线、多边形、点族、线族、多边形族等）表示地理矢量数据，还可以包含坐标参照系统和用于描述对象的属性（如名称、值、颜色等）。

sf 包实现了将简单要素表示成 R 中的 data.frame，并提供了一系列处理此类数据的工具。在 sf 格式数据框中，属性要素是正常的列，几何要素（geometry）存放为列表列。

geometry 列是最重要的列，它指定了每个地理区域的空间几何，每个元素都是一个多边形族，即包含一个或多个多边形的顶点的数据，它们能确定多边形区域的边界。

有了 sf 格式的数据，就可以用 geom_sf() 和 coord_sf() 函数绘制地图，甚至无须设定任何参数和美学映射。

3.2.7　动态交互图

plotly 包能够在 ggplot2 的基础上生成动态可交互图形。只要对 ggplot2 绘制的图形对象嵌套一个 ggplotly() 函数，则图形变成可交互状态。当鼠标移动到图形元素上时，将自动显示对应的数值。

```
library(plotly)
load("data/ecostats.rda")
ecostats = ecostats %>%
  mutate(Area = case_when(
    Region %in% c("黑龙江","吉林","辽宁") ~ "东北",
    Region %in% c("北京","天津","河北","山西","内蒙古") ~ "华北",
    Region %in% c("河南","湖北","湖南") ~ "华中",
    Region %in% c("广东","广西","海南") ~ "华南",
    Region %in% c("陕西","甘肃","宁夏","青海","新疆") ~ "西北",
    Region %in% c("四川","贵州","云南","重庆","西藏") ~ "西南",
    TRUE ~ "华东"))
p = ecostats %>%
  filter(Year == 2017) %>%
  ggplot(aes(Consumption, Investment, color = Area)) +
  geom_point() +
  theme_bw()
ggplotly(p)
```

结果如图 3.47 所示。

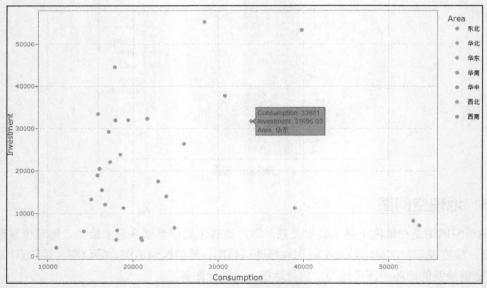

图 3.47　用 plotly 绘制动态可交互图形

gganimate 包是基于 ggplot2 的动态可视化拓展包，能让图形元素随时间等逐帧变化起来，所生成的动态图可导出为 .gif 格式。

下面绘制一个动态散点图，反映不同地区在 2016 年投资情况与消费水平的变化：

```
library(gganimate)
ggplot(ecostats, aes(Consumption, Investment, size = Population)) +
  geom_point() +
```

```
    geom_point(aes(color = Area)) +
    scale_x_log10() +
    labs(title = "年份: {frame_time}", x = "消费水平", y = "投资") +
    transition_time(Year)
anim_save("output/ecostats.gif")          # 保存为 gif 文件
```

结果如图 3.48 所示。

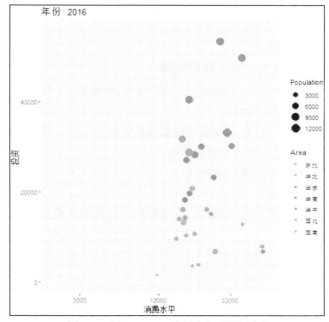

图 3.48 用 gganimate 绘制动态可视化图形

3.3 统计建模技术

3.3.1 整洁模型结果

tidyverse 主张以"整洁的"数据框作为输入,但是 lm、nls、t.test、kmeans 等统计模型的输出结果却是"不整洁的"列表。

broom 包实现将模型输出结果转化为整洁的 tibble,且列名规范一致,方便后续取用。另外,tibble 与 tidyr 包中的 nest()、unnest() 函数以及 purrr 包中的 map_*() 系列函数连用,非常便于批量建模和批量整合模型结果。

broom 包主要提供以下 3 个函数。

1. tidy():模型系数估计及其统计量

返回结果 tibble 的每一行通常表达的都是具有明确含义的概念,如回归模型的一项、一个统计检验、一个聚类或类。tibble 的各列包括以下内容。

- term:回归或模型中要估计的项。
- estimate:参数估计值。
- statistic:检验统计量。
- p.value:检验统计量的 p 值。
- conf.low、conf.high:estimate 的置信区间边界值。

- df：自由度。

2. glance()：模型诊断信息

返回一行的 tibble，各列是模型诊断信息。

- r.squared：R^2。
- adj.r.suquared：根据自由度修正的 R^2。
- sigma：残差标准差估计值。
- AIC、BIC：信息准则。

3. augment()：增加预测值列、残差列等

augment(model, data, newdata)：若 data 参数缺失，则不包含原始数据；若设置了 newdata 参数，则只针对新数据。

返回结果 tibble 的每一行都对应原始数据或新数据的一行，新增加的列包括以下内容。

- .fitted：预测值，与原始数据同量纲。
- .resid：残差（真实值减去预测值）。
- .cluster：聚类结果。

接下来以线性回归模型整洁化结果为例进行演示，其他统计模型、假设检验、K 均值聚类等都是类似的。

```
library(broom)
model = lm(mpg ~ wt, data = mtcars)
model %>%
  tidy()

## # A tibble: 2 x 5
##   term        estimate std.error statistic  p.value
##   <chr>          <dbl>     <dbl>     <dbl>    <dbl>
## 1 (Intercept)    37.3      1.88      19.9 8.24e-19
## 2 wt             -5.34     0.559     -9.56 1.29e-10

model %>%
  glance()

## # A tibble: 1 x 12
##   r.squared adj.r.squared sigma statistic  p.value    df logLik    AIC
##       <dbl>         <dbl> <dbl>     <dbl>    <dbl> <dbl>  <dbl>  <dbl>
## 1     0.753         0.745  3.05      91.4 1.29e-10     1  -80.0   166.
## # ... with 4 more variables: BIC <dbl>, deviance <dbl>,
## #   df.residual <int>, nobs <int>

model %>%
  augment()

## # A tibble: 32 x 9
##   .rownames            mpg    wt .fitted .resid  .hat .sigma .cooksd
##   <chr>              <dbl> <dbl>   <dbl>  <dbl> <dbl>  <dbl>   <dbl>
## 1 Mazda RX4             21  2.62    23.3  -2.28 0.0433   3.07  1.33e-2
## 2 Mazda RX4 Wag         21  2.88    21.9 -0.920 0.0352   3.09  1.72e-3
## 3 Datsun 710          22.8  2.32    24.9  -2.09 0.0584   3.07  1.54e-2
## 4 Hornet 4 Drive      21.4  3.22    20.1   1.30 0.0313   3.09  3.02e-3
## 5 Hornet Sportabout   18.7  3.44    18.9 -0.200 0.0329   3.10  7.60e-5
## 6 Valiant             18.1  3.46    18.8 -0.693 0.0332   3.10  9.21e-4
## # ... with 26 more rows, and 1 more variable: .std.resid <dbl>
```

有了这些模型信息，就可以方便地筛选数据或绘图，绘制线性回归偏差图的代码如下：

```
model %>% augment() %>%
  ggplot(aes(x = wt, y = mpg)) +
  geom_point() +
  geom_line(aes(y = .fitted), color = "blue") +
  geom_segment(aes(xend = wt, yend = .fitted), color = "red")
```

结果如图 3.49 所示。

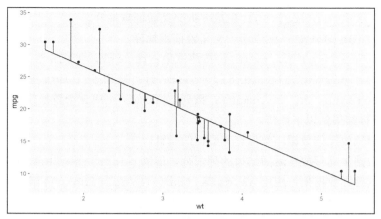

图 3.49　线性回归偏差图

绘制线性回归残差图的代码如下：

```
model %>% augment() %>%
  ggplot(aes(x = wt, y = .resid)) +
  geom_point() +
  geom_hline(yintercept = 0, color = "blue")
```

结果如图 3.50 所示。

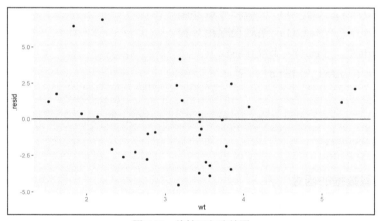

图 3.50　线性回归残差图

3.3.2　辅助建模

modelr 包提供了一系列辅助建模的函数，便于在 tidyverse 框架下辅助建模。

1．resample_*()：重抽样

重抽样就是反复从数据集中抽取样本形成若干个数据集副本，用于统计推断或模型性能评估。常用的重抽样方法有留出重抽样（Holdout），自助重抽样（Bootstrap）、交叉验证重抽样（Cross Validation）、置换重抽样（Permutation）。

- resample(data, idx)：根据整数向量 idx 从数据集 data 中重抽样。
- resample_partition(data, p)：生成一个留出重抽样，即按概率 p 对数据集进行划分，比如划分训练集和测试集。
- resample_bootstrap(data)：生成一个 bootstrap 重抽样。
- bootstrap(data, n)：生成 *n* 个 bootstrap 重抽样。

- `crossv_kfold(data, k)`：生成 k 折交叉验证重抽样。
- `crossv_loo(data)`：生成留一交叉验证重抽样。
- `crossv_mc(data, n, test)`：按测试集占比 test，生成 n 对蒙特卡洛交叉验证。
- `resample_permutation(data, columns)`：按列 columns 生成一个置换重抽样。
- `permute(data, n, columns)`：按列 columns 生成 n 个置换重抽样。

对这些重抽样结果做以下操作。

- 为了避免低效操作数据，都保存原数据的指针。
- 重抽样数据集都存放在返回结果的列表列，借助 `purrr::map` 函数便于批量建模。
- 对每个重抽样数据集，应用 `as.data.frame()/as_tibble()` 函数可转化成数据框，这样一来，数据可不经转化直接应用于模型函数。

另外，rsample 包提供了创建各种重抽样的函数，可生成便于后续分析的数据对象，更适合与机器学习包 tidymodels 连用。

2. 模型性能度量函数

- `rmse(model, data)`：均方根误差。
- `mae(model, data)`：平均绝对误差。
- `qae(model, data, probs)`：分位数绝对误差。
- `mape(model, data)`：平均绝对百分比误差。
- `rsae(model, data)`：绝对误差相对和。
- `mse(model, data)`：均方误差。
- `rsquare(model, data)`：R^2。

```
library(modelr)
set.seed(123)
ex = resample_partition(mtcars, c(test = 0.3, train = 0.7))
mod = lm(mpg ~ wt, data = ex$train)
rmse(mod, ex$test)
```

```
## [1] 2.903158
```

3. 生成模型数据的函数

- `seq_range(x, n)`：根据向量 x 值范围生成等间隔序列。
- `data_grid(data, f1, f2)`：生成唯一值的所有组合。
- `model_matrix()`：`model.matrix()` 的包装，用于生成模型（设计）矩阵，特别是用于虚拟变量处理（参见 4.4.3 节）。

4. 增加预测值列、残差列的函数

- `add_predictions()` 函数

```
mod = lm(mpg ~ wt + cyl + vs, data = mtcars)
data_grid(mtcars, wt = seq_range(wt, 10), cyl, vs) %>%
  add_predictions(mod)
```

```
## # A tibble: 60 x 4
##      wt   cyl    vs  pred
##   <dbl> <dbl> <dbl> <dbl>
## 1  1.51     4     0  28.4
## 2  1.51     4     1  28.9
## 3  1.51     6     0  25.6
## 4  1.51     6     1  26.2
## 5  1.51     8     0  22.9
## 6  1.51     8     1  23.4
## # ... with 54 more rows
```

- `add_ residuals()`函数

```
mtcars[1:4,c(1,2,6,8)] %>%
  add_residuals(mod)
```

```
##              mpg cyl   wt vs    resid
## Mazda RX4    21.0   6 2.620  0 -1.0559619
## Mazda RX4 Wag 21.0  6 2.875  0 -0.2281383
## Datsun 710   22.8   4 2.320  1 -3.4822509
## Hornet 4 Drive 21.4 6 3.215  1  0.7514545
```

最后，再看一个 10 折交叉验证建模的例子。实际上这属于机器学习范畴，但经常有人在统计建模时也这么做。

我们通常将数据集划分为训练集（90%）和测试集（10%），在训练集上训练一个模型，在测试集上评估模型效果。只这样做一轮的话，模型效果可能具有偶然性，对数据集利用得也不够充分。k 折交叉验证是克服该缺陷的更好做法，我们以图 3.51 所示的 10 折交叉验证为例进行详解。

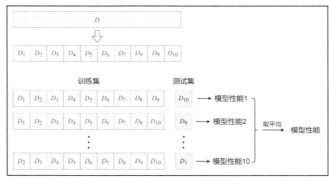

图 3.51　10 折交叉验证示意图

先将数据集随机分成 10 份，分别以其中 1 份为测试集，其余 9 份为训练集，由此组成 10 组数据。然后训练 10 次模型，评估 10 次模型效果，取其平均作为最终模型效果。

下面对 mtcars 数据集，采用 10 折交叉验证法构建关于 mpg ~ wt 的线性回归模型，并根据 rmse 评估每个模型效果。

先用 crossv_kfold() 函数生成 10 折交叉验证的数据：

```
cv10 = crossv_kfold(mtcars, 10)
cv10
```

```
## # A tibble: 10 x 3
##   train             test               .id
##   <named list>      <named list>       <chr>
## 1 <resample [28 x 11]> <resample [4 x 11]> 01
## 2 <resample [28 x 11]> <resample [4 x 11]> 02
## 3 <resample [29 x 11]> <resample [3 x 11]> 03
## 4 <resample [29 x 11]> <resample [3 x 11]> 04
## 5 <resample [29 x 11]> <resample [3 x 11]> 05
## 6 <resample [29 x 11]> <resample [3 x 11]> 06
## # ... with 4 more rows
```

结果为 10 行嵌套数据框，这些数据框分别对应交叉组成的 10 组训练集（train）、测试集（test）数据。接着进行批量建模（详见 3.3.3 节），与普通的修改列操作是一样的，即（用 map）计算新列并赋值。

```
cv10 %>%
  mutate(models = map(train, ~ lm(mpg ~ wt, data = .x)),
         rmse = map2_dbl(models, test, rmse))
```

```
## # A tibble: 10 x 5
##   train             test               .id   models          rmse
##   <named list>      <named list>       <chr> <named list>    <dbl>
```

```
## 1 <resample [28 x 11]> <resample [4 x 11]> 01      <lm>      2.98
## 2 <resample [28 x 11]> <resample [4 x 11]> 02      <lm>      1.94
## 3 <resample [29 x 11]> <resample [3 x 11]> 03      <lm>      3.10
## 4 <resample [29 x 11]> <resample [3 x 11]> 04      <lm>      1.23
## 5 <resample [29 x 11]> <resample [3 x 11]> 05      <lm>      2.08
## 6 <resample [29 x 11]> <resample [3 x 11]> 06      <lm>      5.07
## # ... with 4 more rows
```

如果要计算最终的平均模型效果，对 rmse 列作汇总均值即可，这里不再详述。

3.3.3　批量建模

有时候需要对数据做分组，批量地对每个分组建立同样的模型，并提取和使用批量的模型结果，这就是批量建模。

批量建模通常是作为探索性数据分析的一种手段，批量建立简单模型以理解复杂的数据集。批量建模的"笨方法"是手动写 for 循环实现，再手动提取、合并模型结果。本节要介绍的是 tidyverse 中的两种优雅而简洁的做法。

- 用嵌套数据框 + purrr::map 实现。
- 用 dplyr 包的 rowwise 技术，具有异曲同工之妙。

下面用 ecostats 数据集演示，整理自国家统计局网站，包含 2001—2017 年我国不同地区的人口、居民消费水平、人均 GDP 等。

```
load("data/ecostats.rda")
ecostats

## # A tibble: 527 x 7
##   Region  Year Electricity Investment Consumption Population gdpPercap
##   <chr>  <dbl>       <dbl>      <dbl>       <dbl>      <dbl>     <dbl>
## 1 安徽    2001        360.        893.        2739       6128     5716.
## 2 北京    2001        400.       1513.        9057       1385    27881.
## 3 福建    2001        439.       1173.        4770       3445    11823.
## 4 甘肃    2001        306.        460.        2099       2523     4461.
## 5 广东    2001       1458.       3484.        5445       8733    13886.
## 6 广西    2001        332.        656.        2572       4788     4760.
## # ... with 521 more rows
```

1. 利用嵌套数据框 + purrr::map

先来介绍一个概念：嵌套数据框（列表列），示例如图 3.52 所示。

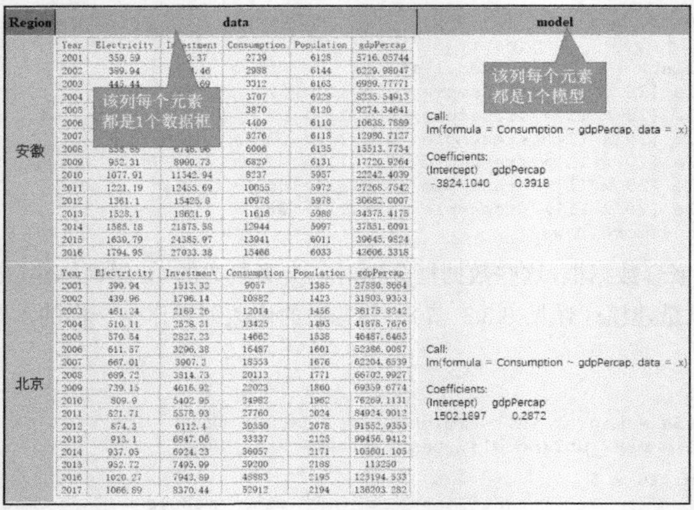

图 3.52　嵌套数据框示例

当我们想要对各地区的数据做重复操作，需要先对数据框用 `group_nest()` 针对分组变量 Region 做分组嵌套，就能得到嵌套数据框，每组数据作为数据框嵌套到列表列 data。嵌套数据框的每一行是一个分组，表示一个地区的整个时间跨度内的所有观测，而不是某个单独时间点的观测。

```
by_region = ecostats %>%
  group_nest(Region)
by_region

## # A tibble: 31 x 2
##    Region         data
##    <chr>  <list<tibble[,6]>>
##  1 安徽           [17 x 6]
##  2 北京           [17 x 6]
##  3 福建           [17 x 6]
##  4 甘肃           [17 x 6]
##  5 广东           [17 x 6]
##  6 广西           [17 x 6]
## # ... with 25 more rows
```

```
by_region$data[[1]]        # 查看列表列的第 1 个元素的内容
unnest(by_region, data)    # 解除嵌套，还原到原数据
```

嵌套数据框与普通数据框的操作一样，比如用 `filter()` 函数筛选行，用 `mutate()` 函数修改列。这里对嵌套的 data 列，用 `mutate()` 函数修改该列，增加一个模型列 model，以存放用该行的 data 数据拟合的线性回归模型，即分别对每个地区拟合人均消费水平对人均 GDP 的线性回归模型，并保存到 model 列。这就实现了批量建模：

```
by_region = by_region %>%
  mutate(model = map(data, ~ lm(Consumption ~ gdpPercap, .x)))
by_region

## # A tibble: 31 x 3
##    Region         data model
##    <chr>  <list<tibble[,6]>> <list>
##  1 安徽           [17 x 6] <lm>
##  2 北京           [17 x 6] <lm>
##  3 福建           [17 x 6] <lm>
##  4 甘肃           [17 x 6] <lm>
##  5 广东           [17 x 6] <lm>
##  6 广西           [17 x 6] <lm>
## # ... with 25 more rows
```

继续用 `mutate()` 函数修改列，借助 `map_*` 函数从模型列、数据列计算均方根误差、R^2、斜率、p 值：

```
library(modelr)
by_region %>%
  mutate(rmse = map2_dbl(model, data, rmse),
         rsq = map2_dbl(model, data, rsquare),
         slope = map_dbl(model, ~ coef(.x)[[2]]),
         pval = map_dbl(model, ~ glance(.x)$p.value))

## # A tibble: 31 x 7
##    Region         data model   rmse   rsq slope     pval
##    <chr>  <list<tibble[,6]>> <list> <dbl> <dbl> <dbl>    <dbl>
##  1 安徽           [17 x 6] <lm>   185. 0.998 0.327 2.36e-22
##  2 北京           [17 x 6] <lm>  2005. 0.975 0.392 1.71e-13
##  3 福建           [17 x 6] <lm>   415. 0.996 0.287 2.20e-19
##  4 甘肃           [17 x 6] <lm>   600. 0.976 0.448 1.55e-13
##  5 广东           [17 x 6] <lm>   592. 0.994 0.417 2.40e-18
##  6 广西           [17 x 6] <lm>   270. 0.996 0.433 9.88e-20
## # ... with 25 more rows
```

也可以配合 **broom** 包的函数 `tidy()`、`glance()`、`augment()` 批量、整洁地提取模型结果，这些结果仍是嵌套的列表列，若要完整地显示出来，需要借助 `unnest()` 函数解除嵌套。

批量提取模型系数估计及其统计量，代码如下：

```
by_region %>%
  mutate(result = map(model, tidy)) %>%
  select(Region, result) %>%
  unnest(result)
```

```
## # A tibble: 62 x 6
##   Region term          estimate std.error statistic  p.value
##   <chr>  <chr>            <dbl>     <dbl>     <dbl>    <dbl>
## 1 安徽   (Intercept)      942.      89.4      10.5  2.47e- 8
## 2 安徽   gdpPercap        0.327   0.00340      96.2  2.36e-22
## 3 北京   (Intercept)    -3824.     1301.       -2.94 1.01e- 2
## 4 北京   gdpPercap        0.392    0.0160      24.4  1.71e-13
## 5 福建   (Intercept)     1502.     214.        7.01  4.21e- 6
## 6 福建   gdpPercap        0.287   0.00471      60.9  2.20e-19
## # ... with 56 more rows
```

批量提取模型诊断信息，代码如下：

```
by_region %>%
  mutate(result = map(model, glance)) %>%
  select(Region, result) %>%
  unnest(result)
```

```
## # A tibble: 31 x 13
##   Region r.squared adj.r.squared sigma statistic  p.value    df logLik   AIC
##   <chr>     <dbl>         <dbl> <dbl>     <dbl>    <dbl> <dbl>  <dbl> <dbl>
## 1 安徽      0.998         0.998  197.     9260. 2.36e-22     1  -113.  232.
## 2 北京      0.975         0.974 2134.      597. 1.71e-13     1  -153.  313.
## 3 福建      0.996         0.996  441.     3713. 2.20e-19     1  -127.  259.
## 4 甘肃      0.976         0.974  638.      605. 1.55e-13     1  -133.  272.
## 5 广东      0.994         0.994  630.     2696. 2.40e-18     1  -133.  271.
## 6 广西      0.996         0.996  287.     4133. 9.88e-20     1  -119.  245.
## # ... with 25 more rows, and 4 more variables: BIC <dbl>, deviance <dbl>,
## #   df.residual <int>, nobs <int>
```

批量增加预测值列、残差列等，代码如下：

```
by_region %>%
  mutate(result = map(model, augment)) %>%
  select(Region, result) %>%
  unnest(result)
```

```
## # A tibble: 527 x 9
##   Region Consumption gdpPercap .fitted .resid  .hat .sigma  .cooksd
##   <chr>        <dbl>     <dbl>   <dbl>  <dbl> <dbl>  <dbl>    <dbl>
## 1 安徽         2739      5716.   2811.  -72.5 0.140   203. 0.0128
## 2 安徽         2988      6230.   2980.   8.49 0.135   204. 0.000167
## 3 安徽         3312      6990.   3228.   84.0 0.128   203. 0.0153
## 4 安徽         3707      8236.   3635.   71.7 0.117   203. 0.00991
## 5 安徽         3870      9274.   3975. -105.  0.109   202. 0.0194
## 6 安徽         4409     10639.   4421.  -12.2 0.0986  204. 0.000232
## # ... with 521 more rows, and 1 more variable: .std.resid <dbl>
```

2. 利用 dplyr 包的 rowwise 技术

dplyr 包的 rowwise（按行方式）可以理解为一种特殊的分组：将每一行作为一组。

若对 ecostats 数据框用 nest_by() 函数做嵌套就得到 rowwise 类型的嵌套数据框：

```
by_region = ecostats %>%
  nest_by(Region)
by_region
```

```
## # A tibble: 31 x 2
## # Rowwise:  Region
##   Region             data
##   <chr>  <list<tibble[,6]>>
## 1 安徽          [17 x 6]
## 2 北京          [17 x 6]
## 3 福建          [17 x 6]
## 4 甘肃          [17 x 6]
## 5 广东          [17 x 6]
```

```
##  6 广西                    [17 x 6]
## # ... with 21 more rows
```

注意，这里多了 Rowwise: Region 信息。

一个地区的数据占一行，rowwise 式的逻辑，就是按行操作数据，正好适合逐行地对每个嵌套的数据框建模和提取模型信息。

这些操作是与 mutate() 和 summarise() 函数连用来实现，前者会保持 rowwise 模式，但需要计算结果的行数保持不变；后者相当于对每行结果做汇总，结果行数可变（变多），不再具有 rowwise 模式。

```
by_region = by_region %>%
  mutate(model = list(lm(Consumption ~ gdpPercap, data)))
by_region

## # A tibble: 31 x 3
## # Rowwise:  Region
##   Region                   data model
##   <chr>    <list<tibble[,6]>> <list>
## 1 安徽               [17 x  6] <lm>
## 2 北京               [17 x  6] <lm>
## 3 福建               [17 x  6] <lm>
## 4 甘肃               [17 x  6] <lm>
## 5 广东               [17 x  6] <lm>
## 6 广西               [17 x  6] <lm>
## # ... with 25 more rows
```

下面结果与前文相同，故略过。

然后直接用 mutate() 函数修改列，从模型列、数据列计算均方根误差、R^2、斜率、p 值：

```
by_region %>%
  mutate(rmse = rmse(model, data),
         rsq = rsquare(model, data),
         slope = coef(model)[[2]],
         pval = glance(model)$p.value)
```

也可以配合 broom 包的函数 tidy()、glance()、augment() 批量、整洁地提取模型结果。

批量提取模型系数估计及其统计量，代码如下：

```
by_region %>%
  summarise(tidy(model))
```

批量提取模型诊断信息，代码如下：

```
by_region %>%
  summarise(glance(model))
```

批量增加预测值列、残差列等，代码如下：

```
by_region %>%
  summarise(augment(model))
```

rowwise 化方法的代码更简洁，但速度不如 "嵌套数据框 +purrr::map" 快。

3. （分组）滚动回归

金融时间序列数据分析中常用到滚动回归，这是滑窗迭代与批量建模的结合，即对数据框按时间窗口滑动，在各个滑动窗口批量地构建回归模型并提取模型结果。

滚动回归借助 slider 包很容易实现。下面看一个更进一步的案例：分组滚动回归。

stocks 股票数据是整洁的长表，但这里要做股票之间的线性回归，先进行长表变宽表，再根据日期列计算一个 season 列用于分组：

```
library(lubridate)
library(slider)
```

```
load("data/stocks.rda")
df = stocks %>%
  pivot_wider(names_from = Stock, values_from = Close) %>%
  mutate(season = quarter(Date))
df
## # A tibble: 251 x 5
##    Date       Google Amazon Apple season
##    <date>      <dbl>  <dbl> <dbl>  <int>
## 1 2017-01-03   786.   754.  116.       1
## 2 2017-01-04   787.   757.  116.       1
## 3 2017-01-05   794.   780.  117.       1
## 4 2017-01-06   806.   796.  118.       1
## 5 2017-01-09   807.   797.  119.       1
## 6 2017-01-10   805.   796.  119.       1
## # ... with 245 more rows
```

如图 3.53 所示，通过绘图结果可以看出，Amazon 与 Google 股票是大致符合线性关系的：

```
df %>%
  ggplot(aes(Amazon, Google)) +
  geom_line(color = "steelblue", size = 1.1)
```

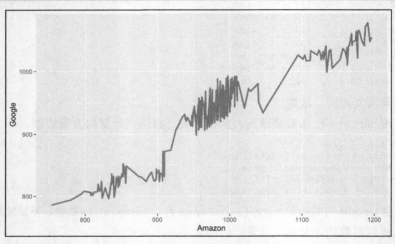

图 3.53　探索 Amazon 与 Google 股票之间的关系

因此，我们认为对这两只股票做滚动线性回归是合理的。为了演示分组滚动回归，我们再加入分组操作逻辑，分别对每个季度做五步滚动线性回归，这当然也离不开 slide() 滑窗迭代。

```
df_roll = df %>%
  group_by(season) %>%
  mutate(models = slide(cur_data(), ~ lm(Google ~ Amazon, .x),
                        .before = 2, .after = 2, .complete = TRUE)) %>%
  ungroup()
df_roll
## # A tibble: 251 x 6
##    Date       Google Amazon Apple season models
##    <date>      <dbl>  <dbl> <dbl>  <int> <list>
## 1 2017-01-03   786.   754.  116.       1 <NULL>
## 2 2017-01-04   787.   757.  116.       1 <NULL>
## 3 2017-01-05   794.   780.  117.       1 <lm>
## 4 2017-01-06   806.   796.  118.       1 <lm>
## 5 2017-01-09   807.   797.  119.       1 <lm>
## 6 2017-01-10   805.   796.  119.       1 <lm>
## # ... with 245 more rows
```

代码解释

（1）slide() 函数的第 1 个参数 cur_data() 是专门与 group_by() 函数搭配使用的，代表当前分组的数据框，要对它做滑窗，窗口大小用.before=2 和.after=2 控制，.complete=TRUE 表示只留完整窗口，忽略首尾宽度不够的窗口，为了保证窗口个数与数据框行数相同，将用 NULL 补齐。

（2）~ lm(Google ~ Amazon, .x)是用于每个滑动窗口的函数（purrr 公式写法），每个滑动窗口都对应一个 5 行的数据框，自变量.x 就对应该数据框，在该数据框上按公式 Google ~ Amazon 建立线性回归模型。

（3）原数据框有几行，就有几个滑窗数据框（包括 NULL），那就构建几个线性回归模型，所以正好作为一列赋给 models。

剩下的事情，就是从模型对象构成的列表列，提取想要的模型信息，比如回归系数、残差标准误、R^2 等。

这里采用前文 map + broom 包的整洁模型结果来提取，注意，需要先把 models 列首尾为 NULL 的行过滤掉。

```
df_roll %>%
  filter(!map_lgl(models, is.null)) %>%
  mutate(rsq = map_dbl(models, ~ glance(.x)$r.squared),
         sigma = map_dbl(models, ~ glance(.x)$sigma),
         slope = map_dbl(models, ~ tidy(.x)$estimate[2]))
## # A tibble: 235 x 9
##    Date       Google Amazon Apple season models    rsq sigma  slope
##    <date>      <dbl>  <dbl> <dbl>  <int> <list>  <dbl> <dbl>  <dbl>
## 1 2017-01-05   794.   780.  117.      1 <lm>   0.957  2.41  0.474
## 2 2017-01-06   806.   796.  118.      1 <lm>   0.953  2.22  0.503
## 3 2017-01-09   807.   797.  119.      1 <lm>   0.992  0.569 0.750
## 4 2017-01-10   805.   796.  119.      1 <lm>   0.0206 1.28  0.0212
## 5 2017-01-11   808.   799.  120.      1 <lm>   0.180  1.35  0.0543
## 6 2017-01-12   806.   814.  119.      1 <lm>   0.0709 1.78  0.0461
## # ... with 229 more rows
```

拓展学习

读者如果想进一步了解 R 语言可视化，建议大家阅读 Hadley 编写的 *ggplot2: Elegant Graphics for Data Analysis（3rd Edition）*，张杰编写的《R 语言数据可视化之美》、赵鹏等人编写的《R 语言数据可视化之美：专业图表绘制指南》，Chang W 编写的 *R Graphics Cookbook（2nd Edition）*，Carson Sievert 编写的 *Interactive web-based data visualization with R, plotly, and shiny*，2020 年 Rstudio 大会的 Data Visualization 专题研讨资料，以及 R 可视化样例网站（The R Graph Gallery）。

读者如果想进一步了解重抽样及整洁模型的结果，建议大家了解 rsample 包、broom 包、modelr 包文档及相关资源。

4 应用统计

前面章节涵盖了 R 语言的基本编程语法，本章将围绕应用统计、数据清洗、文档沟通方面展开。

R 语言就是因统计分析而生的编程语言，可以很方便地完成各种统计计算、统计模拟、统计建模等。

统计学是关于数据的科学，是一套有关数据收集整理（获取及预处理数据）、描述统计（汇总、图表描述）、分析推断（选择适当的统计方法研究数据，并从数据中提取有用信息进而得出结论）的方法。

先来理清几个概念。

（1）随机变量

当一件事情的结果无法预料时，就属于随机现象。表示随机现象的一组结果的变量就是随机变量。

比如，调查了 100 个人的身高，这 100 个身高的数据是身高这一随机变量的数据。并不是说这些身高值是不固定可变的，而是这 100 个身高值是一次调查的结果，再调查 100 个人就是另一组不同的 100 个身高值。

（2）概率分布

随机变量既然是随机的，还有必要研究它吗？有必要！因为把多个随机结果放在一起的时候，就能发现一定的规律性。比如 100 个人的身高可能对称地分布在 175cm 附近，和 175cm 相差越多，人数越少，即表现出一种正态分布规律性。

随机现象五花八门，但每一种随机现象表现出来的规律性是固定的，用数学语言表达出来就是概率分布。不同的概率分布就是不同随机现象规律性的数学描述。

同一种概率分布，也不尽相同，这是由不同参数值决定和区分的。比如对于正态分布 $N(\mu, \sigma^2)$，μ 和 σ 就是参数，它们只要取不同的值，就会获得不同的分布形状，例如：

```
library(tidyverse)
tibble(
  x = seq(-4,4,length.out = 100),
  `μ=0, σ=0.5` = dnorm(x, 0, 0.5),
  `μ=0, σ=1` = dnorm(x, 0, 1),
  `μ=0, σ=2` = dnorm(x, 0, 2),
  `μ=-2, σ=1` = dnorm(x, -2, 1)
) %>%
  pivot_longer(-x, names_to = "参数", values_to = "p(x)") %>%
  ggplot(aes(x, `p(x)`, color = 参数)) +
  geom_line()
```

当 μ 和 σ 取不同的数值时，所得到的结果如图 4.1 所示。

统计学常用到四大概率分布，即正态分布、t 分布、卡方分布、F 分布。

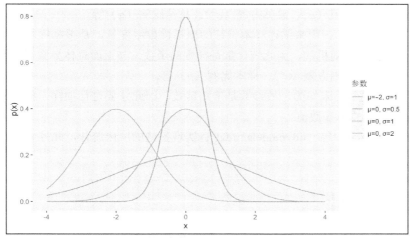

图 4.1 不同均值标准差对应的正态分布

（3）概率论与数理统计

概率论就是研究随机现象的规律性，即各种概率分布及性质的理论。因为数理统计所研究的数据是带有随机性的，所以就需要借助概率论中的概率分布理论加以描述和做出统计推断。因此，人们常说，概率论是数理统计的理论基础，数理统计是概率论的一种应用。

（4）区分数据类型

常见的数据类型可按图 4.2 所示的方式进行划分。

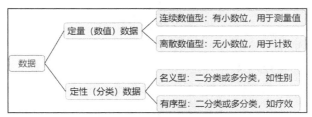

图 4.2 常见的数据类型

区分数据类型非常有必要，因为不同的数据类型适用的统计分析方法是不同的！

（5）总体和样本

- 总体（population）：包含所研究的全部个体（数据）的集合。
- 样本（sample）：从总体中抽取的一部分个体的集合，样本所包含的个体数目称为样本量。

抽样的目的是根据样本数据提供的信息推断总体的特征，或者说是用样本统计量推断总体参数。

例如，要研究哈尔滨市成年男性的身高，则所有哈尔滨市成年男性的身高数据就是总体，但实际上不可能把所有人的身高都测量一遍，只能是随机抽取一部分（比如 100 人），测得 100 人的身高数据就是样本，样本量是 100。

抽样调查结果的可靠性不在于样本数量大不大（当然也不能太少），更主要的是科学抽样，使样本足够代表总体。

身高数据大致服从正态分布，所有哈尔滨市成年男性身高的均值 μ 和标准差 σ，就是总体参数。用样本的 100 人的平均身高作为 μ 的估计值，就是用样本统计量来推断总体参数。

（6）参数与统计量

- 参数（parameter）：用来描述总体特征的概括性值，是研究者想要了解的总体的某种特征值，如总体均值（μ）、总体方差（σ^2）、总体比例（π）等。

- 统计量（statistic）：用来描述样本特征的概括性数字度量，是根据样本数据计算出来的量。由于抽样是随机的，因此统计量是样本的函数。与上面总体参数对应的统计量是样本均值（x）、样本方差（s^2）、样本比例（p）等。

由于总体数据通常是未知的，故参数是未知常数。因此才要进行抽样，根据样本计算出相应的统计量值来估计总体参数值。

本章主要使用 rstatix 包、tidymodels::infer 包实现整洁的应用统计，此外 easystats 生态系列也值得关注。

4.1 描述性统计

描述性统计主要是通过计算汇总统计量、绘制统计图来描述数据。

4.1.1 统计量

本节讨论的统计量是指样本统计量。

1. 数据位置的统计量

（1）均值（Mean）

均值用于度量数据分布的中心位置，计算公式如下：

$$\overline{x} = \frac{1}{n}\sum_{i=1}^{n} x_i$$

（2）中位数（Median）

中位数是位于最中间的那个数据，比中位数大和小的数据各占观测值的一半。先将数据从小到大排序为：$x_{(1)}, \cdots, x_{(n)}$，然后计算中位数，计算公式如下：

$$x_{0.5} = \begin{cases} x_{\frac{n+1}{2}} & ,n为奇数 \\ \frac{1}{2}[x_{(n/2)} + x_{(n/2+1)}] & ,n为偶数 \end{cases}$$

中位数的优点是具有稳健性，即不受个别极端数据的影响。一般来说，正态分布的数据用均值描述，偏态分布的数据最好是用中位数描述。比如，人均工资是经过平均计算获得的，中位数工资才是更合适的中间收入。

（3）分位数（Quantile）

中位数是 0.5 分位数，即位于 0.5 位置的数。

0.25 分位数，称为下四分位数（Q1），是位于 0.25 那个位置的数，即比它小的数占比是 0.25，比它大的数占比是 0.75。同理，0.75 分位数，称为上四分位数（Q3）。

更一般地，p 分位数，是位于 p 位置的数，即比它小的数占比是 p，比它大的数占比是 $1-p$。或者说有 np 的数比它小，有 $n(1-p)$ 的数比它大。

（4）众数（Mode）

众数是观测值中出现次数最多的数，对应分布的最高峰。众数常用于分类数据，即出现频数最高的值。

计算数据位置的统计量，可使用以下函数。

- `mean(x)`：计算数值向量 x 的均值。
- `median(x)`：计算数值向量 x 的中位数。
- `quantile(x, p)`：计算数值向量 x 的 p 分位数。
- `rstatix::get_mode(x)`：计算向量 x 的众数。

2. 数据分散程度的统计量

（1）极差（Range）

极差就是数据中的最大值和最小值之差。

（2）四分位距（Interquartile range）

四分位距是上下四分位数之差，计算公式如下：

$$IQR = Q3 - Q1$$

（3）样本方差（Variance）

$$s^2 = \frac{1}{n-1} \sum_{i=1}^{n} |x_i - \bar{x}|^2$$

注意，分母除的是 $n-1$，这是为了保证用样本方差估计总体方差时，得到的是无偏估计。

这个 $n-1$ 也是自由度，在统计学中，几乎所有方法、所有统计量都会涉及自由度。自由度是计算样本统计量时能够自由取值的数值的个数。

对于总体方差公式（除以 n），是 n 个样本自由地从总体里抽取。但是样本方差公式时多了一个约束条件，它们的和除以 n 必须等于样本均值 x，所以自由度 n 减去 1 个约束条件对自由度的损失，等于 $n-1$。

不同统计方法的自由度不一样，但基本原则是每估计 1 个参数，就需要消耗 1 个自由度。以回归分析为例，若有 m 个自变量，则需要估计 $m+1$ 个参数（包含截距项）。那么模型的 F 检验用到的自由度是 $n-(m+1)$，这意味着只剩下 $n-(m+1)$ 个可以自由取值的数值用来估计模型误差。

（4）样本标准差（Standard Deviation）

样本方差的平方根即为标准差 s，标准差的量纲与原数据一致。

（5）变异系数（Coefficient of Variation）

变异系数是标准差占均值的百分比，可用于比较不同量纲数据的分散性，其计算公式如下：

$$c_v = \frac{s}{\bar{x}} (\%)$$

对于该统计量的 R 实现如下。

- `max(x)-min(x)`：计算数值向量 x 的极差。
- `IQR(x)`：计算数值向量 x 的四分位距。
- `var(x)`：计算数值向量 x 的样本方差。
- `sd(x)`：计算数值向量 x 的样本标准差。
- `100*sd(x)/mean(x)`：计算数值向量 x 的变异系数。

3. 数据分布形状的统计量

（1）偏度（Skewness）

偏度是用于刻画数据是否对称的指标，其计算公式如下：

$$SK = \frac{n}{(n-1)(n-2)} \sum_{i=1}^{n} (\frac{x_i - \overline{x}}{s})^3$$

偏度有三种类型，如图 4.3 所示。

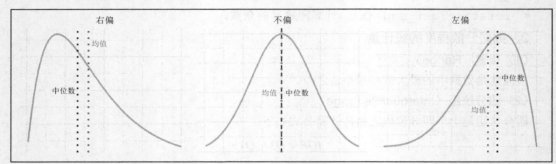

图 4.3   数据的三种偏度

均值对称的数据不偏，其偏度为 0；右拖尾的数据是右偏，其偏度为正；左拖尾的数据是左偏，其偏度为负。

（2）峰度（Kurtosis）

峰度是用于刻画数据是否尖峰的指标，其计算公式如下：

$$K = \frac{n(n+1)}{(n-1)(n-2)(n-3)} \sum_{i=1}^{n} (\frac{x_i - \overline{x}}{s})^4 - \frac{3(n-1)^2}{(n-2)(n-3)}$$

峰度以标准正态分布为基准，标准正态分布的峰度为 0；尖峰薄尾的分布峰度为正；平峰厚尾的分布峰度为负。

datawizard 包提供了 skewness() 和 kurtosis() 函数分别用于计算偏度和峰度。

实际上很多包提供了同时对多个变量进行（分组）描述汇总的函数，支持所有统计量。其中 tidy 风格的是 rstatix::get_summary_stats() 和 dlookr::describe()。我们以前者为例稍作演示：

```
library(rstatix)
iris %>%
  group_by(Species) %>%
  get_summary_stats(type = "full")
```

```
## # A tibble: 12 x 14
##   Species    variable        n    min    max  median      q1      q3    iqr    mad
##   <fct>      <chr>       <dbl>  <dbl>  <dbl>   <dbl>   <dbl>   <dbl>  <dbl>  <dbl>
## 1 setosa     Petal.Le~      50      1    1.9     1.5     1.4    1.58  0.175  0.148
## 2 setosa     Petal.Wi~      50    0.1    0.6     0.2     0.2     0.3    0.1   0
## 3 setosa     Sepal.Le~      50    4.3    5.8       5     4.8     5.2    0.4   0.297
## 4 setosa     Sepal.Wi~      50    2.3    4.4     3.4     3.2    3.68  0.475  0.371
## 5 versico~   Petal.Le~      50      3    5.1    4.35       4     4.6    0.6   0.519
## 6 versico~   Petal.Wi~      50      1    1.8     1.3     1.2     1.5    0.3   0.222
## # ... with 6 more rows, and 4 more variables: mean <dbl>, sd <dbl>,
## #   se <dbl>, ci <dbl>
```

4.1.2   统计图

描述统计是从不同方面对数据做了概要，想要进一步了解和探索数据，离不开绘制统计图。不同类型的数据，适用不同类型的统计图。

1.分类数据的统计图

(1)条形图(Bar)

条形图是比较常用的类别比较图,是用竖直(或水平)的条形展示分类变量的分布(频数),条形的高度代表频数。

对原始数据绘制条形图用 geom_bar() 函数;对汇总频数/频率的数据用 geom_col() 函数绘制条形图。简单条形图和堆叠条形图可参考 3.1 节,这里看一个稍微复杂一些的示例。

以 starwars 数据集 skin_color 绘制条形图为例,做了以下几件事。

- 用 fct_lump() 将频数小于或等于 5 的类别做了合并。
- 分组汇总,并计算各组的频数和频率。
- 绘制条形图,将分类变量 skin_color 按频率做了因子重排序,实现了对"条形"排序。
- 在条形旁边增加文字注释,标记该条形所占百分比。
- 翻转坐标轴,变成水平条形图。

上述操作对应的只实现如下所示。

```
df = starwars %>%
  mutate(skin_color = fct_lump(skin_color, n = 5)) %>%
  count(skin_color, sort = TRUE) %>%
  mutate(p = n / sum(n))
df
```

```
## # A tibble: 6 x 3
##   skin_color      n      p
##   <fct>       <int>  <dbl>
## 1 Other          41 0.471
## 2 fair           17 0.195
## 3 light          11 0.126
## 4 dark            6 0.0690
## 5 green           6 0.0690
## 6 grey            6 0.0690
```

```
ggplot(df, aes(fct_reorder(skin_color, p), p)) +
  geom_col(fill = "steelblue") +          # 同 geom_bar(stat = "identity")
  scale_y_continuous(labels = scales::percent) +
  labs(x = "皮肤颜色", y = "占比") +
  geom_text(aes(y = p + 0.04, label = str_c(round(p*100,1), "%")),
            size = 5, color = "red") +
  coord_flip()
```

结果如图 4.4 所示。

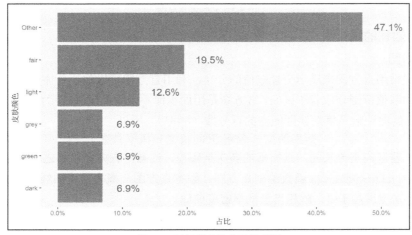

图 4.4 标记频率的水平条形图

（2）饼图（Pie）

饼图是用每个扇形的圆心角大小表示每部分所占的比例，注意饼图很难去精确比较不同部分的大小。

Hadley 认为饼图可以通过极坐标变换得到，因此没有提供绘制饼图的几何对象，另外从展示分类数据的角度来说，饼图也不是一个好的选择。

> **注意**：3.2 节提供了绘制饼图模板。

（3）克利夫兰点图（Cleveland Dot Plot）

克利夫兰点图适合展示多类别之间的比较：x 轴是分类变量，每一类对应一个类均值或频数（y 值），画一个圆点；并根据 y 值大小对 x 轴类别排序；通常需要再做一次坐标翻转。

以美国 2000 年以来的失业率数据为例，绘制克利夫兰点图，并添加横线（也可不加）（参见图 4.5）：

```
economics %>%
  group_by(year = lubridate::year(date)) %>%
  summarise(uempmed = mean(uempmed)) %>%
  filter(year >= 2000) %>%
  ggplot(aes(reorder(year, uempmed), uempmed)) +
  geom_point(size = 4, shape = 21,
             fill = "steelblue", color = "black") +
  geom_segment(aes(xend = ..x.., yend = 5)) +
  xlab("year") +
  coord_flip()
```

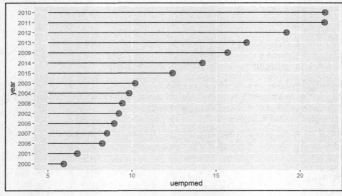

图 4.5　克利夫兰点图

2. 连续数据的统计图

（1）直方图

连续数据常用直方图来展示变量取值的分布，利用直方图可以估计总体的概率密度。

将变量的取值范围分成若干区间。直方图是用面积而不是用高度来表示数，总面积是 100%。每个区间矩形的面积恰是落在该区间内的百分数（频率），所以

$$矩形的高 = 频率/区间长度 = 概率密度$$

特别地，若区间是等长的，则矩形的高就是频率。注意：直方图矩形之间是没有间隔的。

用 geom_histogram() 函数绘制直方图。频率直方图与概率密度曲线正好搭配，因为频率直方图的条形宽度趋于 0，就相当于概率密度曲线。

若想绘制频数直方图和概率密度曲线，就需要对密度做一个放大，即条形宽度*样本数倍。

```
set.seed(123)
df = tibble(heights = rnorm(10000, 170, 2.5))
```

```
ggplot(df, aes(x = heights)) +
  geom_histogram(fill = "steelblue", color = "black", binwidth = 0.5) +
  stat_function(fun = ~ dnorm(.x, mean = 170, sd = 2.5) * 0.5 * 10000,
                color = "red")
```

结果如图 4.6 所示。

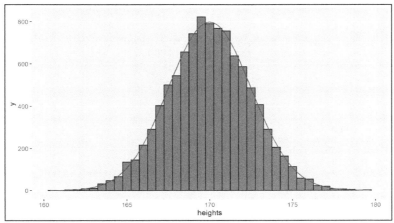

图 4.6 频数直方图添加概率密度曲线

若想在同一张图上叠加多个直方图，以对比分类变量不同水平的概率分布，更适合用 geom_freqpoly() 函数绘制频率多边形图；函数 geom_density() 可以绘制核密度估计曲线。

（2）箱线图

箱线图是在一条数轴上完成以下操作：

- 以数据的上下四分位数（Q1 和 Q3）为界画一个矩形盒子（中间 50% 的数据落在盒内）；
- 在数据的中位数位置画一条线段作为中位线；
- 默认延长线为盒长的 1.5 倍，延长线之外的点是异常值。

箱线图的主要应用就是剔除数据的异常值，判断数据的偏态和尾重，可视化组间差异。

用 geom_boxplot() 函数绘制箱线图，例如比较不同 drv 下 hwy 的组间差异，代码如下：

```
ggplot(mpg, aes(x = drv, y = hwy)) +
  geom_boxplot()
```

结果如图 4.7 所示。

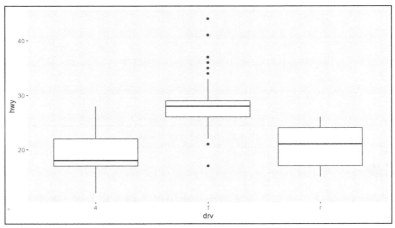

图 4.7 箱线图

若要将箱线图水平放置，只需再加上图层 coord_flip()。

再来看一个综合的均值线与误差棒图。以 ToothGrowth 数据集为例，先自定义分组汇总函数计算分组均值和标准误，代码如下：

```
my_summary = function(data, .summary_var, ...) {
  summary_var = enquo(.summary_var)
  data %>%
    group_by(...) %>%
    summarise(mean = mean(!!summary_var, na.rm = TRUE),
              sd = sd(!!summary_var, na.rm = TRUE),
    se = sd / sqrt(n()))
}
df = my_summary(ToothGrowth, len, supp, dose)
df

## # A tibble: 6 x 5
## # Groups:   supp [2]
##   supp  dose  mean    sd    se
##   <fct> <dbl> <dbl> <dbl> <dbl>
## 1 OJ      0.5 13.2   4.46 1.41
## 2 OJ      1   22.7   3.91 1.24
## 3 OJ      2   26.1   2.66 0.840
## 4 VC      0.5  7.98  2.75 0.869
## 5 VC      1   16.8   2.52 0.795
## 6 VC      2   26.1   4.80 1.52
```

```
pd = position_dodge(0.1)
ggplot(df, aes(dose, mean, color = supp, group = supp)) +
  geom_errorbar(aes(ymin = mean - se, ymax = mean + se),
                color = "black", width = 0.1, position = pd) +
  geom_line(position = pd) +
  geom_point(position = pd, size = 3, shape = 21, fill = "white") +
  xlab("剂量 (mg)") + ylab("牙齿生长") +
  scale_color_hue(name = "喂养类型", breaks = c("OJ", "VC"),
                  labels = c("橘子汁", "维生素 C"), l = 40) +
  scale_y_continuous(breaks = 0:20 * 5)
```

结果如图 4.8 所示。

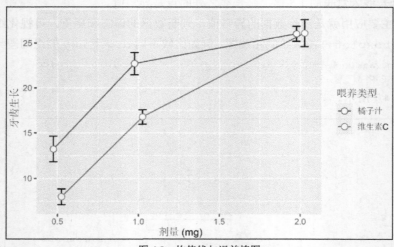

图 4.8　均值线与误差棒图

4.1.3　列联表

对分类变量做描述统计，通常是计算各水平值出现的频数和占比，得到列联表（交叉表）。以上操作可以用 table() 函数实现，但功能很弱，也不够简洁。

janitor 包提供了更强大的 tabyl() 函数，可以生成一个、两个、三个变量的列联表，再结合 adorn_*() 函数，可以很方便地按想要的格式添加行列的合计和占比等。

- 为一维列联表添加合计行，代码如下：

```
library(janitor)
mpg %>%
  tabyl(drv) %>%
  adorn_totals("row") %>%              # 添加合计行
  adorn_pct_formatting()               # 设置百分比格式

##     drv   n percent
##       4 103   44.0%
##       f 106   45.3%
##       r  25   10.7%
##   Total 234  100.0%
```

- 为二维列联表添加列占比和频数，代码如下：

```
mpg %>%
  tabyl(drv, cyl) %>%
  adorn_percentages("col") %>%         # 添加列占比
  adorn_pct_formatting(digits = 2) %>% # 设置百分比格式
  adorn_ns()                           # 添加频数

## drv         4              5             6             8
##   4 28.40% (23)    0.00%  (0) 40.51% (32) 68.57% (48)
##   f 71.60% (58)  100.00%  (4) 54.43% (43)  1.43%  (1)
##   r  0.00%  (0)    0.00%  (0)  5.06%  (4) 30.00% (21)
```

三维列联表是针对 3 个分类变量，结果就像多维数组的"分页"，在此不作详述。

另外，还有很多包能将描述性统计、回归模型的结果变成规范的表格样式，比较有代表性的是 modelsummary 包。实验设计（表）在科研、生产中应用广泛，各种常用的实验设计可以用 edibble 包实现。

4.2 参数估计

与总体有关的指标是参数；与样本有关的指标是统计量。统计推断的重要内容之一就是参数估计，即在抽样及抽样分布的基础上，根据样本统计量推断所关心的总体参数。

4.2.1 点估计与区间估计

参数估计主要有两种：点估计（准确，但不一定可靠）和区间估计（更可靠，但不太精确）。

点估计就是样本统计量。比如估计哈尔滨成年男性的平均身高，样本均值 175cm 就是点估计；有一定概率落在 172～178cm 之间，这就属于区间估计。

区间估计通常是指估计其 95%置信区间，即有 95%的把握认为该区间包含了总体参数，换句话说，如果抽样 100 次，该区间将有 95 次包含了总体参数。

置信区间越窄反映了参数估计的精确度越高，影响它的因素一是置信水平，置信水平越高，置信宽度越大；二是样本量，样本量越大置信宽度越小。

1. 用标准误计算置信区间

即使一个代表性非常好的样本，也是无法真正等同于总体的，总会存在一定的抽样误差。

什么是抽样误差？比如用 100 人的平均身高作为总体参数 μ 的估计，如果再随机抽样 100 人，又得到另一个平均身高；再随机抽样 100 人，又得到一个平均身高……做 10 次抽样，就可以计算出样本统计量，即 10 个平均身高和 10 个标准差。这 10 个平均身高也可以计算标准差，这就是标准误（样本统计量的标准差），它反映了样本统计量之间差别（抽样误差）的大小。

　　然而，实际上不可能多次抽样计算每个样本的统计量，再计算各个统计量之间的差异，而应该获取一个尽可能大的样本来计算标准误，具体方法是借助统计学家得到的计算公式[1]：

$$se = s/\sqrt{n}$$

其中，s 为样本标准差，n 为样本量。可见样本量越大，标准误越小。

　　标准误几乎在所有统计方法中都会出现，因为标准误的大小直接反映了抽样是否有足够的代表性，进而结果是否有足够的可靠性（可信度）。

　　由于抽样误差的存在，如果用样本统计量直接估计总体参数，肯定会有一定的偏差。所以在估计总体参数时需要考虑到这种偏差大小，即用置信区间（参数估计值±估计误差）来估计总体参数。

　　根据中心极限定理，从任何分布中抽样，只要样本量足够大，其统计量最终会服从正态分布。因此，估计误差通常用对应一定正态分位数的 Z 值再乘以表示抽样误差的标准误来表示。例如，95%置信区间一般表示为参数估计值 $\pm 1.96 \times$ 标准误。

　　不同样本统计量的标准差的计算过程不同，其标准误也不同。

　　均值的置信区间计算方式如下：

$$\bar{x} \pm Z_{\alpha/z} \times s/\sqrt{n}$$

若样本量较小，建议用相应 t 值代替 Z 值。

　　由于比例 P 的标准差为 $\sqrt{p(1-p)}$，故比例的置信区间为：

$$\hat{p} \pm \sqrt{\frac{\hat{p}(1-\hat{p})}{n}}$$

注意：对于以上两式，若已知容许误差，令第 2 项小于容许误差并反解出 n，就得到了确定的样本量。

---

2. Bootstrap 法估计置信区间

　　上述传统方法依赖于中心极限定理，要求大样本近似正态分布，统计量有计算公式。对于某些抽样分布未知或难以计算的统计量，想要根据一个样本研究抽样样本变化带来的变异，就需要 Bootstrap（自助）重抽样法。

　　手工实现 Bootstrap 法极其麻烦，但特别适合用计算机实现，已广泛用于统计推断（点估计、置信区间、假设检验）、回归模型诊断以及机器学习等。

　　Bootstrap 法的基本思想是：样本是从总体中随机抽取的，则样本包含总体的全部信息，那么不妨就把该样本视为"总体"，进行多次有放回抽样生成一系列经验样本，再对每个经验样本计算统计量，就可以得到统计量的分布，进而用于统计推断。

　　可以证明，在初始样本量足够大且是从总体中随机抽取的情况下，bootstrap 抽样能够无偏接近总体的分布。

　　以 Bootstrap 法估计统计量的置信区间，其基本步骤如下：

- 从原始样本中有放回地随机抽取 n 个构成子样本；
- 对子样本计算想要的统计量；
- 重复前两步 K 次，得到 K 个统计量的估计值；
- 根据 K 个估计值获得统计量的分布，并计算置信区间。

　　来自 tidymodels 系列的 infer 包提供了统一的、简洁的统计推断工作流（如图4.9所示），

---

① 在计算具体的标准误时，真正需要的可能是某些真实值或来自总体的值。若无法得到上述值，通常是用它们所对应的样本估计值来代替，某些估计值要保证其能作为代替，可能离不开一些模型假定（理论保证）。

涉及的主要函数如下所示。

- `specify()`：设定感兴趣的变量或变量关系。
- `hypothesize()`：设定零假设。
- `generate()`：基于零假设生成数据。
- `calculate()`：根据上述数据，计算统计量的分布。
- `visualize()`：可视化。

另外，infer 包还提供获取、绘制 p 值和置信区间的函数。

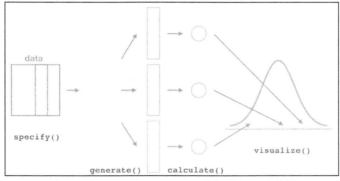

图 4.9　用 infer 包实现 Bootstrap 置信区间的一般流程

下面看一个例子，假设从某学校随机抽样了 20 名学生的身高，想要估计该学校所有学生的身高。

- 计算基于标准误的置信区间

```
df = tibble(
  height = c(167,155,166,161,168,163,179,164,178,156,
             161,163,168,163,163,169,162,174,172,172))
mu = mean(df$height)                    # 点估计：样本均值
mu
```

```
## [1] 166.2
```

```
se = sd(df$height) / sqrt(nrow(df))    # 标准误
mu + c(-1,1) * qnorm(1-0.05/2) * se    # 基于标准误的置信区间
```

```
## [1] 163.3682 169.0318
```

- 计算基于 Bootstrap 法的置信区间

```
library(infer)
boot_means = df %>%
  specify(response = height) %>%
  generate(reps = 1000, type = "bootstrap") %>%   # 1000 次 bootstrap
  calculate(stat = "mean")                         # 计算统计量：样本均值
boot_means
```

```
## Response: height (numeric)
## # A tibble: 1,000 x 2
##    replicate  stat
##        <int> <dbl>
## 1          1  166.
## 2          2  168.
## 3          3  167.
## 4          4  165.
## 5          5  165.
## 6          6  168.
## # ... with 994 more rows
```

```
boot_ci = boot_means %>%
  get_ci(level = 0.95, type = "percentile")        # bootstrap 置信区间
boot_ci
```

```
## # A tibble: 1 x 2
##   lower_ci upper_ci
```

```
##        <dbl>    <dbl>
## 1      164.     169.
```

```
visualize(boot_means) +
  shade_ci(endpoints = boot_ci)                          # 可视化
```

结果如图 4.10 所示。

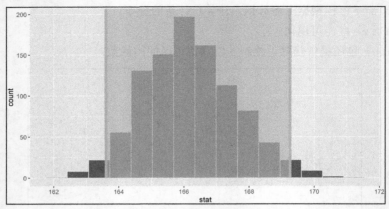

图 4.10 可视化 Bootstrap 置信区间

这里只是阐述 `bootstrap` 法估计统计量和置信区间的基本用法，更多案例可参阅 `infer` 包 Vignettes。

4.2.2 最小二乘估计

最小二乘估计（Ordinary Least Squares，OLS）常用于估计线性回归、曲线拟合的参数，其思想是让实际值与模型预测值的总偏离达到最小，从而得到最优的模型参数估计值。

下面用一元线性回归来阐述。设有 n 组样本点 (x_i, y_i) 其中 $i = 1, \cdots, n$，比如有 10 组（$n = 10$）广告费用与销售额的数据，那么绘制散点图的代码如下：

```
sales = tibble(
  cost = c(30,40,40,50,60,70,70,70,80,90),
  sale = c(143.5,192.2,204.7,266,318.2,457,333.8,312.1,386.4,503.9))
ggplot(sales, aes(cost, sale)) +
  geom_point()
```

结果如图 4.11 所示。

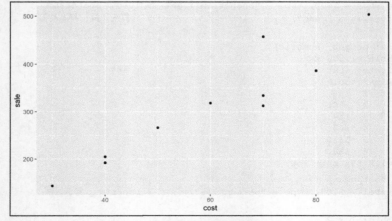

图 4.11 广告费用与销售额的散点图

由图 4.10 可见，这些散点大致在一条直线上，一元线性回归就是寻找一条直线，使得直线与这些散点拟合程度最好（即散点越接近直线越好），如图 4.12 所示。

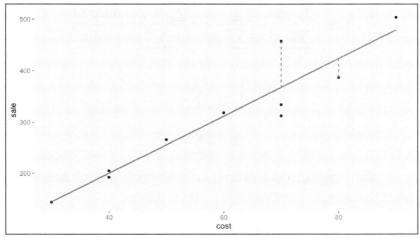

图 4.12 散点到拟合直线的距离

比如画这样一条直线，一元线性回归模型方程可写为：

$$y = \beta_0 + \beta_1 x$$

其中，β_0 和 β_1 为待定参数，目标是找到样本点最接近的直线对应的 β_0 和 β_1。那么，怎么刻画这种"最接近"？

$\hat{y}_i = \beta_0 + \beta_1 x_i$ 是与横轴 x_i 对应的直线上的点的纵坐标（模型预测值），它与样本点 x_i 对应的真实值 y_i 之差，就是预测误差（虚线长度）：

$$\varepsilon_i = \left| y_i - \hat{y}_i \right|, \quad i = 1, \cdots, n$$

以上公式适合描述散点到直线的"接近程度"，但描述绝对值时不容易计算，改用以下公式：

$$\varepsilon_i^2 = (y_i - \hat{y}_i)^2, \quad i = 1, \cdots, n$$

我们需要让所有散点总体上最接近该直线，故需要让总的预测误差 J 最小，J 的计算公式如下：

$$J(\beta_0, \beta_1) = \sum_{i=1}^{n} (y_i - \hat{y}_i)^2 = \sum_{i=1}^{n} [y_i - (\beta_0 + \beta_1 x_i)]^2$$

于是问题转化为优化问题：

$$\underset{\beta_0, \beta_1}{\operatorname{argmin}} J(\beta_0, \beta_1) = \sum_{i=1}^{n} [y_i - (\beta_0 + \beta_1 x_i)]^2$$

其中，argmin 意思是求右式的值达到最小时所对应的参数 β_0 和 β_1，这就是"最小二乘法"，有着很直观的几何解释。

这是个求二元函数极小值问题。根据微积分知识，二元函数极值是在一阶偏导等于 0 点处取到：

$$\begin{cases} \dfrac{\partial J}{\partial \beta_0} = -2 \sum_{i=1}^{n} [y_i - \beta_0 - \beta_1 x_i] = 0 \\[3mm] \dfrac{\partial J}{\partial \beta_1} = -2 \sum_{i=1}^{n} [y_i - \beta_0 - \beta_1 x_i] x_i = 0 \end{cases}$$

解关于 β_0 和 β_1 的二元一次方程组，可得：

$$\begin{cases} \beta_0 = \overline{y} - \beta_1 \overline{x} \\ \beta_1 = \dfrac{\sum_{i=1}^{n} x_i y_i - \overline{y} \sum_{i=1}^{n} x_i}{\sum_{i=1}^{n} x_i^2 - \overline{x} \sum_{i=1}^{n} x_i} = \dfrac{\sum_{i=1}^{n} (x_i - \overline{x})(y_i - \overline{y})}{\sum_{i=1}^{n} (x_i - \overline{x})^2} \end{cases}$$

其中：

$$\begin{cases} \overline{x} = \dfrac{1}{n} \sum_{i=1}^{n} x_i \\ \overline{y} = \dfrac{1}{n} \sum_{i=1}^{n} y_i \end{cases}$$

更一般地，用最小二乘法估计多元线性回归、非线性回归（拟合）的待定参数，也是类似的，只需要将线性预测值改成模型预测值即可，具体公式如下：

$$\underset{\boldsymbol{\beta}}{\mathrm{argmin}}\, J(\boldsymbol{\beta}) = \sum_{i=1}^{n} [y_i - f(x_i, \boldsymbol{\beta})]^2$$

线性回归的最小二乘法估计可用 `lm()` 函数实现，非线性回归的最小二乘法估计可用 `nls()` 函数实现。

现有我国 2003-2019 年历年电影票房数据，针对这些数据绘制散点图，代码如下：

```
df = readxl::read_xlsx("data/历年累计票房.xlsx") %>%
  mutate(年份 = 年份 - 2002)
p = ggplot(df, aes(年份, 累计票房)) +
  geom_point(color = "red", size = 1.5) +
  labs(x = "年份（第几年）", y = "累计票房（亿元）")
p
```

结果如图 4.13 所示。

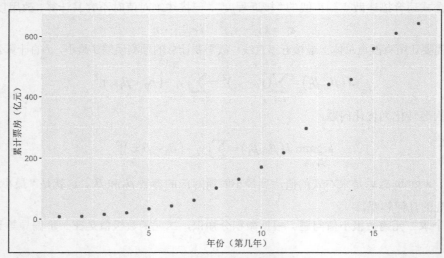

图 4.13 我国历年电影票房数据散点图

非线性回归的第一步是找到合适的模型函数。图 4.13 中的这些散点大致服从 Logistic 分布曲线，其公式如下：

$$N(t) = \frac{\varphi_1}{1 + \mathrm{e}^{-(\varphi_2 + \varphi_3 t)}}$$

我们想用 nls() 做非线性拟合，就要寻找最优的参数值 φ_1、φ_2、φ_3。

非线性拟合的算法非常依赖于参数初始值的选取，如果参数选取适当（离估计值不远），很快就能收敛到最优估计，否则迭代很可能无法收敛。

参数 φ_1 对应人口容纳量上限，大致为曲线的拐点值（目测约为 400）的 2 倍，一旦确定了 φ_1，则有如下公式：

$$\text{logit}\left(\frac{N(t)}{\varphi_1}\right) = \varphi_2 + \varphi_3 t$$

其中，$\text{logit}(p) = \ln\dfrac{p}{1-p}$ 称为 Logit 变换。于是，我们用 lm() 做线性回归即可得到 φ_2 和 φ_3 的估计值，代码如下：

```
lm.fit = lm(car::logit(累计票房 / 800) ~ 年份, df)
coef(lm.fit)

## (Intercept)        年份
##  -5.1446518   0.3913851
```

这样就得到了一组较好的参数初始值：$\varphi_1 = 800$，$\varphi_2 = -5.14$，$\varphi_3 = 0.39$。

接着就可以用 nls() 做非线性拟合，这里需要提供模型公式和初始参数值，代码如下：

```
log.fit = nls(累计票房 ~ phi1 / (1 + exp(-(phi2 + phi3 * 年份))),
              data = df,
              start = list(phi1 = 800, phi2 = -5.14, phi3 = 0.39))
coefs = coef(log.fit)
coefs

##        phi1        phi2        phi3
## 760.5771289  -5.4570682   0.4265685
```

根据所得模型，绘图看一下拟合效果，同时这也是已知函数表达式，绘制 ggplot 图形的方法，代码如下：

```
LogFit = function(x) coefs[1] / (1 + exp(-(coefs[2] + coefs[3] * x)))
p + geom_function(fun = LogFit, color = "steelblue", size = 1.2)
```

结果如图 4.14 所示。

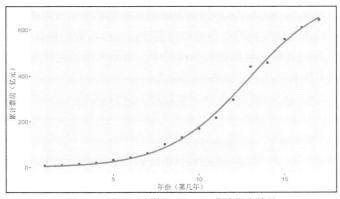

图 4.14　电影票房数据 Logistic 曲线拟合效果

注意：nls() 拟合依赖于初始值和 selfstart 设置，容易拟合失败，若拟合失败可以用 gslnls 包。

4.2.3　最大似然估计

先来介绍一下频率学派与贝叶斯学派，频率学派和贝叶斯学派对世界的认知有本质上的不同[①]，具体如下所示。

- 频率学派认为世界是确定的，有一个本体，这个本体的真值是不变的，我们的目标是要找到这个真值或真值所在的范围。
- 而贝叶斯学派认为世界是不确定的，人们对世界先有一个预判，而后通过观测数据对这个预判做调整，我们的目标是要找到描述这个世界的最优的概率分布。

在对数据建模时，用 θ 表示模型的参数，那么解决问题的本质就是求 θ。

- 频率学派认为：存在唯一的真值 θ。

比如抛一枚硬币 100 次，有 20 次正面朝上，要估计抛硬币正面朝上的概率，即伯努利分布的参数 $p = P(正)$。在频率学派看来，$p = 20/100 = 0.2$，简单直观。当抛硬币次数趋于无穷时，该方法能给出精确的估计；然而当次数不够多时，可能会产生严重的偏差。

- 贝叶斯学派认为：θ 是一个随机变量，符合一定的概率分布。

在贝叶斯学派里有两大输入和一大输出，输入是先验（prior）和似然（likelihood），输出是后验（posterior）。先验，即 $P(\theta)$，是指在没有观测到任何数据时对 θ 的预先判断。比如抛一枚硬币，一种可行的先验是认为该硬币有较大概率是均匀的；似然，即 $P(X|\theta)$，是假设 θ 已知后观察到的数据应该是什么样子的；后验，即 $P(\theta|X)$ 是最终的参数分布。贝叶斯估计的基础是贝叶斯公式，如下所示：

$$P(\theta|X) = \frac{P(X|\theta)P(\theta)}{P(X)}$$

同样是抛硬币，对一枚均匀硬币抛 5 次得到 5 次正面，如果先验认为该硬币大概率是均匀的，那么参数 p，即 $P(\theta|X)$ 是一个概率分布，最大值会介于 0.5～1 之间，而不是武断地认为 $p = 1$。

随着数据量的增加，参数分布会越来越向基于数据估计的参数靠拢，先验的影响力会越来越小；如果先验是均匀分布（本质上表示对事物没有任何预判），则贝叶斯方法等价于频率方法。

贝叶斯统计也越来越兴起，特别是出现了专门用于贝叶斯推断的 Stan 语言，其与 R 语言的接口是 rstan 包以及更方便的统计建模包 rstanarm、brms 和 tidybayes 等。

最大似然估计（Maximum Likelihood Estimation）是频率学派常用的方法，其思想是既然抽取到现在的样本数据，那么最优的模型参数应选择让这些样本数据最有可能出现的参数值。

比如，你和猎人同时开枪，结果是猎物被击中。用最大似然估计来解释即猎物是猎人打中的，而不是你打中的！因为猎人打中的概率比你大。

假设数据 $x_1, x_2, \cdots, x_n$ 是独立同分布的一组抽样，记为 $\mathbf{x} = (x_1, x_2, \cdots, x_n)$，则最大似然法估计参数 θ，可推导如下：

$$\begin{aligned}
\hat{\theta}_{\text{MLE}} &= \text{argmax} P(\mathbf{x}|\theta) \\
&= \text{argmax} P(x_1|\theta)P(x_2|\theta)\cdots P(x_n|\theta) \\
&= \text{argmax} \ln \prod_{i=1}^{n} P(x_i|\theta) \\
&= \text{argmax} \sum_{i=1}^{n} \ln P(x_i|\theta)
\end{aligned}$$

在上述推导过程中，第 1 行到第 2 行是由于独立同分布；第 2 行到第 3 行是由于 $\ln(\cdot)$ 单调

---

① 详情请参阅知乎网站上夏飞发布的"聊一聊机器学习的 MLE 和 MAP：最大似然估计和最大后验估计"一文。

递增，故做对数变换不影响求最大参数值。最后要优化的函数记为

$$\mathcal{L}(\boldsymbol{\theta}\,|\,X) = \sum_{i=1}^{n}\ln P(x_i\,|\,\boldsymbol{\theta})$$

以上函数称为对数似然函数，其中，$P(x_i\,|\,\boldsymbol{\theta})$ 为给定的 $\boldsymbol{\theta}$ 下出现 x_i 的概率（对于离散情形是概率，对于连续情形是概率密度）。

于是，最大似然估计的一般步骤是先推导出对数似然函数，再做最大化寻优即可。后一步可用自带的 optimize() 函数或者 maxLik 包中的 maxLik() 函数来实现。

- 离散情形，估计伯努利分布参数

例如已发生事件是抛 10 次硬币，出现 3 次正面，用最大似然法估计参数 $p = P(\text{正})$。

抛硬币服从伯努利分布，该事件发生的概率（似然函数）可表示为：

$$P(\mathrm{x}\,|\,p) = C_{10}^3\, p^3(1-p)^7$$

从而，对数似然函数为：

$$\mathcal{L}(p\,|\,\mathrm{x}) = \ln C_{10}^3 + 3\ln p + 7\ln(1-p)$$

注意，第一项是常数，不妨忽略掉它，不影响优化目标。对于上述公式，手动计算也很容易，但如果要用 maxLik 包实现，就要先定义对数似然函数：

```
loglik = function(p) 3 * log(p) + 7 * log(1-p)
```

再调用 maxLik() 函数，此时需传递对数似然函数，并提供迭代初始值：

```
library(maxLik)
m = maxLik(loglik, start = 0.5)
coef(m)        # 最优参数估计值
```

```
## [1] 0.3
```

```
stdEr(m)          # 估计的标准误
```

```
## [1] 0.1449182
```

不出所料，最优估计 $\hat{p} = 0.3$，也就是正面出现的频率！

- 连续情形，估计正态分布参数

离散情形，考虑的是单个点的概率。而对于连续情形，单个点的概率为 0，此时考虑包含点的任意小区间段的概率才有意义，也就是概率密度：

$$f\left(x_0\right) = \lim_{\delta \to 0}\frac{P\left(X \in \left[x_0 - \delta, x_0 + \delta\right]\right)}{2\delta}$$

下面以 mtcars$mpg 数据（n=32）为例，用最大似然法估计正态分布的参数 μ 和 σ^2，则该数据出现的概率（似然函数）为：

$$\begin{aligned}
f(\mathrm{x}\,|\,\mu,\sigma) &= \frac{1}{\sqrt{2\pi}\sigma}\exp[-\frac{1}{2\sigma^2}\left(x-\mu\right)^2] \\
&= \prod_{i=1}^{n}\frac{1}{\sqrt{2\pi}\sigma}\exp[-\frac{1}{2\sigma^2}\left(x_i-\mu\right)^2] \\
&= (2\pi)^{-n/2}(\sigma^2)^{-n/2}\exp\left[-\frac{1}{2\sigma^2}\sum_{i=1}^{n}(x_i-\mu)^2\right]
\end{aligned}$$

从而，对数似然函数为：

$$\mathcal{L}(\mu, \sigma \mid \mathbf{x}) = -\frac{n}{2}\ln(2\pi) - n\ln\sigma - \frac{1}{2\sigma^2}\sum_{i=1}^{n}(x_i - \mu)^2$$

同样忽略掉第一项常数，定义对数似然函数，再调用 maxLik() 寻优，代码如下：

```
loglik = function(theta) {
  mu = theta[1]
  sigma = theta[2]
  n = nrow(mtcars)
  - n*log(sigma) - 1 / (2*sigma^2) * sum((mtcars$mpg - mu)^2)
}
m = maxLik(loglik, start=c(mu=30, sigma=10))
coef(m)          # 最优参数估计值
```

```
##        mu      sigma
## 20.090624   5.932029
```

```
stdEr(m)          # 估计的标准误
```

```
##        mu      sigma
## 1.0485760   0.7443686
```

通过上述模型绘图，代码如下：

```
ggplot(mtcars, aes(mpg)) +
  geom_histogram(binwidth = 1, fill = "steelblue") +
  stat_function(fun = ~ dnorm(.x, mean = 20.09, sd = 5.93) * 32,
                color = "red", size = 1.2)
```

可视化的结果如图 4.15 所示。

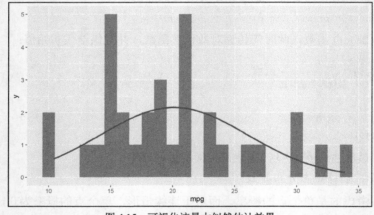

图 4.15　可视化该最大似然估计效果

实际上，正态分布两个参数的最大似然估计分别为：

$$\hat{\mu} = \bar{x}$$

$$\hat{\sigma}^2 = \frac{1}{n}\sum_{i=1}^{n}(x_i - \bar{x})^2$$

- 线性回归系数的最大似然估计

在真实数据中，一组 x 值对应的 y 观测值可以看作来自真实 y 值的一次抽样，因为 y 值可能受多种因素的影响，故可以假设任意一组 x 值对应的真实 y 值是服从正态分布的随机变量。

根据最大似然估计的思想，最优的回归系数就是让 y 观测值出现的概率最大时所对应的回归系数，公式如下：

$$y_i = \beta_0 + \beta_1 x_i + \varepsilon_i, i = 1, \cdots, n$$

其中，ε_i 为预测误差，即不能被线性模型刻画的部分。根据线性回归模型假设，ε_i 独立同分布于 $N(0, \sigma^2)$，否则说明数据不适合用线性回归模型建模。

根据正态分布的性质 $y_i \sim N\left(\beta_0 + \beta_1 x_i, \sigma^2\right)$，从而在 x_i 和 β 已知的条件下，y_i 的概率密度计算如下：

$$f(y_i \mid x_i, \beta) = \frac{1}{\sqrt{2\pi}\sigma} \exp\left(-\frac{[y_i - (\beta_0 + \beta_1 x_i)]^2}{2\sigma^2}\right), \ i = 1, \cdots, n$$

从而，所有 y 的观测数据出现的概率（似然函数）为：

$$\begin{aligned} f(\boldsymbol{y} \mid \boldsymbol{x}, \beta) &= \prod_{i=1}^{n} f(y_i \mid x_i, \beta) \\ &= \prod_{i=1}^{n}\left[\frac{1}{\sqrt{2\pi}\sigma} \exp\left(-\frac{[y_i - (\beta_0 + \beta_1 x_i)]^2}{2\sigma^2}\right)\right] \end{aligned}$$

于是，对数似然函数为：

$$\begin{aligned} \mathcal{L}(\beta_0, \beta_1 \mid \boldsymbol{x}) &= \ln(f(\boldsymbol{y} \mid \boldsymbol{x}, \beta)) \\ &= n\ln\left(\frac{1}{\sqrt{2\pi}\sigma}\right) - \sum_{i=1}^{n}\frac{[y_i - (\beta_0 + \beta_1 x_i)]^2}{2\sigma^2} \end{aligned}$$

注意，要做的是选取适当的 β_0 和 β_1 让上式达到最小值，公式的第一项以及第二项中的 $2\sigma^2$ 不起作用。故最大化该对数似然函数，就等价于：

$$\underset{\beta_0, \beta_1}{\operatorname{argmin}} \sum_{i=1}^{n}[y_i - (\beta_0 + \beta_1 x_i)]^2$$

这与最小二乘估计是等价的！

> **注意**：maxLik() 函数在进行优化时，默认是根据数据计算数值梯度（只适合简单问题）。若推导出梯度（甚至是 Hessian 矩阵）的解析式，并提供给相应参数，则估计速度更快，结果更稳定。

最大后验估计（MAP）

最大后验估计是贝叶斯学派常用的估计方法，同样假设数据 $x_1, x_2, \cdots, x_n$ 是独立同分布的一组抽样，记 $\mathbf{x} = (x_1, x_2, \cdots, x_n)$，则最大后验估计参数 $\boldsymbol{\theta}$ 的推导过程基于贝叶斯公式可得：

$$\begin{aligned} \hat{\boldsymbol{\theta}}_{\mathrm{MAP}} &= \operatorname{argmax} P(\boldsymbol{\theta} \mid \boldsymbol{x}) \\ &= \operatorname{argmax} \ln P(\boldsymbol{\theta} \mid \boldsymbol{x}) \\ &= \operatorname{argmax} \ln P(\boldsymbol{x} \mid \boldsymbol{\theta}) + \ln P(\boldsymbol{\theta}) - \ln P(\boldsymbol{x}) \\ &= \operatorname{argmax} \ln P(\boldsymbol{x} \mid \boldsymbol{\theta}) + \ln P(\boldsymbol{\theta}) \end{aligned}$$

可见，与最大似然估计的不同之处在于相差一个先验 $\ln(P(\boldsymbol{\theta}))$。有趣的是，若该先验是正态分布，则 MAP 等价于 MLE+L2 正则。

4.3 假设检验

4.3.1 假设检验原理

实际上，我们只能得到所抽取样本（部分）的统计结果，又想进一步推断总体（全部）的特征。但是这种推断必然有可能"犯错"，那"犯错"的概率为多少时，我们能接受这种推断呢？

为此，统计学家基于**小概率反证法思想**开发了假设检验这一统计方法进行统计检验。假设检验的基本逻辑是，如果原假设是真的，则检验统计量（样本数据的函数）将服从某概率分布，具体如下。

- 先提出原假设（也称为零假设），接着在原假设为真的前提下，基于样本数据计算出检验统计量值，与统计学家建立的这些统计量应服从的概率分布进行对比，就可以知道在百分之多少（P 值[①]）的机遇下会得到目前的结果。
- 若经比较后发现，出现该结果的概率（P 值）很小，就是基本不会发生的小概率事件；则可以有把握地说，这不是巧合，拒绝原假设是具有统计学上的意义的；否则就不能拒绝原假设。

关于原假设与备择假设，我们可以按以下方式理解。

- 原假设（H_0）：研究者想收集证据予以反对的假设。
- 备择假设（H_1）：研究者想收集证据予以支持的假设。

假设检验判断方法有 P 值法和临界值法。

以 t 检验为例，双侧检验：$H_0: \mu = \mu_0$，$H_1: \mu \neq \mu_0$。

- 在原假设 H_0 下，根据样本数据可计算出 t 统计量值 t_0。
- P值 $= P\{|t| \geq t_0\}$，表示 t_0 的双侧尾部的面积
- 若 $P < 0.05$（在双尾部分），则在 0.05 显著水平下拒绝原假设 H_0。

双侧、左侧、右侧检验示意图如图 4.16 所示。

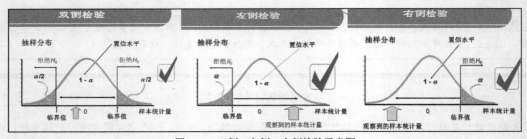

图 4.16　双侧、左侧、右侧检验示意图

临界值法以显著水平处的统计量值为界限，中间白色区域是接受域，两侧阴影部分是拒绝域，看统计量值 t_0 落在哪个部分来下结论。

左侧检验：$H_0: \mu \geq \mu_0$，$H_1: \mu < \mu_0$。

- 在原假设 H_0 下，根据样本数据计算出 t 统计量值 t_0。
- P值 $= P\{t \leq t_0\}$ 表示 t_0 的左侧尾部的面积。
- 若 $P < 0.05$（在左尾部分），则在 0.05 显著水平下拒绝原假设 H_0。

右侧检验：$H_0: \mu \leq \mu_0$，$H_1: \mu > \mu_0$。

- 在原假设 H_0 下，根据样本数据计算出 t 统计量值 t_0。
- P值 $= P\{t \geq t_0\}$，表示 t_0 的右侧尾部的面积。
- 若 $P < 0.05$（在右尾部分），则在 0.05 显著水平下拒绝原假设 H_0。

① 假设检验的 P 值，是在 H_0 为真时根据检验统计量服从的理论概率分布计算的，衡量的是在原假设 H_0 下出现当前观测结果可能性的大小。

1．假设检验的两类错误

Ⅰ**型错误**：在原假设 H_0 为真时，仍然有可能得到检验统计量的 P 值很小，因此拒绝了 H_0。这就犯了Ⅰ型错误，犯Ⅰ型错误的概率用 α 表示（一般设为 0.05）。显然，犯Ⅰ型错误的概率等于显著水平[①]，若要减小它，只需要减小显著水平，比如减小到 0.01。

Ⅱ**型错误**：在备择假设为真时，但由于种种原因（抽样运气不好、样本量不够等）并没有拒绝原假设，这就犯了Ⅱ型错误，犯Ⅱ型错误的概率用 β 表示（一般设为 0.2）。

2．假设检验的功效

在备择假设为真时，拒绝原假设的概率，称为假设检验的功效（Power, 等于 $1-\beta$ ），它反映了你对研究结果的把握程度。

若备择假设为真，则拒绝原假设的概率应该是 100%，故假设检验的功效越大越好，通常要求不低于 80%。提高假设检验功效的一种可行办法是，增大样本量。一旦设定了显著水平（如 0.05）和功效（如 0.8），根据检验统计量就可以科学地计算出样本量。

用 pwr 包可以很方便地计算常用统计检验的功效或要达到某功效需要的样本量。以右侧 t 检验为例，pwr 包的使用方法如下：

```
library(pwr)
# 每组样本量 50, Cohen 效应量取值 0.5, 显著水平取值 0.05, 计算功效
pwr.t.test(n = 50, d = 0.5, sig.level = 0.05, alternative = "greater")
# Cohen 效应量取值 0.5, 显著水平取值 0.05, 功效取值 0.8, 计算每组样本量
pwr.t.test(power = 0.8, d = 0.5, sig.level = 0.05, alternative = "greater")
```

注意：若不用研究就知道差异应该很大，Cohen 效应量取值应大一些，比如 0.8。

4.3.2 基于理论的假设检验

基于理论的假设检验，可分为两类。

- 参数检验：要求样本来自的总体分布已知，对总体参数进行估计；优点是数据信息得以充分利用，统计分析效率高；缺点是对数据质量要求高、适用范围有限。

- 非参数检验：不依赖数据的总体分布，也不对总体参数进行推断；优点是不受总体分布限制，适用范围广，对数据质量要求不高；缺点是检验功效相对较低，不能充分利用数据信息。

选择原则：首先考察是否满足参数检验的条件，若满足，则优先选用参数检验；若不满足，则只能采用非参数检验。

对于定量数据和定性数据适用的假设检验方法是不同的，常用的假设检验汇总情况如图 4.17 所示。

rstatix 包提供了一个与 tidyverse 设计哲学一致的简单且直观的管道友好型框架，可用于执行上述经典统计检验，该框架支持结合 group_by() 做分组检验，且将检验结果转化为整洁的数据框输出。

rstatix 包提供的常用的假设检验函数及分类如下。

- 比较均值
  - t_test()：适用于单样本、两独立样本、配对 t 检验。
  - wilcox_test()：适用于单样本、两独立样本、配对 Wilcoxon 检验。

---

① 因此，假设检验的显著水平可理解为，若原假设为真，拒绝原假设的概率。

- ◆ sign_test()：适用于单样本、两样本符号秩检验。
- ◆ anova_test()：适用于独立测量、重复测量、混合方差分析。
- ◆ kruskal_test()：适用于 **Kruskal-Wallis** 秩和检验。
- ◆ friedman_test()：适用于 **Friedman** 检验。

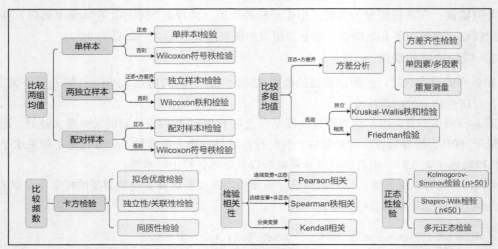

图 4.17　常用的假设检验汇总情况

- 比较比例
  - ◆ prop_test()：适用于单样本、两样本比例的 **z** 检验。
  - ◆ fisher_test()：适用于 **Fisher** 精确检验，适用于单元格频数<5 的情况。
  - ◆ chisq_test()：拟合优度、同质性、独立性卡方检验。
  - ◆ binom_test()/multinom_test()：精确二项/多项检验。
  - ◆ mcnemar_test()/cochran_qtest()：适用于 **McNemar** 卡方检验，对比两对或多对比例有无差异。
  - ◆ prop_trend_test()：适用于趋势卡方检验。
- 其他检验
  - ◆ shapiro_test()：检验一元正态性[1]。
  - ◆ mshapiro_test()：检验多元正态性。
  - ◆ levene_test()：检验方差齐性。
  - ◆ cor_test()：检验相关性。

使用一个假设检验，首先要明确其原假设和备择假设是什么；然后调用相应函数得到检验结果；最后解读结果。根据 **P** 值得到结论：若 $P<0.05$，则拒绝原假设，否则不能拒绝原假设。

1. 方差分析

方差分析是针对连续变量的参数检验，检验多个分组的均值有无差异，其中分组是按影响因素的不同水平值组合进行划分的。它是对总变异进行分解，看总变异由哪些部分组成，这些部分间的关系如何。

方差分析对数据的要求：满足正态性（各组分别来自正态总体）和方差齐性（各组方差相等），在这两个条件下，若各组有差异，则只可能是来自影响因素的不同水平。

---

① Kolmogorov-Smirnov 正态性检验可用 ks.test(x, "pnorm", mean=mean(x), sd=sd(x))实现。

方差分析可用于：

- 完全随机设计（单因素）、随机区组设计（双因素）、析因设计、拉丁方设计和正交设计等；
- 对两因素间交互作用差异进行显著性检验；
- 进行方差齐性检验。

方差分析假定每一个观测值都由若干部分累加而成，也即总的效应可分解为若干部分，每一部分都有特定含义，称为效应的可加性。根据效应的可加性，将总的离均差平方和分解成若干部分，每一部分都与某一种效应相对应。总自由度也被分成相应的各个部分，各部分的离均差平方除以各自的自由度得出各部分的均方（Mean Square），两个均方之比服从 F 分布。

以焦虑症的治疗疗效为例，一个因素是治疗方案，有两种治疗方案，即该因素有两个水平（治疗方案称为组间因子，因为每个患者只能被分配到一个组别中，没有患者同时接受两种治疗）；再考虑另一个因素治疗时间，也有两个水平：治疗 5 周和治疗 6 个月，同一患者在 5 周和 6 个月不止一次地被测量（两次），称为重复测量（治疗时间称为组内因子，因为每个患者在所有水平下都进行了测量）。

建立方差分析模型时，既要考虑两个因素治疗方案和治疗时间（主效应），又要考虑治疗方案和时间的交互影响（交互效应），这称为两因素混合模型方差分析。

当某个因素的各个水平下的因变量的均值呈现统计显著性差异时，必要时可作两两水平间的比较，这称为均值间的两两比较。

以 ToothGrowth 数据集为例，包含 60 只豚鼠的牙齿生长数据，有两种喂食方法：OJ、VC，各喂食剂量有 3 个水平：0.5mg、1mg、2mg，这样就分配为 6 组，每组各 10 只。

```
library(rstatix)
df = ToothGrowth %>%
  mutate(dose = factor(dose))
head(df, 3)

##    len supp dose
## 1  4.2   VC  0.5
## 2 11.5   VC  0.5
## 3  7.3   VC  0.5
```

牙齿长度（len）为因变量，关于喂食方法（supp）和剂量（dose）做两因素混合模型方差分析，其模型分解公式为：

$$总差异\, Y_{ijk} = 平均差异\, \mu + 因素1差异\, \alpha_i + 因素2差异\, \beta_j$$
$$+ 因素1,2交互作用差异\, \gamma_{ij} + 随机差异\, \varepsilon_{ijk}$$

下面先验证做方差分析的前提条件，再做两因素方差分析：

```
# 正态性检验(H0:正态)
shapiro_test(df, len)

## # A tibble: 1 x 3
##   variable statistic     p
##   <chr>        <dbl> <dbl>
## 1 len          0.967 0.109

# 检验方差齐性(H0:方差齐)
levene_test(df, len ~ supp * dose)

## # A tibble: 1 × 4
##     df1   df2 statistic     p
##   <int> <int>     <dbl> <dbl>
## 1     5    54      1.71 0.148
```

```
# 两因素混合模型方差分析
anova_test(df, len ~ supp * dose)
## ANOVA Table (type II tests)
##
##     Effect DFn DFd      F       p p<.05   ges
## 1     supp  1  54 15.572 2.31e-04     * 0.224
## 2     dose  2  54 92.000 4.05e-18     * 0.773
## 3 supp:dose  2  54  4.107 2.20e-02     * 0.132
```

在以上代码中，len ~ supp * dose 是设定模型公式，遵从 R 的 formula 语法，~左边是因变量，~右边是自变量公式，supp * dose 是 supp + dose + supp:dose 的简写，supp:dose 表示这两个变量的交互项。

可见，正态性和方差齐性均满足，方差分析结果的主效应 supp 和 dose 都非常显著（P 值都远小于 0.05），交互效应也显著（P 值 = 0.022<0.05），表明 supp 和 dose 的协同变化下的各组均值显著不同。若交互作用不显著，可以只做去掉交互效应的方差分析。

若要做 Tukey' HSD 组间的两两比较（多重比较），可参考以下代码及结果：

```
tukey_hsd(df, len ~ supp * dose)
## # A tibble: 19 x 9
##   term  group1 group2 null.value estimate conf.low conf.high    p.adj
## * <chr> <chr>  <chr>       <dbl>    <dbl>    <dbl>     <dbl>    <dbl>
## 1 supp  OJ     VC              0    -3.70    -5.58     -1.82  2.31e- 4
## 2 dose  0.5    1               0     9.13     6.36     11.9   3.55e-10
## 3 dose  0.5    2               0    15.5     12.7      18.3   4.38e-13
## 4 dose  1      2               0     6.37     3.60      9.13  2.71e- 6
## 5 supp~ OJ:0.5 VC:0.5          0    -5.25   -10.0      -0.452 2.43e- 2
## 6 supp~ OJ:0.5 OJ:1            0     9.47     4.67     14.3   4.61e- 6
## # ... with 13 more rows, and 1 more variable: p.adj.signif <chr>
```

方差分析要求观测之间相互独立，而重复测量数据是在分组因素之外，分别在组内不同的时间点上重复测量同一个体获得因变量的观测值，或者是通过重复测量同一个体的不同部位获得因变量的观测值。这就不再具有相互独立性，需要用专门的方法来处理，这个处理过程称为重复测量方差分析。

重复测量数据常用来分析因变量在不同时间点上的变化。分析前需要对重复测量数据之间是否存在相关性进行球形检验，若 P 值<0.05 则说明存在相关性，应该做重复测量方差分析。

重复测量方差分析的模型公式一般形式为：

$$Y \sim B*W + \text{Error}(\text{Subject}/W)$$

其中，B 为组间因子，W 为组内因子，Subject 为个体标记。

为了方便演示，我们给 df 增加 1 列 ID 为 1:10，并重复 6 次，相当于是一共是 10 只豚鼠，重复测量了 6 次牙齿长度，然后做重复测量方差分析。

```
df %>%
  mutate(ID = rep(1:10, 6)) %>%
  anova_test(len ~ supp * dose + Error(ID / (supp * dose)))
## ANOVA Table (type III tests)
##
## $ANOVA
##     Effect DFn DFd       F       p p<.05   ges
## 1     supp  1   9  34.866 2.28e-04     * 0.224
## 2     dose  2  18 106.470 1.06e-10     * 0.773
## 3 supp:dose  2  18   2.534 1.07e-01       0.132
##
## $`Mauchly's Test for Sphericity`
##     Effect     W     p p<.05
## 1     dose 0.807 0.425
```

```
## 2 supp:dose 0.934 0.761
##
## $`Sphericity Corrections`
##      Effect   GGe    DF[GG]  p[GG] p[GG]<.05    HFe     DF[HF]
## 1     dose 0.838 1.68, 15.09 2.79e-09        * 1.008 2.02, 18.15
## 2 supp:dose 0.938 1.88, 16.88 1.12e-01          1.176 2.35, 21.17
##      p[HF] p[HF]<.05
## 1 1.06e-10        *
## 2 1.07e-01
```

上述球形检验的结果表明，重复测量数据存在相关性，两个主效应都很显著，交互效应不显著。

注意：重复测量方差分析也要求满足方差齐性，若不满足，则可以考虑用 lme4::lmer() 拟合混合效应模型。

另外，bruceR 包整合了丰富的方差分析和结果的格式化文档输出。

2. 卡方检验

卡方检验是针对无序分类变量的非参数检验，其理论依据是实际观察频数 f_0 与理论频数 f_e（又称期望频数）之差的平方再除以理论频数所得的统计量，近似服从 χ^2 分布。

卡方检验一般用来检验无序分类变量的实际观察频数和理论频数分布之间是否存在显著差异，要求如下：

- 分类变量相互排斥，互不包容；
- 观测相互独立；
- 样本容量不宜太小，理论频数大于或等于 5，否则需要进行校正（合并单元格或校正卡方值）。

卡方检验常用于以下情况。

- 拟合优度检验：检验某连续变量的数据是否服从某种分布，检验某分类变量各类的出现概率是否等于指定概率。
- 独立性/关联性检验：检验两个分类变量是否相互独立。
- 同质性检验：检验两组频数是否来自同一总体，若是，则每一类出现的概率应该是差不多的；检验两种方法的结果是否一致，例如两种方法对同一批人进行诊断，其结果是否一致。

以检验 Titanic 船舱等级与是否生存之间是否相互独立为例，其原假设和备择假设是：

$$H_0:相互独立 \quad H_1:不相互独立$$

```
titanic = read_rds("data/titanic.rds")
tbl = titanic %>%
  janitor::tabyl(Survived, Pclass)
tbl

## Survived   1  2   3
##       No  80 97 372
##      Yes 136 87 119

rstatix::chisq_test(titanic$Survived, titanic$Pclass)

## # A tibble: 1 x 6
##       n statistic        p    df method           p.signif
## * <int>     <dbl>    <dbl> <int> <chr>            <chr>
## 1   891      103. 4.55e-23     2 Chi-square test  ****
```

P 值几乎等于 0，因此拒绝原假设，故结论是船舱等级与是否生存之间有关联。若要进一步比较各等级的船舱之间生存率是否有差异，可使用以下代码：

```
pairwise_prop_test(as.matrix(tbl[,-1]))

## # A tibble: 3 x 5
##   group1 group2        p   p.adj p.adj.signif
## * <chr>  <chr>     <dbl>   <dbl> <chr>
## 1 1      2      2.32e- 3 2.32e- 3 **
## 2 1      3      1.21e-22 3.64e-22 ****
## 3 2      3      1.22e- 8 2.45e- 8 ****
```

4.3.3　基于重排的假设检验

4.2.1 节讲到用 infer 包提供的工作流实现 Bootstrap 法估计置信区间，基本同样的工作流也适用于基于重排的假设检验（参见图 4.18），区别在于：

- 此时，多了一步用 hypothesize() 设定原假设；
- 重复生成数据的方法不是 Bootstrap 而是 permute。

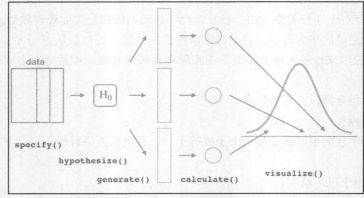

图 4.18　用 infer 包实现重排假设检验的一般流程

t 检验

t 检验是针对连续变量的参数检验，可用来检验"单样本均值与已知均值（单样本 t 检验）、两独立样本均值（独立样本 t 检验）、配对设计资料的均值（配对样本 t 检验）"是否存在差异。

t 检验适用于小样本量（比如样本数小于 60，大样本数据可以用 U 检验），并且要求数据满足正态性和方差齐性（方差相等）。若不满足可尝试变换数据，或改用 Wilcoxon 符号秩/秩和检验。

以检验电影中的爱情片与动作片的评分差异为例，数据集 movies_sample（来自 Chester Ismay 2018）是从 IMDb 随机抽样的 68 部电影（动作片或爱情片），先做分组汇总探索，代码如下所示：

```
load("data/movies_sample.rda")
movies_sample

## # A tibble: 68 x 4
##   title                 year rating genre
##   <chr>                <int>  <dbl> <chr>
## 1 Underworld            1985    3.1 Action
## 2 Love Affair           1932    6.3 Romance
## 3 Junglee               1961    6.8 Romance
## 4 Eversmile, New Jersey 1989    5   Romance
## 5 Search and Destroy    1979    4   Action
## 6 Secreto de Romelia, El 1988   4.9 Romance
## # ... with 62 more rows
```

```
movies_sample %>%
  group_by(genre) %>%
  summarise(n = n(), avg_rat = mean(rating), sd_rat = sd(rating))

## # A tibble: 2 x 4
##   genre       n avg_rat sd_rat
##   <chr>   <int>   <dbl>  <dbl>
## 1 Action     32    5.28   1.36
## 2 Romance    36    6.32   1.61
```

对于该样本,爱情片的平均评分为 6.32,动作片的平均评分为 5.28,二者之差为 1.04,这是真实差异的点估计。我们想知道,该差异能否用来推断总体(所有电影)情况,还是只是随机抽样的偶然因素造成的差异。

要回答该问题,先构造假设检验:

$$H_0 : \mu_r - \mu_a = 0 \quad H_1 : \mu_r - \mu_a \neq 0$$

在原假设 H_0 下,即假设爱情片与动作片的平均评分没有差别,用重排法生成 1000 个原样本的重抽样数据。重排法是不重复抽样,原数据是 68 个样本,每个重抽样数据仍是不重复的 68 个样本,假设(在原假设下)爱情片与动作片的平均评分没有差别,那就将 genre 列随机重排(shuffled),让每个电影评分随机地对应这些爱情片或动作片。

然后,对每个重排样本分别计算检验统计量,这里是均值差 $\hat{\mu}_r - \hat{\mu}_a$。这 1000 个统计量值就是在 H_0(随机抽样的偶然因素)下,产生的均值差异的分布,也称为零分布。那么,这 1000 个随机的统计量(均值差)中,有多少会比点估计值 1.04 更大呢?其占比不就是假设检验的 P 值吗?即在 H_0 假设下,有多大的概率会出现当前观测结果。

若该 P 值小于置信水平 0.05,则表明由随机抽样的偶然因素造成这样大的均值差异(1.04)是很罕见的,因此有理由拒绝相应的原假设。

下面给出基于 infer 包的实现。用参数 null 设定零假设,可选“point”(单样本)和“independence”(两样本);用重排法生成 1000 个模拟样本;用参数 stat 指定要计算的检验统计量,参数 order 用设定均值差的参数顺序:

```
library(infer)
null_distribution = movies_sample %>%
  specify(formula = rating ~ genre) %>%      # 响应变量~解释变量
  hypothesize(null = "independence") %>%
  generate(reps = 1000, type = "permute") %>%
  calculate(stat = "diff in means", order = c("Romance", "Action"))
null_distribution

## Response: rating (numeric)
## Explanatory: genre (factor)
## Null Hypothesis: independence
## # A tibble: 1,000 x 2
##   replicate    stat
##       <int>   <dbl>
## 1         1 -0.352
## 2         2  0.150
## 3         3  0.0497
## 4         4 -0.375
## 5         5 -0.552
## 6         6 -0.505
## # ... with 994 more rows
```

可视化零分布数据并标记点估计竖线及 P 值对应区域,代码如下:

```
visualize(null_distribution, bins = 15) +
  shade_p_value(obs_stat = tibble(stat = 1.047), direction = "both")
```

结果如图 4.19 所示。

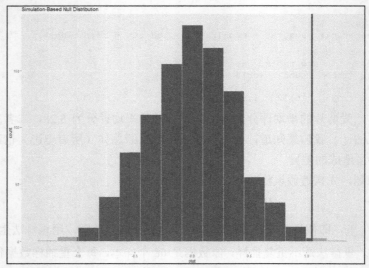

图 4.19　可视化重排假设检验 P 值

获取 P 值的代码如下：

```
null_distribution %>%    # 获取 P 值
  get_p_value(obs_stat = tibble(stat = 1.047), direction = "both")
## # A tibble: 1 x 1
##   p_value
##     <dbl>
## 1   0.006
```

由以上结果可知，P 值 = 0.006 < 0.05，故拒绝原假设，接受备择假设，即爱情片与动作片的平均评分是有统计学意义上的差异的。

这里只是阐述基于重排的假设检验的基本用法，更多案例可参阅 infer 包 Vignettes。

4.4　回归分析

回归分析（Regression Analysis）是统计学的核心算法，是计量模型和机器学习的最基本算法。

回归分析是确定两个或两个以上变量间相互依赖的定量关系的一种统计分析方法，具体是通过多组自变量和因变量的样本数据，拟合出最佳的函数关系。如果该关系是线性函数关系，就是线性回归。

计量模型和机器学习中的各种回归算法都可以看作对线性回归的扩展，分类算法也可以看作一种特殊的回归。

回归分析常用于：

- 探索现象/结果的影响因素主要有哪些；
- 影响因素对现象/结果是怎样影响的；
- 预测未来的现象/结果。

先总体解释一下对数据进行回归建模，任何对数据进行的回归建模，都可以抽象成如下表示。

设 y 为因变量数据，x 为自变量数据（可以是多维），设二者之间的真实（精确）关系为：

$$y = f(x)$$

该精确关系是不可能得到的，所谓回归建模只是试图去找到一种近似的关系来代替它：

$$\hat{f}(x) \approx f(x)$$

二者之差就是模型的残差：

$$\varepsilon = f(x) - \hat{f}(x)$$

我们总是希望把 y 与 x 的关系都留在模型部分：$\hat{f}(x)$，让残差部分不再含有这种关系，最好只是白噪声（即完全是随机误差，均值为 0，标准差相对于数据本身也不太大，且服从正态分布）：

$$\varepsilon \sim N(0, \sigma_\varepsilon^2)$$

如此便说明建模成功；否则，就是模型尚未提取出充分的模型关系（欠拟合）。

关于构建的模型关系 $\hat{f}(x)$，可以是简单的线性关系（线性回归），也可以是复杂的"黑箱"模型（神经网络、支持向量机等）。尽管无法得到精确的表达式，但该模型仍可以用于预测。

另外，回归建模的一个基本原则是在没有显著差异的情况下，优先选择更简单的模型。简单模型已足够充分建模，非要用更复杂的模型则会适得其反（过拟合），降低模型的泛化（预测）能力。

4.4.1 线性回归

1. 一元线性回归

一元线性回归模型只能对一个自变量与因变量之间的线性关系进行建模，其基本形式为：

$$y = \beta_0 + \beta_1 x$$

在 4.2.2 节中，我们已经探讨了一元线性回归以及用最小二乘估计法估计其最优的回归系数。接着把一元线性回归改写为矩阵形式，便于推广到多元线性回归。

一元线性回归的全部模型预测值可表示为：

$$\begin{bmatrix} \hat{y}_1 \\ \vdots \\ \hat{y}_n \end{bmatrix}_{n \times 1} = \begin{bmatrix} 1 & x_1 \\ \vdots & \vdots \\ 1 & x_n \end{bmatrix}_{n \times 2} \begin{bmatrix} \beta_0 \\ \beta_1 \end{bmatrix}_{2 \times 1}$$

记：

$$\hat{Y} = \begin{bmatrix} \hat{y}_1 \\ \vdots \\ \hat{y}_n \end{bmatrix}_{n \times 1}, \quad X = \begin{bmatrix} 1 & x_1 \\ \vdots & \vdots \\ 1 & x_n \end{bmatrix}_{n \times 2}, \quad \boldsymbol{\beta} = \begin{bmatrix} \beta_0 \\ \beta_1 \end{bmatrix}_{2 \times 1}$$

则矩阵形式表示为：

$$\hat{Y} = X\boldsymbol{\beta}$$

于是，让总的预测误差最小的"最小二乘法"优化问题就表示为：

$$\underset{\boldsymbol{\beta}}{\mathrm{argmin}}\, J(\boldsymbol{\beta}) = \| Y - \hat{Y} \|^2 = \| Y - X\boldsymbol{\beta} \|^2$$

其中，$\| \cdot \|$ 为向量的范数（长度）。同样地，$J(\boldsymbol{\beta})$ 的极小值在其一阶偏导值等于 0 处取到，按矩阵求导法则计算可得 $2X^T X\boldsymbol{\beta} - 2X^T Y = 0$。若 X 满秩，则 $X^T X$ 可逆，从而：

$$\boldsymbol{\beta} = (X^T X)^{-1} X^T Y$$

2. 多元线性回归

上述结果很容易推广到多元线性回归模型，它可以对多个自变量与因变量之间的线性关系建模，其基本形式为：

$$y = \beta_0 + \beta_1 x_1 + \cdots + \beta_m x_m$$

多元线性回归是找一个超平面，使该平面到各个散点的距离总和最小，如图 4.20 所示。

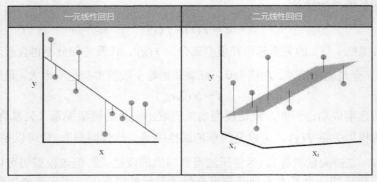

图 4.20　线性回归示意图

从 1 个自变量变成 m 个自变量，构造 $\boldsymbol{X}$ 矩阵时只需要按列堆放即可：

$$\boldsymbol{X} = \begin{bmatrix} 1 & x_1^{(1)} & \cdots & x_m^{(1)} \\ \vdots & \vdots & \ddots & \vdots \\ 1 & x_1^{(n)} & \cdots & x_m^{(n)} \end{bmatrix}$$

对应 m 个自变量，n 个样本，第 i 个样本为 $\left(x_1^{(i)}, \cdots, x_m^{(i)}, y_i\right)$，令：

$$\boldsymbol{\beta} = (\beta_0, \beta_1, \cdots, \beta_m)^T$$

则 $\hat{Y} = X\boldsymbol{\beta}$ 仍是用最小二乘法找到最优的回归系数，结果形式不变，如下所示：

$$\boldsymbol{\beta} = (X^T X)^{-1} X^T Y$$

上式称为正规方程法。该方法非常容易实现，准备好矩阵 X 和 Y，直接代入该正规方程，并做简单的矩阵计算，就能得到线性回归模型的最优回归系数。

4.4.2　回归诊断

线性回归模型的成功建模，依赖于如下假设。

（1）线性模型假设：$y = X\boldsymbol{\beta} + \varepsilon$。

（2）随机抽样假设：每个样本被抽到的概率相同且同分布。

（3）无完全共线性假设：X 满秩。

（4）严格外生性假设：$E(\varepsilon \mid X) = 0$。

（5）球形扰动项假设：$Var(\varepsilon \mid X) = \sigma^2 I_n$。

（6）正态性假设：$\varepsilon \mid X \sim N(0, \sigma^2 I_n)$。

其中，前三个假设是基础假设，严格外生性假设和球形扰动项假设分别保证了估计量的无偏性和有效性，最后一个正态性假设是为了进行统计推断做的额外假设。

- 当前四个假设成立时，估计量无偏。
- 当前五个假设成立时，估计量有效，是最优线性无偏估计量。
- 当所有假设都成立时，估计量是最优估计量。

线性回归要求残差满足正态性，即 $\varepsilon = y - X\boldsymbol{\beta} \sim N(0, \sigma^2)$，则 $y \sim N(X\boldsymbol{\beta}, \sigma^2)$。这说明线性回归通常要求因变量 y 近似服从正态分布。若 y 数据不满足正态性要求，可以考虑对 y 做变换，或

直接考虑广义线性模型。

线性回归模型建模是否成功，可不可以用于预测，还需要做模型检验。

1. 拟合优度检验

计算 R^2（也称为可决系数）反映了自变量所能解释的方差占总方差的百分比。分别将总平方和、回归平方和、残差平方和记为：

$$\mathrm{SST} = \sum_{i=1}^{n}(y_i - \overline{y})^2, \ \mathrm{SSR} = \sum_{i=1}^{n}(\hat{y}_i - \overline{y})^2, \ \mathrm{SSE} = \sum_{i=1}^{n}(y_i - \hat{y}_i)^2$$

则 R^2 定义为：

$$R^2 = \frac{\mathrm{SSR}}{\mathrm{SST}} = 1 - \frac{\mathrm{SSE}}{\mathrm{SST}}$$

R^2 值越大，说明模型拟合效果越好。对于数值变量的线性回归，通常可以认为当 $R^2 > 0.9$ 时，所得到的回归直线拟合得很好；而当 $R^2 < 0.5$ 时，所得到的回归直线很难说明变量之间的依赖关系。

R^2 未考虑自由度问题，为避免增加自变量数量而高估 R^2，选择调整的 R^2 是更合理的：

$$R_{adj}^2 = 1 - \frac{n-1}{n-p-1}(1-R^2)$$

其中，n 为样本数，p 为自变量个数。

2. 均方误差与均方根误差

均方误差计算公式如下：

$$\mathrm{MSE} = \frac{1}{n}\sum_{i=1}^{n}(y_i - \hat{y}_i)^2$$

均方根误差计算公式如下：

$$\mathrm{RMSE} = \sqrt{\frac{1}{n}\sum_{i=1}^{n}(y_i - \hat{y}_i)^2}$$

均方根误差刻画的是预测值与真实值平均偏离多少，是所有回归模型（包括机器学习中的回归算法）最常用的性能评估指标。

3. 残差检验

前文谈到回归建模成功与否的关键标志是残差是否为白噪声。

残差分类图如图 4.21 所示，其中只有图（a）说明模型是成功的，把模型部分都提取出来了；图（e）和图（f）属于模型本身有问题，没有把模型部分提取完全；图（b）说明数据有异常点，应处理掉异常点重新建模；图（c）中残差随 x 的增大而增大；图（d）中残差随 x 的增大而先增后减，两者都属于异方差。此时应该考虑在回归之前对数据 y 或 x 进行变换，实现方差稳定后再建模。原则上，当残差方差变化不太快时采用开根号变换 $\sqrt{y}$；当残差方差变化较快时取对数变换 $\ln y$；当残差方差变化很快时取逆变换 $1/y$；还有其他变换，如著名的 Box-Cox 变换或 Yeo-Johnson 变换（可应付负值），可将非正态分布数据变换为正态分布。

因此，用残差检验模型是否成功，就是对残差做正态性检验。也可以进一步考察学生化残差（可回避标准化残差的方差齐性假设）是否服从标准正态分布。

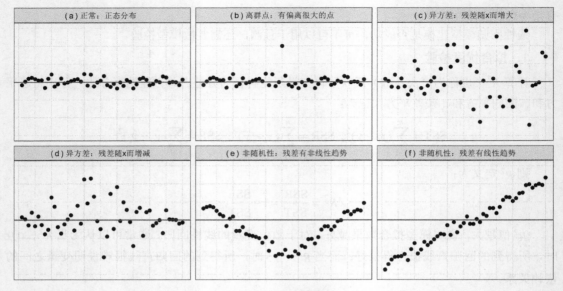

图 4.21　残差分类图

残差是白噪声，也表明不具有自相关性。可对残差做一阶自相关性 Durbin-Watson 检验：

H_0：残差不存在自相关（独立性）；H_1：残差是相关的。

检验统计量：

$$\text{DW} = \sum_{i=2}^{n} \frac{(\varepsilon_i - \varepsilon_{i-1})^2}{\text{SSE}}$$

DW 检验可以用 lmtest::dwtest()实现，DW 接近 0，表示残差中存在正自相关；DW 接近 4，表示残差中存在负自相关；DW 接近 2，表示残差不存在自相关。若残差存在自相关性，则需要考虑给模型增加自回归项。

线性回归的模型假设包括 $Var(\varepsilon \mid X) = \sigma^2 I_n$，即要求残差的方差是不随样本而变化的相同值 σ^2，否则就称为残差具有异方差性。异方差将导致回归系数的标准误估计错误，一种解决办法是估计异方差－稳健标准误。

检验残差的异方差性，可用 Breusch-Pagan 检验。若原假设是不存在异方差，则用 lmtest::bptest()实现；若残差存在异方差，则需要考虑对 y 做正态性变换。

4. 多重共线性

多元线性回归建模，若自变量数据之间存在较强的线性相关性，即存在多重共线性。

多重共线性，会导致回归模型不稳定，这样得到的回归模型，是伪回归模型，并不能反映自变量与因变量的真实影响关系。比如，真实模型关系是 $y = 2x_1 + 3x_2$，若 x_1 与 x_2 存在线性关系，如 $x_2 = 2x_1$，则建模成 $y = 4x_1 + 2x_2$，$y = 6x_1 + x_2$，$y = 8x_1$……都完全没有问题。

所以，多元线性回归建模，要做共线性诊断，先识别出多重共线性，再处理多重共线性，然后建模。这可以从线性相关系数、回归模型的方差膨胀因子 VIF（大于 10）来确定：

$$\text{VIF} = \frac{1}{1 - R_j^2}$$

它是 $Var(\hat{\beta}_j)$ 的决定性因子，其中 R_j 是第 j 个自变量与其余自变量之间的可决系数，R_j^2 越接近 1，说明该变量越能被其余变量所解释。

多重共线性的解决办法（任选其一）：

- 若两个自变量线性相关系数较大，则只用其中一个自变量；
- 用逐步回归剔除冗余的自变量，得到更稳健的回归模型；
- 用主成分回归，相当于对自变量进行重组（将线性相关性强的变量合成为主成分），再做线性回归；
- 利用正则化回归：岭回归、Lasso 回归、弹性网模型（岭回归与 Lasso 回归的组合）。

5．回归系数的检验

（1）回归系数的显著性

回归方程反映了因变量 y 随自变量 x 的变化而变化的规律，若其系数 $\beta_1 = 0$，则 y 不随 x 变化，此时回归方程无意义。所以，要做 β_1 是否显著非 0 的假设检验：

$$H_0 : \beta_1 = 0, H_1 : \beta_1 \neq 0$$

在 F 检验中，若 H_0 为真，则回归平方和 SSR 与残差平方和 $\dfrac{\text{SSE}}{n-2}$ 都是 σ^2 的无偏估计，因而采用 F 统计量：

$$F = \frac{\text{SSR} / \sigma^2 / 1}{\text{SSE} / \sigma^2 / (n-2)} = \frac{\text{SSR}}{\text{SSE} / (n-2)} \sim F(1, n-2)$$

来检验原假设 $\beta_1 = 0$ 是否为真。也可以用 t 检验，t 检验与 F 检验是等价的，因为 $t^2 = F$。

（2）回归标准误与回归系数标准误

回归模型的标准误衡量的是以样本回归直线为中心分布的观测值同直线上拟合值的平均偏离程度：

$$s = \sqrt{\frac{\text{SSE}}{n-p}} = \sqrt{\frac{\sum_{i=1}^{n}(\varepsilon_i - \overline{\varepsilon_i})^2}{n-p}} = \sqrt{\frac{\sum_{i=1}^{n} \varepsilon_i^2}{n-p}}$$

其中，SSE 为残差平方和，n 为样本数，$n-p$ 为自由度，p 为包括常数项在内的自变量的个数。

回归系数标准误（抽样误差的标准差）是对回归系数这一估计量标准差的估计值，衡量的是在一定的样本量下，回归系数同其期望的平均偏离程度：

$$SE\left(\hat{\beta}_k\right) = \sqrt{Var\left(\hat{\beta}_k\right)} = \sqrt{s^2 (X^T X)_{kk}^{-1}}$$

上述标准误计算公式来自统计学家得到的理论公式，也可以用 Bootstrap 法模拟得到。

6．回归模型预测

通过检验的回归模型就可以用来做预测：将新的自变量数据代入回归模型计算 y 即可。

例如，得到一元线性回归方程 $\hat{y} = \beta_0 + \beta_1 x$ 后，预测 $x = x_0$ 处的 y 值为 $\hat{y}_0 = \beta_0 + \beta_1 x_0$，其置信区间为：

$$\left(\hat{y}_0 - t_{\alpha/2} \sqrt{h_0 \hat{\sigma}^2}, \hat{y}_0 + t_{\alpha/2} \sqrt{h_0 \hat{\sigma}^2} \right)$$

其中，$t_{\alpha/2}$ 的自由度为 $n-2$，$h_0 = \dfrac{1}{n} + \dfrac{(x_0 - \overline{x})^2}{\sum_{i=1}^{n} (x_i - \overline{x})^2}$ 为杠杆率，$\hat{\sigma}^2 = \dfrac{\text{SSE}}{n-2}$。

该置信区间的计算基于理论公式，也可以基于 Bootsrap 法模拟得到的公式。

4.4.3　多元线性回归实例

1. 准备数据与简单探索

现有关于企鹅的数据集 penguins，该数据集包含 333 个样本，是有关企鹅的特征信息，包括种类、岛屿、嘴长、嘴宽、鳍长、性别。我们希望确定企鹅体重与这些特征的关系。

```
penguins = read_csv("data/penguins.csv") %>%
  mutate(species = factor(species))
penguins

## # A tibble: 333 x 7
##   species island    bill_length bill_depth flipper_length body_mass
##   <fct>   <chr>           <dbl>      <dbl>          <dbl>     <dbl>
## 1 Adelie  Torgersen        39.1       18.7            181      3750
## 2 Adelie  Torgersen        39.5       17.4            186      3800
## 3 Adelie  Torgersen        40.3       18              195      3250
## 4 Adelie  Torgersen        36.7       19.3            193      3450
## 5 Adelie  Torgersen        39.3       20.6            190      3650
## 6 Adelie  Torgersen        38.9       17.8            181      3625
## # ... with 327 more rows, and 1 more variable: sex <chr>
```

先探索因变量 body_mass（体重）的分布，代码如下：

```
ggplot(penguins, aes(body_mass)) +
  geom_histogram(bins = 20, fill = "steelblue", color = "black")
```

结果如图 4.22 所示。

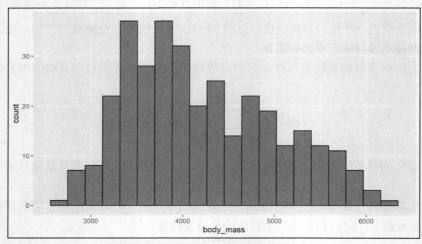

图 4.22　直方图观察企鹅体重数据的分布

若因变量是右偏分布，可以尝试做对数变换将分布形成转复成近似正态分布。这里不做变换，以 body_mass 作为因变量。

2. 构建多元线性回归模型

用 lm() 函数拟合多元线性回归模型，其基本格式为：

```
lm(formula, data, ...)
```

其中，formula 为要拟合的回归模型的形式，例如 y ~ x1 + x2 对应模型 $y = \beta_0 + \beta_1 x_1 + \beta_2 x_2$，默认包含截距项，若不想包含截距项可使用 y ~ x1 + x2 -1。

formula 设定模型公式遵从 Wilkinson 表示规则，更多常用写法如下所示：

- y ~ .：包含所有自变量的主效应。
- x1:x2：交互效应，即 $x_1 x_2$ 项。

- x1*x2：包含全部主效应和交互效应，是对 x1 + x2 + x1:x2 的简写。
- I()：打包式子作为整体。
- y ~ poly(x, 2, raw = TRUE)：一元二次多项式回归，同 y ~ x + I(x^2)。
- y ~ polym(x1, x2, degree = 2, raw = TRUE)：二元二次多项式回归。
- log(y)~x：对 y 做对数变换。

返回值列表包含回归系数、统计量、拟合值、残差等，可以用 summary() 查看汇总模型结果，或者用 broom 包提供的 tidy()、glance() 和 augment() 将模型结果变成整洁数据框。

先把自变量都用上，构建初始多元线性回归模型（该模型往往不是成功的模型，此外省略结果）：

```
mdl0 = lm(body_mass ~ ., penguins)
```

3. 共线性诊断与逐步回归

用 car::vif()[1] 诊断回归模型的多重共线性，代码如下：

```
car::vif(mdl0)
##                   GVIF Df GVIF^(1/(2*Df))
## species      63.523199  2        2.823144
## island        3.731695  2        1.389878
## bill_length   6.099673  1        2.469752
## bill_depth    6.101621  1        2.470146
## flipper_length 6.797579  1        2.607217
## sex           2.326898  1        1.525417
```

从以上结果可知，只有分类变量 species 的 VIF 值较大，其余均小于 10，这说明该模型不存在共线性。

处理该共线性，可以剔除相对不那么重要的变量，或者用 step() 做逐步回归，step() 可以剔除不显著的自变量，顺便剔除共线性的自变量。

逐步回归是以 AIC 值（越小越好）作为加入和剔除变量的判别条件，参数 direction 可设置逐步选择的方法："both" "backward"（逐步剔除）、"forward"（逐步加入）。

Akaike 信息准则（AIC 值）常用来比较不同回归模型的拟合效果，优点是既考虑了模型的拟合效果又对模型参数过多这种情形施加一定惩罚，其定义为：

$$AIC = 2(p+1) - 2\ln(L)$$

其中，P 为回归模型中自变量的个数，L 为回归模板的对数似然函数。

```
mdl1 = step(mdl0, direction = "backward",
            trace = 0)          # 避免输出中间过程
summary(mdl1)

##
## Call:
## lm(formula = body_mass ~ species + bill_length + bill_depth +
##     flipper_length + sex, data = penguins)
##
## Residuals:
##     Min      1Q  Median      3Q     Max
## -779.65 -173.18   -9.05  186.61  914.11
##
## Coefficients:
##                   Estimate Std. Error t value Pr(>|t|)
## (Intercept)      -1460.995    571.308  -2.557 0.011002 *
## speciesChinstrap  -251.477     81.079  -3.102 0.002093 **
## speciesGentoo     1014.627    129.561   7.831 6.85e-14 ***
## bill_length         18.204      7.106   2.562 0.010864 *
```

---

[1] 用 mctest::imcdiag() 诊断回归模型的多重共线性更全面，除了计算 VIF 值外，还计算其他诊断指标值。

```
## bill_depth          67.218      19.742    3.405 0.000745 ***
## flipper_length      15.950       2.910    5.482 8.44e-08 ***
## sexmale            389.892      47.848    8.148 7.97e-15 ***
## ---
## Signif. codes:  0 '***' 0.001 '**' 0.01 '*' 0.05 '.' 0.1 ' ' 1
##
## Residual standard error: 287.3 on 326 degrees of freedom
## Multiple R-squared:  0.875,  Adjusted R-squared:  0.8727
## F-statistic: 380.2 on 6 and 326 DF,  p-value: < 2.2e-16
```

结果给出了回归系数的标准误、显著性、回归模型的标准误等，基于理论的回归系数的置信区间，可用 confint() 来提取：

```
confint(mdl1)

##                         2.5 %        97.5 %
## (Intercept)      -2584.910585  -337.07867
## speciesChinstrap  -410.980430   -91.97296
## speciesGentoo      759.746330  1269.50699
## bill_length          4.224516    32.18434
## bill_depth          28.380131   106.05513
## flipper_length      10.226261    21.67423
## sexmale            295.761031   484.02202
```

该模型基本上是成功的模型，回归系数都是显著的，模型的调整 R^2 为 0.873。要计算模型的均方根误差：

```
library(modelr)
rmse(mdl1, penguins)

## [1] 284.3022
```

4. 关于回归模型中的分类变量

分类变量的取值是有限的类别值，如性别：男、女。分类变量是不能直接用到回归模型中的，即使用 1 表示男，用 0 表示女，这个 1 和 0 仍然只能是起类别区分的作用。如果不加处理，让它们被当作数值 1 和 0 使用了，那么整个模型的逻辑和结果都是不正确的！

因此，分类变量要想正确地用到回归模型，必须经过特殊处理，即处理成虚拟变量。R 中的分类变量只要是因子型或字符型，当加入回归模型时，不需要做任何额外操作就能自动处理成虚拟变量用进模型。但是为了让读者理解分类变量如何用于回归模型，以及包含分类变量的回归模型结果如何解读，下面拆解开来讲清楚。

以本例的企鹅种类为例，species 列是分类变量，查看其各类别及频数，代码如下：

```
table(penguins$species)

##
##    Adelie Chinstrap    Gentoo
##       146        68       119
```

由以上结果可见，species 包含 3 个类别："Adelie" "Gentoo" "Chinstrap"。

虚拟变量是一种二值变量（0-1），只能表示是否。二分类或多分类变量，可以这样转化为虚拟变量，即转化为多个二值变量，即：

species 是否为 Adelie，species 是否为 Gentoo，species 是否为 Chinstrap

比如第 1 个样本，其 species = Adelie，要用上述 3 个二值变量表示的话，分别为 1, 0, 0。

每个样本都做这样的处理，这就是分类变量转化为虚拟变量，可用 modelr::model_matrix() 函数实现，其参数 data 为数据，formula 为模型公式。

若给 formula 参数提供用于 lm() 的模型公式，则返回把分类变量处理成虚拟变量之后的自变量数据，这也是真正用于回归模型的自变量数据；这里只想看 species 变成虚拟变量的效果：

```
model_matrix(penguins, ~ species - 1)
## # A tibble: 333 x 3
##   speciesAdelie speciesChinstrap speciesGentoo
##           <dbl>            <dbl>         <dbl>
## 1             1                0             0
## 2             1                0             0
## 3             1                0             0
## 4             1                0             0
## 5             1                0             0
## 6             1                0             0
## # ... with 327 more rows
```

也就是说，不使用原 species 列，而是将新的虚拟变量列用到回归模型。但是要注意一个问题：这 3 个虚拟变量列是线性相关的，每一列都能用其余 2 列线性表示（1 减去其余 2 列），换句话说有一列数据是冗余的，线性回归也是坚决不允许存在这样的线性相关列的。

因此，我们需要去掉任意一列，再进行线性回归建模。去掉哪一列都可以，去掉的是哪一列，做回归建模就相当于以谁为参照列。比如去掉 species 是否为 Adelie 列，就相当于将 "Adelie" 组作为参照组，用另外 2 组 "Gentoo" "Chinstrap" 与参照组做比较。

去掉冗余列，再增加截距列（一列 1），才是将 species 列真正用于回归模型且转化为虚拟变量后的数据：

```
model_matrix(penguins, ~ species)
## # A tibble: 333 x 3
##   `(Intercept)` speciesChinstrap speciesGentoo
##           <dbl>            <dbl>         <dbl>
## 1             1                0             0
## 2             1                0             0
## 3             1                0             0
## 4             1                0             0
## 5             1                0             0
## 6             1                0             0
## # ... with 327 more rows
```

冗余列默认要去掉第一水平，若想去掉另一水平（该组作为参照组），可以借助 relevel() 修改第一水平，再将其处理成虚拟变量：

```
penguins$species = relevel(penguins$species, ref = "Gentoo")
```

根据前文逐步回归得到的 mdl1 的回归系数估计，可以写出拟合的回归方程：

$$body\_mass = -1460.995 - 251.477*speciesChinstrap + 1014.627*speciesGentoo$$
$$+18.204*bill\_length + 67.218*bill\_depth + 15.950*flipper\_length$$
$$+389.892*sexmale$$

连续变量的回归系数比较容易理解，比如 bill_length 的系数 18.204，表示企鹅嘴长每增加 1 个单位（毫米），体重将增加 18.204 个单位（克）。

对于分类变量回归系数的解释，先看原二分类变量 sex，变成虚拟变量去掉冗余列后只剩一列 sexmale（是否为雄性，1 代表是，0 代表否），代入模型来看：

- 若性别不是雄性，则 SexMale = 0

$$body\_mass = \cdots + 389.892*0 + \cdots$$

- 若性别是雄性，则 SexMale = 1

$$body\_mass = \cdots + 389.892*1 + \cdots$$

即雌性则加 0，雄性则加 389.892，这就相当于以雌性为参照组，雄性的体重平均比雌性重 389.982 克，这就是该回归系数的意义。

再看原多分类变量 species（3 分类），变成虚拟变量需去掉冗余列 speciesAdelie 后剩下 2 列。若种类是 Adelie，则这两列均为 0，即回归模型不包含这两项，此时是参照组；若种类是任一非参照组，比如 Gentoo，则 speciesGentoo = 1，此时回归模型多了一项：

$$body\_mass = \cdots + 1014.627*1 + \cdots$$

这就相当于以 Adelie 为参照组，Gentoo 组相对于参照组 Adelie 平均体重要重 1014.627 克。

总之，分类变量用于回归模型，所起的作用就是在分组之间做比较。这实际上也等效于分别对各分组建立线性回归模型，再做比较。

> 切记：分类变量用于建模时，始终是起分类的作用，绝对不能因为表示为数值形式，就直接当作数值使用。

5. 模型改进

多元线性回归模型的改进，通常的方法是特征工程，即构建新特征。

自变量又称为特征，利用原有自变量构造新的自变量，就是特征工程。特征工程是数据挖掘和机器学习中的关键步骤。

我们知道，泰勒公式是用多项式曲线逼近非线性曲线，随着展开次数的增加，逼近效果往往会越来越好。多元线性回归相当于用一次多项式去逼近真实的函数关系，如果提高到二次，即把所有二次项包括交互项都加入模型[①]，即 $x_1^2, x_2^2, x_1x_2, \cdots\cdots$ 拟合效果大概率会有提升。但是，这会带来另外的问题：新加入的项可能会有不显著或产生共线性。解决办法，就是用逐步回归进行变量筛选。

这些二次项的构建就是构建特征。另外，常用的构建特征方法是对特征做各种变换[②]，其中一种是连续特征离散化，比如年龄相差 1 岁的影响不一定显著，但较大的年龄段（比如从青年到中年到老年）的差异，很可能会显著。另外，构建自然样条特征也是引入非线性关系的更好的做法。

将三个数值变量的二次项以及交互项 sex:island 加入模型，再逐步回归剔除不显著项，代码如下：

```
mdl2 = lm(body_mass ~ species + sex * island + bill_length + I(bill_length^2)
          + bill_depth + I(bill_depth^2) + flipper_length
          + I(flipper_length^2), penguins) %>%
  step(direction = "backward", trace = 0)
summary(mdl2)

##
## Call:
## lm(formula = body_mass ~ species + sex + island + bill_length +
##     bill_depth + I(flipper_length^2) + sex:island, data = penguins)
##
## Residuals:
##     Min      1Q  Median      3Q     Max
## -720.54 -186.53  -12.45  170.44  866.18
##
## Coefficients:
##                       Estimate Std. Error t value Pr(>|t|)
## (Intercept)          1.090e+03  4.296e+02   2.537 0.011658 *
## speciesAdelie       -9.980e+02  1.365e+02  -7.313 2.09e-12 ***
## speciesChinstrap    -1.253e+03  1.294e+02  -9.680  < 2e-16 ***
## sexmale              4.811e+02  5.719e+01   8.411 1.34e-15 ***
## islandDream          9.423e+01  6.744e+01   1.397 0.163287
## islandTorgersen      1.731e+01  7.617e+01   0.227 0.820318
## bill_length          1.810e+01  7.083e+00   2.556 0.011057 *
## bill_depth           6.882e+01  1.967e+01   3.499 0.000533 ***
## I(flipper_length^2)  3.944e-02  7.270e-03   5.425 1.14e-07 ***
## sexmale:islandDream -2.091e+02  6.810e+01  -3.071 0.002316 **
```

---

① 关于交互项 x1:x2 的解释：x1 对 y 的影响受 x2 的调节，反之亦同，其回归系数相当于 y 对 x1 和 x2 的二阶偏导。
② 在实际的特征工程、建模、甚至是解决任何问题的过程中，从常理去思考非常重要，这也是思路的主要来源！

```
## sexmale:islandTorgersen -1.243e+02  9.475e+01  -1.312 0.190434
## ---
## Signif. codes:  0 '***' 0.001 '**' 0.01 '*' 0.05 '.' 0.1 ' ' 1
##
## Residual standard error: 284.2 on 322 degrees of freedom
## Multiple R-squared:  0.8792, Adjusted R-squared:  0.8755
## F-statistic: 234.4 on 10 and 322 DF,  p-value: < 2.2e-16
```

可见，二次项 flipper_length^2 项和交互项 sexmale:islandDream 都非常显著，模型的调整 R^2 比 mdl1 稍有提高（0.0028）。

这说明 mdl2 相比 mdl1 有所改进，但同时也增加了模型的复杂度（多了 4 项）。那么，接受哪个模型更好呢？基本原则是在模型没有显著差异的情况下，优先选择更简单的模型。

可用似然比检验 lmtest::lrtest() 或方差分析 anova() 比较两个模型有无显著差异：

```
anova(mdl1, mdl2)
## Analysis of Variance Table
##
## Model 1: body_mass ~ species + bill_length + bill_depth + flipper_length +
##     sex
## Model 2: body_mass ~ species + sex + island + bill_length + bill_depth +
##     I(flipper_length^2) + sex:island
##   Res.Df      RSS Df Sum of Sq      F  Pr(>F)
## 1    326 26915647
## 2    322 26000518  4    915128 2.8333 0.02469 *
## ---
## Signif. codes:  0 '***' 0.001 '**' 0.01 '*' 0.05 '.' 0.1 ' ' 1
```

检验 P 值 = 0.025 小于 0.05，说明两个模型有显著差异，应该选择 mdl2.

6. 回归诊断

- 残差检验

前文讲到理想的模型（标准化）残差应服从"0 均值小方差"（标准）正态分布，对于残差，通常是绘制（标准化）残差图、残差 QQ 图、残差直方图，或者对（标准化）残差的正态性、独立性、异方差性做统计检验。

- 强影响分析

对参数估计或预测值有异常影响的数据，称为强影响数据。回归模型应当具有一定的稳定性，若个别样本数据对估计有异常大的影响，剔除这部分数据后，若得到与原来差异很大的回归方程，就有理由怀疑原回归方程是否真正描述了变量间的客观存在的关系。

这些强影响样本是异常值，应当识别出来并剔除之后（见第 5 章），再重新拟合回归模型。

残差图可以用 augment() + ggplot() 自行绘制，更简单的做法是直接用 ggfortify::autoplot() 绘制回归诊断图，包括残差图、残差 QQ 图、标准化残差图、强影响图等，还能同时标记强影响样本。具体代码如下。

```
library(ggfortify)
autoplot(mdl2, which = c(1:3,6))       # 6 个图形可选
```

结果如图 4.23 所示。

比图形诊断更可靠的是对残差做一些统计检验，代码如下：

```
shapiro.test(mdl2$residuals)           # 残差正态性检验
## Shapiro-Wilk normality test
##
## data:  mdl2$residuals
## W = 0.99532, p-value = 0.4156
library(lmtest)
dwtest(mdl2)                           # 残差独立性检验
##
```

```
##   Durbin-Watson test
##
## data:  mdl2
## DW = 2.1403, p-value = 0.8806
## alternative hypothesis: true autocorrelation is greater than 0
```

```
bptest(mdl2)                              # 残差异方差检验
```

```
##
##   studentized Breusch-Pagan test
##
## data:  mdl2
## BP = 15.152, df = 10, p-value = 0.1266
```

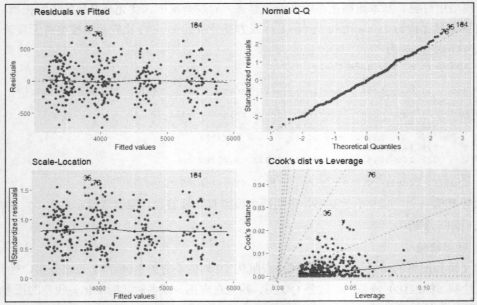

图 4.23　绘制回归诊断图

可见，mdl2 能通过残差正态性、独立性检验。剔除强影响样本，重新拟合回归模型略。

7. 回归模型预测

通过检验的回归模型，提供新的自变量数据框，用 predict() 函数就可以预测因变量值。

```
newdat = slice_sample(penguins[,-6], n = 5)
predict(mdl2, newdat, interval = "confidence")
```

```
##        fit      lwr      upr
## 1 4018.598 3913.691 4123.504
## 2 3346.490 3229.840 3463.139
## 3 5512.866 5442.422 5583.311
## 4 3856.964 3755.861 3958.068
## 5 5650.051 5565.498 5734.604
```

4.4.4　梯度下降法

用正规方程法求解多元线性回归，简单且容易实现，但也有其缺点：

- 若 $X^T X$ 不可逆，则正规方程法失效；
- 若样本量非常大（样本数 10000），矩阵求逆会非常慢。

再来介绍一种方法，同时也是广泛用于机器学习算法中的做法——梯度下降法，其核心思想是迭代地调整参数，使损失函数达到最小值。

梯度下降法就好比在浓雾笼罩的山顶向山下走，每次只能看到前方一步远，那么就要环顾每个方向考虑向哪个方向迈一步下降的高度最多，那就往哪个方向迈一步。重复该过程，逐步到达更低的位置（不一定是最低点），如图 4.24 所示。

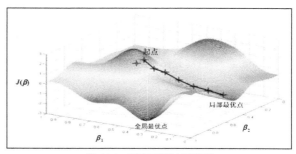

图 4.24 梯度下降法示意图

根据数学知识，下降最快的方向就是负梯度方向！

具体到线性回归问题，就是计算损失函数 $J(\beta)$ 关于参数向量 β 的局部梯度，同时它沿着梯度下降的方向进行下一次迭代。当梯度值为零的时候，就达到了损失函数的最小值。

开始需要选定一个随机的 β（初始值），然后逐渐去改进它，每一次变化一小步，每一步都试着降低损失函数 $J(\beta)$，直到算法收敛到一个极小值。

该极小值不一定是全局最小值，若损失函数是凸函数（线性回归损失函数是凸函数），则极小值就是唯一的全局最小值。

梯度下降法的重要参数是每一步的步长，又称学习率。一个好的策略是，开始的学习率大一些以更快速趋于收敛，之后让学习率慢慢减小，最后阶段要让学习率足够小以稳定地到达收敛点。

> **注意**：梯度下降法对自变量取值的量级是敏感的，若所有自变量的数量级基本相当，则能更快地收敛到最小值。在用梯度下降法训练模型时，有必要对数据做归一化（放缩），以加速训练。

线性回归模型的损失函数为（在下式中，除以 2 用于抵消求偏导的系数）：

$$J(\beta) = \frac{1}{2n} \sum_{i=1}^{n} (\mathbf{x}^{(i)}\beta - y_i)^2$$

在梯度下降法中，需要计算每一个 β_j（维度）下损失函数的梯度。换句话说，需要计算当 β_j 变化一点点时，损失函数改变了多少，这就是偏导数：

$$\frac{\partial}{\partial \beta_j} J(\boldsymbol{\beta}) = \frac{1}{n} \sum_{i=1}^{n} (\mathbf{x}^{(i)}\beta - y_i)x_{ij}, \quad j = 1, \cdots, m$$

将上式改为向量化表示，可得到损失函数的梯度向量：

$$\nabla J(\boldsymbol{\beta}) = \left[\frac{\partial}{\partial \beta_1} J(\boldsymbol{\beta}), \cdots, \frac{\partial}{\partial \beta_m} J(\boldsymbol{\beta}) \right] = \frac{1}{n} X^T (X\boldsymbol{\beta} - y)$$

注意，梯度下降法中每一步梯度向量的计算，都是基于整个训练集（每一次训练过程都使用所有的训练数据），故称为批量梯度下降。因此，在大数据集上，训练速度也会变得很慢[1]，但其复杂度是 $O(n)$，比正规方程法 $O(n^3)$ 快得多。

梯度向量有了，只需要每步以学习率 η 调整参数即可：

$$\boldsymbol{\beta}^{\text{next}} = \boldsymbol{\beta} - \eta \nabla J(\boldsymbol{\beta})$$

接下来定义函数实现梯度下降法求解线性回归[2]。

```
gd = function(X, y, init, eta = 1e-3, err = 1e-3, maxit = 1000, adapt = FALSE) {
    ## X 为自变量数据矩阵, y 为因变量向量, init 为参数初始值, eta 为学习率
    ## err 为误差限, maxit 为最大迭代次数, adapt 是否自适应修改学习率
    ## 返回回归系数估计, 损失向量, 迭代次数, 拟合值, RMSE
```

---

[1] 如果想进一步提速，还可使用随机梯度下降算法，每次只用一个随机样本计算梯度向量。但是这种方法收敛过程不够稳定，折中的做法是小批量梯度下降算法。

[2] 参阅 Michael Clark 编写的 *Model Estimation by Example Demonstrations with R*。

```
  # 初始化
  X = cbind(Intercept = 1, X)
  beta = init
  names(beta) = colnames(X)
  loss = crossprod(X %*% beta - y)
  tol = 1
  iter = 1
  # 迭代
  while(tol > err && iter < maxit) {
    LP = X %*% beta
    grad = t(X) %*% (LP - y)
    betaC = beta - eta * grad
    tol  = max(abs(betaC - beta))
    beta = betaC
    loss = append(loss, crossprod(LP - y))
    iter = iter + 1
    if(adapt)
      eta = ifelse(loss[iter] < loss[iter-1], eta * 1.2, eta * 0.8)
  }
  list(beta = beta, loss = loss, iter = iter, fitted = LP,
    RMSE = sqrt(crossprod(LP - y) / (nrow(X) - ncol(X))))
}
```

用随机生成数据的二元线性回归来测试函数，代码如下。

```
n = 1000
set.seed(123)
x1 = rnorm(n)
x2 = rnorm(n)
y = 1 + 0.6*x1 - 0.2*x2 + rnorm(n)
X = cbind(x1, x2)
gd_rlt = gd(X, y, rep(0,3), err = 1e-8, eta = 1e-4, adapt = TRUE)
rbind(gd = round(gd_rlt$beta[, 1], 5),
      lm = coef(lm(y ~ x1 + x2)))         # 与 lm 结果对比
```

```
##    Intercept          x1         x2
## gd  0.979070 0.5785100 -0.1724900
## lm  0.979066 0.5785085 -0.1724932
```

```
gd_rlt$iter                              # 迭代次数
```

```
## [1] 89
```

```
plot(gd_rlt$loss, xlab = "迭代次数", ylab = "损失")
```

结果如图 4.25 所示。

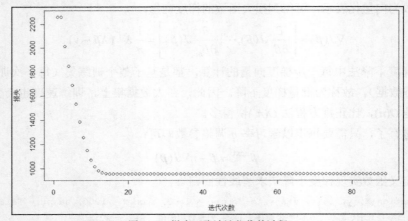

图 4.25　梯度下降法迭代收敛过程

可见，算法收敛速度非常快，迭代 14 步之后损失函数基本就不再减小。

线性回归是回归家族的基本模型，从不同角度进行扩展可以衍生出几十种回归模型。简单介绍线性回归的一种自然推广——广义线性模型。广义线性模型用 glm() 函数实现，通过 family

参数设置分布名，以决定选用的模型。

线性回归要求因变量是服从正态分布的连续型数据。但实际上，因变量数据可能会是类别型、计数型等。

要让线性回归也适用于因变量非正态连续情形，就需要推广到广义线性模型。Logistic 回归、softmax 回归、泊松回归、Probit 回归、二项回归、负二项回归、最大熵模型等都是广义线性模型的特例。

广义线性模型相当于复合函数。先做线性回归，后接一个变换：

$$w^T X + b = u \sim 正态分布$$

$$\downarrow$$

$$g(u) = y$$

经过变换后得到非正态分布的因变量数据。

我们一般更习惯反过来写：即对因变量 y 做一个变换，就是正态分布，从而就可以做线性回归：

$$\sigma(y) = w^T X + b$$

其中，$\sigma(\cdot)$ 称为连接函数。常用的连接函数如表 4.1 所示。

表 4.1 常见连接函数与误差函数

回归模型	变换	连接函数	逆连接函数	误差
线性回归	恒等	$\mu_Y = X^T\beta$	$\mu_Y = X^T\beta$	正态分布
Logistic 回归	Logit	$\text{Logit}\,\mu_Y = X^T\beta$	$\mu_Y = \dfrac{\exp\left(X^T\beta\right)}{1 + \exp\left(X^T\beta\right)}$	二项分布
泊松回归	对数	$\ln\mu_Y = X^T\beta$	$\mu_Y = \exp\left(X^T\beta\right)$	泊松分布
负二项回归	对数	$\ln\mu_Y = X^T\beta$	$\mu_Y = \exp\left(X^T\beta\right)$	负二项分布
Gamma 回归	逆	$\dfrac{1}{\mu_Y} = X^T\beta$	$\mu_Y = \dfrac{1}{X^T\beta}$	Gamma 分布

注意：因变量数据只要服从指数族分布，如正态分布、伯努利分布、泊松分布、指数分布、Gamma 分布、卡方分布、Beta 分布、狄里克雷分布、Categorical 分布、Wishart 分布、逆 Wishart 分布等，就可以使用对应的广义线性模型。

泊松回归和负二项回归都是针对因变量是计数数据的情况，区别是泊松回归一般用于个体之间独立的情形；负二项回归则可用于个体之间不独立的情形。

拓展学习

读者如果想进一步了解统计学理论及 R 实现，建议大家去阅读冯国双编写的《白话统计》，贾俊平编写的《统计学（第 7 版）》，Chester 等人编写的 *Statistical Inference via Data Science A ModernDive into R and the Tidyverse*，Mine Ç R 等人编写的 *Introduction to Modern Statistics*，以及参考 rstatix 包、infer 包、maxLik 包、lmtest 包文档及相关资源。

5　探索性数据分析

传统的统计分析通常是先假设样本服从某种分布，然后将数据代入假设模型再做分析。但由于多数数据并不能满足假设的分布，因此，传统统计分析结果常常不能让人满意。

而探索性数据分析（Exploratory Data Analysis, EDA）更注重数据的真实分布，通过可视化、变换、建模来探索数据，发现数据中隐含的规律，从而得到启发找到适合数据的模型。

探索性数据分析是一个迭代循环的过程，涉及以下步骤：

- 拟定关于数据的问题；
- 通过对数据做可视化、变换和建模得到问题答案；
- 利用得到的结果，重新改进问题，并（或）拟定新的问题。

> 近似地回答一个正确的问题（通常是模糊的问题），要比精确地回答一个错误问题（通常是清晰的问题），要好得多。
>
> ——John Tukey

在探索性数据分析的开始阶段，你应该随意地研究你所能想到的各种想法。有些想法将得到成功的结果，有些想法将走进死胡同。随着探索的推进，你将到达那些包含有效信息的位置，深入研究并得到你想要的结果。

探索性数据分析通常包括数据清洗、数据描述与汇总、数据变换、探索变量间的关系等。希望读者能够通过探索性数据分析培养对数据的直觉。

数据清洗、特征工程属于机器学习中的数据预处理环节，R 机器学习框架 `tidymodels` 下的 `recipes` 包，以及 `mlr3verse` 下的 `mlr3pipelines` 包都能更系统方便地实现，但也更抽象，本节暂且不用它们实现。

5.1　数据清洗

数据模型结果的好坏很大程度上依赖于数据质量，很多数据集存在数据缺失、数据格式不统一、数据错误等情况，这就需要做数据清洗。

数据清洗通常包括缺失值处理、数据去重、异常值处理、逻辑错误检测、数据均衡检测、处理不一致数据、相关性分析（剔除与问题不相关的冗余变量）、数据变换（标准/归一化、线性化、正态化等）。

数据清洗常常占据了数据挖掘或机器学习的 70%～80% 的工作量。

5.1.1 缺失值

R 中的缺失值用 NA 表示，NA 是有值且占位的，只是该值是缺失值。NULL 表示空值，不知道是否有值且不占位。

也要注意有的数据因人为记录的原因，可能会用特殊值或特殊符号代替缺失值，这样的值首先要替换成 NA，可用 naniar 包中的 replace_with_na() 函数实现，例如：

```
replace_with_na(df, replace = list(x = 9999))
```

按 R 的语法规则，NA 具有"传染性"，即有 NA 参与的计算，结果也是 NA：

```
mean(c(1,2,NA,4))
## [1] NA
```

所以很多 R 函数都带有参数 na.rm，用于设置在计算时是否移除 NA：

```
mean(c(1,2,NA,4), na.rm = TRUE)
## [1] 2.333333
```

本节主要介绍用 naniar 包探索缺失值，用 simputation 和 imputeTS 包插补缺失值。

1. 探索缺失值

（1）缺失模式

缺失模式用于描述缺失值与观测变量间可能的关系。从缺失值的分布来讲，缺失值可以分为以下几种类型。

- **完全随机缺失（MCAR）**：某变量缺失值的出现完全是随机事件，与该变量自身无关，也与其他变量无关。
- **随机缺失（MAR）**：某变量出现缺失值的可能性，与该变量自身无关，但与某些变量有关。
- **非随机缺失（MNAR）**：某变量出现缺失值的可能性只与自身有关。

若数据是 MCAR 或 MAR，则可以用相应的插补方法来处理缺失值；若数据是 MNAR，则问题比较严重，需要去检查数据的收集过程并试着理解数据为什么会丢失。

naniar 包开发版提供了 mcar_test() 函数对数据进行 Little's MCAR 检验：

```
library(naniar)          # 探索与可视化缺失
mcar_test(airquality)    # 自带的空气质量数据集

## # A tibble: 1 x 4
##   statistic    df p.value missing.patterns
##       <dbl> <dbl>   <dbl>            <int>
## 1      35.1    14 0.00142                4
```

在以上结果中，P 值 $= 0.00142 < 0.05$，因此拒绝原假设，故该数据不是 MCAR。

对于探索 MAR，可以通过函数 vis_miss() 可视化整个数据框，以提供数据缺失的汇总信息：

```
vis_miss(airquality)
```

结果如图 5.1 所示。

可见，变量 Ozone 和 Solar.R 有最多的缺失值，其他变量基本没有缺失值。

（2）缺失值统计

- 获取缺失数与缺失比

```
n_miss(airquality)            # 缺失样本的个数
n_complete(airquality)        # 完整样本的个数
prop_miss_case(airquality)    # 缺失样本占比
prop_miss_var(airquality)     # 缺失变量占比
```

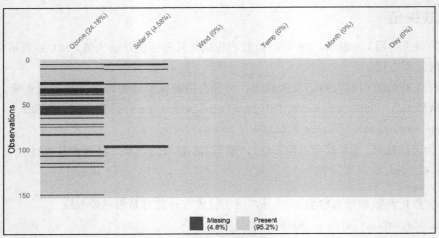

图 5.1　可视化数据框的缺失情况

注： 上述函数也接收向量，即判断数据框的某列。

- 样本（行）缺失汇总

```
miss_case_summary(airquality)      # 每行缺失情况排序

## # A tibble: 153 x 3
##    case n_miss pct_miss
##   <int>  <int>    <dbl>
## 1     5      2     33.3
## 2    27      2     33.3
## 3     6      1     16.7
## 4    10      1     16.7
## 5    11      1     16.7
## 6    25      1     16.7
## # ... with 147 more rows
```

说明： 例如第 5 行缺失 2 个，缺失比例为 33.3%。

```
miss_case_table(airquality)       # 行缺失汇总表

## # A tibble: 3 x 3
##   n_miss_in_case n_cases pct_cases
##            <int>   <int>     <dbl>
## 1              0     111      72.5
## 2              1      40      26.1
## 3              2       2      1.31
```

说明： 例如缺失 0 个值的行有 111 个，占比为 72.5%。

- 变量（列）缺失汇总

```
miss_var_summary(airquality)      # 每个变量缺失情况排序

## # A tibble: 6 x 3
##   variable n_miss pct_miss
##   <chr>     <int>    <dbl>
## 1 Ozone        37     24.2
## 2 Solar.R       7     4.58
## 3 Wind          0        0
## 4 Temp          0        0
## 5 Month         0        0
## 6 Day           0        0
```

```
miss_var_table(airquality)        # 变量缺失汇总表

## # A tibble: 3 x 3
##   n_miss_in_var n_vars pct_vars
##           <int>  <int>    <dbl>
## 1             0      4     66.7
## 2             7      1     16.7
## 3            37      1     16.7
```

注 1：上述缺失汇总函数，还可以与 `group_by()` 连用，用于探索分组缺失情况。

注 2：上述缺失汇总函数，都有对应的可视化函数，例如：

```
gg_miss_var(airquality)
```

结果如图 5.2 所示。

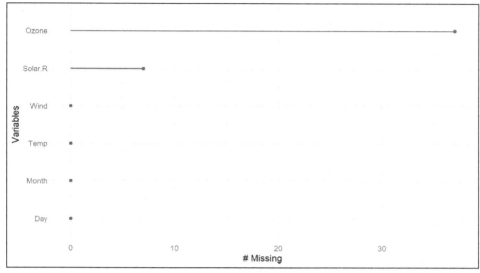

图 5.2 可视化变量的缺失情况

（3）对比缺失与非缺失数据

这里需要借助一个工具——**影子矩阵**。该矩阵与数据集维数相同，用于标记各个数据是否缺失，若缺失则表示为 NA，若不缺失则表示为!NA。

用函数 `bind_shadow()` 将影子矩阵按列合并到数据集，就可以分组汇总或绘图，以对比缺失数据与非缺失数据，例如：

```
aq_shadow = bind_shadow(airquality)
aq_shadow
## # A tibble: 153 x 12
##    Ozone Solar.R  Wind  Temp Month   Day Ozone_NA Solar.R_NA Wind_NA
##    <int>   <int> <dbl> <int> <int> <int> <fct>    <fct>      <fct>
## 1     41     190   7.4    67     5     1 !NA      !NA        !NA
## 2     36     118   8      72     5     2 !NA      !NA        !NA
## 3     12     149  12.6    74     5     3 !NA      !NA        !NA
## 4     18     313  11.5    62     5     4 !NA      !NA        !NA
## 5     NA      NA  14.3    56     5     5 NA       NA         !NA
## 6     28      NA  14.9    66     5     6 !NA      NA         !NA
## # ... with 147 more rows, and 3 more variables: Temp_NA <fct>,
## #   Month_NA <fct>, Day_NA <fct>
```

- 根据 Ozone 是否缺失，计算 Solar.R 的均值、标准差、方差、最小值和最大值，代码如下：

```
aq_shadow %>%
  group_by(Ozone_NA) %>%
  summarise(across("Solar.R",
      list(mean, sd, var, min, max), na.rm = TRUE))
## # A tibble: 2 x 6
##   Ozone_NA  mean    sd   var   min   max
##   <fct>    <dbl> <dbl> <dbl> <int> <int>
## 1 !NA       185.  91.2 8309.     7   334
## 2 NA        190.  87.7 7690.    31   332
```

- 根据 Ozone 是否缺失，绘制温度的分布图，代码如下：

```
aq_shadow %>%
  ggplot(aes(Temp, color = Ozone_NA)) +
  geom_density()
```

结果如图 5.3 所示。

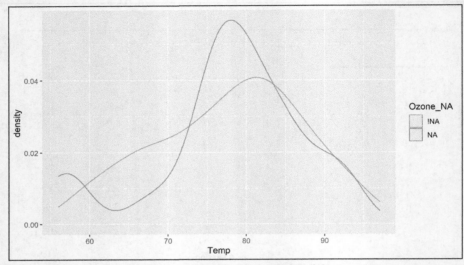

图 5.3　对比缺失与非缺失下的变量分布

2. 插补缺失值

若样本数据足够，缺失样本比例较小，可以直接剔除包含 NA 的样本，代码如下：

```
na.omit(df)
```

若想只剔除某些列包含 NA 的行，代码如下：

```
drop_na(df, <tidy-select>)
```

若想只剔除包含较多 NA 的行或列，代码如下：

```
# 删除缺失超过 60%的行
df %>%
  filter(pmap_lgl(., ~ mean(is.na(c(...))) < 0.6))
# 删除缺失超过 60%的列
df %>%
  select(where(~ mean(is.na(.x)) < 0.6))
```

（1）单重插补

simputation 包提供了许多常用的单重插补方法，每种方法都具有相似且简单的接口，目前支持以下情形。

- **基于模型插补（可选增加随机误差）**：可以使用线性回归、稳健线性回归、岭回归/弹性网回归/Lasso 回归、CART（决策树）、随机森林等模型。
- **多变量插补**：基于期望最大算法插补、缺失森林（迭代的随机森林插补）。
- **投票插补（包括各种投票池设定）**：k 近邻（基于 gower 距离）、顺序 hotdeck[①]（LOCF、NOCB）、随机 hotdeck、预测均值匹配。
- **其他**：（逐组）中位数插补（可选随机误差）、代理插补（复制另一个变量或使用简单变换来计算插补值）、用训练好的模型进行插补。

---

① 假定相似用户具有相似行为。

想要可视化查看插补效果，可以再结合 naniar 包。

simputation 包提供了一种通用的插补语法：

```
impute_<模型>(dat, formula, [模型设定选项])
```

返回结果是经过插补的 dat 数据框，formula 用于设定插补公式，其一般结构如下：

```
IMPUTED ~ MODEL_SPECIFICATION [| GROUPING]
```

其中，**IMPUTED** 为要插补的变量，**MODEL_SPECIFICATION** 为模型对象，[| **GROUPING**] 为可选项，该可选项可设置分组变量，一旦设置将分别对每组数据进行评估模型和插补。

下面列出常用的一些插补方法及代码实现。

- 用均值插补或中位数插补，适合连续变量，例如分组均值插补或中位数插补：

```
airquality %>%
  group_by(Month) %>%
  mutate(Ozone = naniar::impute_mean(Ozone))
impute_median(airquality, Ozone ~ Month)
```

- 用众数插补，适合分类变量使用。由于 Base R 没有提供现成函数计算众数，可以用 rstatix 包中的 get_mode() 函数计算每一列的众数替换该列的缺失值，若某列有多个众数，则选取第 1 个。

下面是对所选分类变量做众数插补的基本语法：

```
df %>%
  select(<tidy-select>) %>%    # 选择要插补的分类变量列
  map_dfc(~ replace_na(.x, rstatix::get_mode(.x)[1]))
```

- 用线性回归模型插补步骤如下：先根据非缺失数据，以插补变量为因变量，其他相关变量为自变量，拟合线性回归模型，进而计算预测值并作为缺失值的插补值。

```
impute_lm(airquality, Ozone ~ Solar.R + Wind + Temp,
          add_residual = "normal")   # 添加随机误差
```

- 用其他模型插补（需要相应的包），用法完全类似，具体如下。
  - impute_rlm()：用稳健线性回归模型插补。
  - impute_en()：用正则化线性回归模型插补。
  - impute_knn()：用 k 近邻模型插补，可设置邻居数参数 k。
  - impute_cart()：用决策树模型插补，可设置复杂度参数 cp。
  - impute_rf()：用随机森林模型插补，可设置复杂度参数 cp。
  - impute_mf()：用缺失森林模型插补。
  - impute_em()：用期望最大算法插补。

下面以决策树算法插补为例，并可视化查看插补效果。

```
library(simputation)      # 单重插补
airquality %>%
  bind_shadow() %>% as.data.frame() %>%
  impute_cart(Ozone ~ Solar.R + Wind + Temp) %>%
  add_label_shadow() %>%
  ggplot(aes(Solar.R, Ozone, color = any_missing)) +
  geom_point() +
  theme(legend.position = "top")
```

结果如图 5.4 所示。

注意，simputation 包只支持 data.frame，不支持 tibble，因此其中的 as.data.frame() 不能省。

另外，还有代理插补函数 impute_proxy() 可以自定义插补公式，调用 VIM 包后端进行 hotdeck 插补 impute_shd()，请参阅对应的包文档。

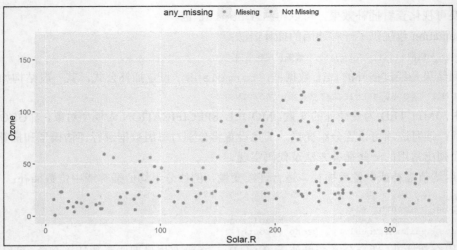

图 5.4 决策树插补并可视化插补效果

（2）多重插补

前面的插补是单重插补，就是只插补一次。而多重插补是插补多次，涉及以下内容：

- 将缺失数据集复制几个副本。
- 对每个副本数据集进行缺失值插补。
- 对这些插补数据集进行评估整合得到最终完整数据集。

先用 mice 包的 mice() 函数实现多重插补，代码如下：

```
library(mice)                        # 多重插补
aq_imp = mice(airquality, m = 5, maxit = 10, method = "pmm",
              seed = 1, print = FALSE)  # 设置种子,不输出过程
```

设置参数 m 生成几个数据集副本；maxit 设置在每个插补数据集上的最大迭代次数；method 设置插补方法，针对连续、二分类和多分类变量的默认方法分别是 pmm、logreg 和 polyreg，更多插补方法以及更多参数可查阅帮助文档。

再用 complete() 函数获取经多重插补并整合的完整数据：

```
aq_dat = mice::complete(aq_imp)
```

另外，mice 包还提供了函数 with() 在每个插补数据集上进行建模分析，pool() 函数用于组合各个建模分析结果。具体使用方法请参阅 mice 包相关的文档。

（3）插值法插补

imputeTS 包实现了一系列插补和可视化时间序列数据的方法，包括插值法、时间序列分析算法等。

函数 na_interpolation() 可实现插值法插补，其参数 option 用于设置插值算法，例如 linear（线性）、spline（样条）、stine（Stineman）。

下面用样条插值法插补自带数据 tsAirgap 的缺失值，并对比插补值与真实值：

```
library(imputeTS)                     # 插补时间序列
imp = na_interpolation(tsAirgap, option = "spline")
ggplot_na_imputations(tsAirgap, imp, tsAirgapComplete)
```

结果如图 5.5 所示。

其他插补函数还有 na_kalman()（Kalman 光滑）、na_ma()（指数移动平均）、na_seadec()（季节分解）等，请参阅对应的包文档。

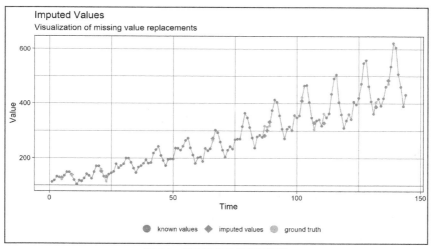

图 5.5　样条插补时间序列数据

5.1.2　异常值

异常值是指与其他值或其他观测相距较远的值或观测，即与其他数据点有显著差异的数据点。异常值会极大地影响模型的效果。

数据预处理包括异常值的检测与处理（直接剔除或替换为 NA 再插补）。另外，异常值检测也可能是研究目的，例如识别数据造假、交易异常等。

1．单变量的异常值

（1）标准差法

若数据近似正态分布，则大约 68% 的数据落在均值的 1 个标准差之内，大约 95% 落在 2 个标准差之内，而大约 99.7% 落在 3 个标准差之内。如果数据点落在 3 倍标准差之外，则认为是异常值。

（2）百分位数法

基于百分位数，所有落在 2.5 和 97.5 百分位数（也可以是其他百分位数）之外的数据都被认为是异常值。

（3）箱线图法

箱线图的主要应用之一就是识别异常值。以数据的上下四分位数（Q1 和 Q3）为界画一个矩形盒子（中间 50% 的数据落在盒内），盒长为 IQR = Q3 − Q1，默认盒须不超过盒长的 1.5 倍，之外的点认为是异常值。

自编函数实现上述 3 种识别异常值的方法，代码如下：

```
univ_outliers = function(x, method = "boxplot", k = NULL,
                         coef = NULL, lp = NULL, up = NULL) {
  switch(method,
    "sd" = {
      if(is.null(k)) k = 3
      mu = mean(x, na.rm = TRUE)
      sd = sd(x, na.rm = TRUE)
      LL = mu - k * sd
      UL = mu + k * sd},
    "boxplot" = {
      if(is.null(coef)) coef = 1.5
      Q1 = quantile(x, 0.25, na.rm = TRUE)
      Q3 = quantile(x, 0.75, na.rm = TRUE)
      iqr = Q3 - Q1
```

```
        LL = Q1 - coef * iqr
        UL = Q3 + coef * iqr},
    "percentiles" = {
        if(is.null(lp)) lp = 0.025
        if(is.null(up)) up = 0.975
        LL = quantile(x, lp)
        UL = quantile(x, up)
    })
    idx = which(x < LL | x > UL)
    n = length(idx)
    list(outliers = x[idx], outlier_idx = idx, outlier_num = n)
}
```

参数说明：

- x 为数据向量。
- method 选择识别异常值的方法："boxplot"（默认）、"sd""percentiles"。
- k 配合"sd"法，设置均值加减标准差的倍数，默认为 3。
- coef 配合"boxplot"法，设置盒须长度关于 IQR 的倍数，默认为 1.5。
- lp 和 up 配合"percentiles"法，设置百分位数下限和上限，默认为 0.025 和 0.975。

下面以 mpg 数据集的 hwy 列为例，分别用箱线图法、标准差法、百分位数法识别异常值。

```
x = mpg$hwy
univ_outliers(x)                        # 箱线图法

## $outliers
## [1] 44 44 41
##
## $outlier_idx
## [1] 213 222 223
##
## $outlier_num
## [1] 3
```

```
univ_outliers(x, method = "sd")  # 标准差法

## $outliers
## [1] 44 44
##
## $outlier_idx
## [1] 213 222
##
## $outlier_num
## [1] 2
```

```
univ_outliers(x, method = "percentiles")   # 百分位数法

## $outliers
##  [1] 12 12 12 12 36 36 12 37 44 44 41
##
## $outlier_idx
##  [1]  55  60  66  70 106 107 127 197 213 222 223
##
## $outlier_num
## [1] 11
```

2. 多变量的异常值

（1）局部异常因子法（LOF）法

LOF 法是基于概率密度函数识别异常值的算法，其原理是将一个点的局部密度与其周围点的密度相比较，若前者明显比后者小（LOF 值大于 1），则该点相对于周围的点来说就处于相对比较稀疏的区域，这就表明该点是异常值。

LOF 法可以用 DMwR2 包中的 lofactor() 函数实现，代码如下所示。Rlof 包中的 lof()函数可实现相同的功能，并且支持并行计算和选择不同距离。

```
library(DMwR2)
lofs = lofactor(iris[,1:4], k = 10)   # k 为邻居数
```

```
# 选择 LOF 值最大的 5 个索引，认为是异常样本
order(lofs, decreasing = TRUE)[1:5]
```
```
## [1]  42 107  23  16  99
```

（2）基于聚类算法

通过把数据聚成类，可以将那些不属于任何一类的数据作为异常值。

DMwR2 包提供了 outliers.ranking() 函数，基于层次聚类来计算异常值的概率及排名，具体是根据聚合层次聚类过程的各个样本的合并路径来获得排名。

```
rlt = outliers.ranking(iris[,1:4])
# rlt$rank.outliers[1:5]    # 异常值排名前五的样本
sort(rlt$prob.outliers, decreasing = TRUE)[1:5]
```
```
##        36        42       107        58        61
## 0.8181818 0.8000000 0.8000000 0.6923077 0.6923077
```

我们也可以借助其他聚类算法包（dbscan 和 stats）做聚类分析，再进一步筛选出异常值：

- 基于密度的聚类 DBSCAN，如果对象在稠密区域紧密相连，则被分组到一类；那些不会被分到任何一类的对象就是异常值；
- 基于 k-means 聚类，围绕最近的聚类中心，将数据分成 k 组，再计算每个样本到聚类中心的距离（或相似性），并选择距离最大的若干样本作为异常值。

（3）基于模型的异常值

在对回归模型做模型诊断时会做强影响分析：通常回归模型具有一定的稳定性，若加入和移出某个样本对模型有巨大影响，则该样本是应该剔除的异常值。

度量这种强影响的指标如下所示。

- Cook's 距离：cooks.distance(model)。
- Leverage 值：hatvalues(model)。

或者用 influence.measures(model) 直接计算包括二者在内的 4 个强影响度量值。

另外，car 包提供了 Bonferroni 异常值检验函数 outlierTest(model)，支持线性回归、广义线性回归、线性混合模型，使用方法如下所示。

```
mod = lm(mpg ~ wt, mtcars)
car::outlierTest(mod)
```
```
## No Studentized residuals with Bonferroni p < 0.05
## Largest |rstudent|:
##          rstudent unadjusted p-value Bonferroni p
## Fiat 128 2.537801           0.016788       0.5372
```

结果表明，mtcars 数据集中行名为 Fiat 128 的样本是异常值。

（4）随机森林法检测异常值

相当于是单变量标准差法异常检测的多变量扩展。单变量标准差法是根据偏离全局均值多少判定异常值，而随机森林法是基于随机森林模型预测值计算的条件偏离（异常值）得分判定异常值。变量 j 的第 i 个观测值 x_{ij} 的异常值得分如下：

$$s_{ij} = \frac{x_{ij} - \text{pred}_{ij}}{\text{rmse}_j}$$

其中，pred_{ij} 为第 j 个随机森林模型对 x_{ij} 的"袋外"预测值，该随机森林模型的均方根误差为 rmse_j。若 $|s_{ij}|$ 大于某设定阈值 L，则判断为异常值。这样识别出来的异常值，可以用基于非异常值数据预测的均值替换。

每个数值变量都基于其他变量做随机森林回归，若观测值与"袋外"预测值的标准化绝对

偏差大于"袋外"预测值的 RMSE 的 3 倍,则认为该观测值是异常值。这样识别出来的异常值,可以用非异常值预测的均值替换。

该方法用 outForest 包中的 outForest() 函数实现,基本格式为:

```
outForest(data, formula, replace, ...)
```

data 为数据框。其中 formula 用于设置模型公式,默认为.~.,表示用右侧所有变量检测左侧所有数值变量。replace 用于设置如何替换异常值,可选"pmm""predictions""NA""no",插补值是基于 missRanger::missRaner() 生成的预测值。其他参数可设置保留多少异常值,控制随机森林的复杂度[①]等,详细信息请查阅包文档。

代码示例如下:

```
library(outForest)
# 用 iris 数据随机生成若干异常值
irisWithOut = generateOutliers(iris, p = 0.02, seed = 123)
# 检测除 Sepal.Length 外数值变量异常值, 异常值数设为 3
out = outForest(irisWithOut, . - Sepal.Length ~ .,
                max_n_outliers = 3, verbose = 0)
outliers(out)                   # 查看异常值及相关信息

##   row          col  observed  predicted        rmse       score
## 1  72  Sepal.Width 11.499740   2.677875   0.8898475    9.913907
## 2 103 Petal.Length -14.000307  6.048860   2.1245832   -9.436753
## 3  53  Petal.Width  -1.936625  1.604164   0.4774983   -7.415291
##     threshold replacement
## 1   7.165234          2.4
## 2   7.165234          5.8
## 3   7.165234          2.0
```

```
plot(out, what = "scores")   # 绘制各变量异常值得分图
```

结果如图 5.6 所示。

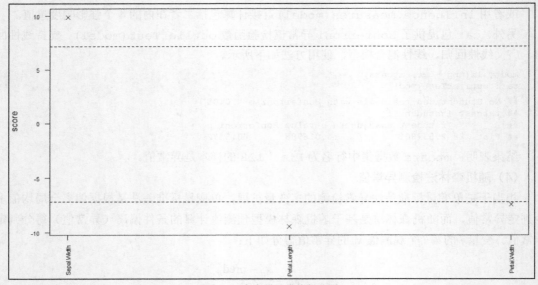

图 5.6 各变量异常值得分图

用 Data(out) 可以获取替换异常值之后的数据。

rstatix 包提供了 mahalanobis_distance() 函数可以计算多变量的马氏距离,进而标记基于马氏距离的异常值;anomalize 包可以检验时间序列的异常值;outliers 包提供了

---

① 可用来提速的随机森林复杂度参数如 num.trees、mtry、sample.fraction、max.depth、min.node.size。

一系列专用的检验异常值的函数。

5.2 特征工程

自变量通常称为特征，特征工程（Feature Engineering）就是发现或构建对因变量有明显影响的特征，具体来说是将原始特征转化成更方便表达问题本质的特征的过程，将这些特征运用到预测模型中能提高对不可见数据的模型预测精度。

5.2.1 特征缩放

因为不同数值型特征的数据量纲可能相差多个数量级，这对很多数据模型会有很大影响，所以有必要做归一化处理，就是将列或行对齐并将方向转为一致（把负向指标变成正向指标）。

1. 标准化

标准化也称为 z 标准化，将数据变成均值为 0，标准差为 1：

$$z = \frac{x - \mu}{\sigma}.$$

其中，μ 为均值，σ 为标准差。z 值反映了该值偏离均值的标准差的倍数。

```
scale(x)                      # 标准化
scale(x, scale = FALSE)       # 中心化：减去均值
```

注意：中心化后，0 就代表均值，更方便模型解释。

2. 归一化

归一化是将数据线性放缩到[0,1]，一般还需要同时考虑指标一致化，将正向指标（值越大越好）和负向指标（值越小越好）都变成正向。

正向指标计算公式如下：

$$x'_i = \frac{x_i - \min x_i}{\max x_i - \min x_i}$$

负向指标计算公式如下：

$$x'_i = \frac{\max x_i - x_i}{\max x_i - \min x_i}$$

注：根据需要也可以把数据线性放缩到[a,b]。

```
rescale = function(x, type = "pos", a = 0, b = 1) {
  rng = range(x, na.rm = TRUE)
  switch (type,
    "pos" = (b - a) * (x - rng[1]) / (rng[2] - rng[1]) + a,
    "neg" = (b - a) * (rng[2] - x) / (rng[2] - rng[1]) + a)
}
as_tibble(iris) %>%           # 将所有数值列归一化到[0,100]
  mutate(across(where(is.numeric), rescale, b = 100))
## # A tibble: 150 x 5
##   Sepal.Length Sepal.Width Petal.Length Petal.Width Species
##          <dbl>       <dbl>        <dbl>       <dbl> <fct>
## 1        22.2        62.5         6.78        4.17 setosa
## 2        16.7        41.7         6.78        4.17 setosa
## 3        11.1        50           5.08        4.17 setosa
## 4         8.33       45.8         8.47        4.17 setosa
## 5        19.4        66.7         6.78        4.17 setosa
```

```
## 6          30.6          79.2          11.9          12.5  setosa
## # ... with 144 more rows
```

3. 行规范化

行规范化常用于文本数据或聚类算法，用于保证每行具有单位范数，即每行的向量"长度"相同。想象一下，在 m 个特征的情况下，每行数据都是 m 维空间中的一个点，做行规范化能让这些点都落在单位球面上（即任意点到原点的距离均为 1）。

行规范化一般采用 L_2 范数：

$$x'_{ij} = \frac{x_{ij}}{x_i} = \frac{x_{ij}}{\| x_i \|_2} = \frac{x_{ij}}{\sqrt{\sum_{j=1}^{m} x_{ij}^2}}$$

下面以 iris 数据集的数值列为例进行行规范化：

```
iris[1:3,-5] %>%
  pmap_dfr(~ c(...) / norm(c(...), "2"))
## # A tibble: 3 x 4
##   Sepal.Length Sepal.Width Petal.Length Petal.Width
##          <dbl>       <dbl>        <dbl>       <dbl>
## 1        0.804       0.552        0.221      0.0315
## 2        0.828       0.507        0.237      0.0338
## 3        0.805       0.548        0.223      0.0343
```

4. 数据平滑

若数据噪声太多，通常就需要做数据平滑。最简单的数据平滑方法是移动平均，即用一定宽度的小窗口（比如五点平滑，用前两点/自身/后两点，共五点平均值代替自身因变量值）滑过曲线，把曲线的毛刺尖峰抹掉，这能在一定程度上去掉噪声还原原本曲线。窗口宽度越大，平滑的效果越明显。

```
library(slider)
library(patchwork)
p1 = economics %>%
  ggplot(aes(date, uempmed)) +
  geom_line()
p2 = economics %>%                    # 做五点移动平均
  mutate(uempmed = slide_dbl(uempmed, mean, .before = 2, .after = 2)) %>%
  ggplot(aes(date, uempmed)) +
  geom_line()
p1 | p2
```

结果如图 5.7 所示。

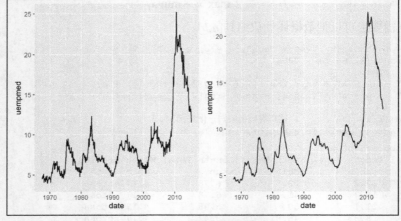

图 5.7　数据平滑处理

另外，自带的 `lowess()` 函数实现了局部加权多项式回归平滑。其他平滑方法还有指数平滑、滤波、光滑样条等。

5.2.2 特征变换

1. 非线性特征

对于数值特征 x1、x2 等，我们可以创建更多的多项式项特征，例如 x1^2, x1 x2, x2^2，这相当于是用自变量的更高阶泰勒公式去逼近因变量。

在 4.4.3 节关于多元线性回归的实例中，我们已经介绍了如何借助 I()、poly() 和 mpoly() 生成多项式项以及加入回归模型公式。

这里再给出一种基于 recipes 包的实现，整体上按照是管道流进行操作。

- recipe()：准备数据和模型变量。
- step_poly()：通过特征工程步构建单变量的多项式特征，参数 degree 可设置多项式次数，默认是生成正交多项式特征，若要生成原始特征，需要设置 raw = TRUE。
- prep()：用数据估计特征工程步参数。
- bake()：默认应用到新数据，new_data = NULL 表示将特征工程应用到原数据。

```
library(tidymodels)
recipe(hwy ~ displ + cty, data = mpg) %>%
  step_poly(all_predictors(), degree = 2, options = list(raw = TRUE)) %>%
  prep() %>%
  bake(new_data = NULL)

## # A tibble: 234 x 5
##     hwy displ_poly_1 displ_poly_2 cty_poly_1 cty_poly_2
##   <int>        <dbl>        <dbl>      <dbl>      <dbl>
## 1    29          1.8         3.24         18        324
## 2    29          1.8         3.24         21        441
## 3    31          2           4            20        400
## 4    30          2           4            21        441
## 5    26          2.8         7.84         16        256
## 6    26          2.8         7.84         18        324
## # ... with 228 more rows
```

也可以构建其他非线性特征以及样条特征、广义加法模型特征等。另外，文本数据有专用的文本特征（词袋、**TF-IDF** 等）。

2. 正态性变换

- 对数变换或幂变换

对于方差逐渐变大的异方差的时间序列数据或右偏分布的数据，可以尝试做对数变换或开平方变换，以稳定方差和变成正态分布：

$$y' = \log_a(y), \ y' = \sqrt{y}, \ y' = \sqrt[3]{y}$$

以 King Country 的房价数据为例，对右偏分布的数据做对数变换后变成近似正态分布，代码如下：

```
df = mlr3data::kc_housing
p1 = ggplot(df, aes(price)) +
  geom_histogram()
p2 = ggplot(df, aes(log10(price))) +
  geom_histogram()
p1 | p2
```

结果如图 5.8 所示。

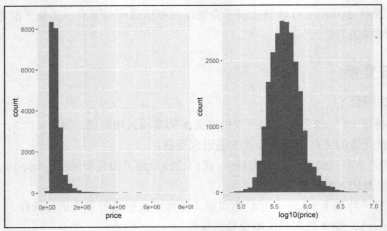

图 5.8　对数变换到正态数据

对数变换特别有用，因为具有可解释性：对数值的变化是原始尺度上的相对变化（百分比）。若使用以 10 为底的对数，则对数刻度上的值每增加 1 对应原始刻度上的值乘以 10。

注意，原始数据若存在零或负值，则不能取对数或开根号，解决办法是做平移，具体公式为 $a = \max\left\{0, -\min\left\{x_i\right\} + \varepsilon\right\}$。

- Box-Cox 变换与 Yeo-Johnson 变换

Box-Cox 变换是更神奇的正态性变换，用最大似然估计选择最优的 λ 值，让非负的非正态数据变成正态数据：

$$y' = \begin{cases} \ln(y), & \lambda = 0 \\ (y^\lambda - 1)/\lambda, & \lambda \neq 0 \end{cases}$$

若数据包含 0 或负数，则 Box-Cox 变换不再适用，可以改用相同原理的 Yeo-Johnson 变换：

$$y' = \begin{cases} \ln(y+1), & \lambda = 0, y \geqslant 0 \\ \dfrac{(y+1)^\lambda - 1}{\lambda} & \lambda \neq 0, y \geqslant 0 \\ -\ln(1-y), & \lambda = 2, y < 0 \\ \dfrac{(1-y)^{2-\lambda} - 1}{\lambda - 2}, & \lambda \neq 2, y < 0 \end{cases}$$

用 bestNormalize 包中的 boxcox() 和 yeojohnson() 函数，可以实现这两种变换及其逆变换，代码如下：

```
library(bestNormalize)
x = rgamma(100, 1, 1)
yj_obj = yeojohnson(x)
yj_obj$lambda                                      # 最优 lambda
## [1] -1.0336
p = predict(yj_obj)                                # 变换
x2 = predict(yj_obj, newdata = p, inverse = TRUE)  # 逆变换
```

3. 连续变量离散化

在统计和机器学习中，有时需要将连续变量转化为离散变量，称为连续变量离散化或分箱，该方法常用于银行风控建模，特别是基于线性回归或 Logistic 回归模型进行建模。

分箱的好处如下。

- 使结果更便于分析和解释。比如，年龄从中年到老年，患高血压比例总体增加 25%，而年龄每增加一岁，患高血压比例不一定有显著变化。
- 将自变量与因变量间非线性的潜在的关系，转化为简单的线性关系，即简化模型。

当然，分箱也可能带来问题，例如简化的模型关系可能与潜在的模型关系不一致（甚至可能是错误的模型关系），删除数据中的细微差别，切分点可能没有实际意义。

rbin 包提供了简单的分箱方法，如下所示。

- rbin_manual() 函数用于自定义分箱，手动指定切分点（左闭右开）。
- rbin_equal_length() 函数用于等宽分箱。
- rbin_equal_freq() 函数用于等频分箱。
- rbin_quantiles() 函数用于分位数分箱。
- rbin_winsorize() 函数用于缩尾分箱，不受异常值影响。

这些函数返回分箱结果的汇总统计以及 WOE、熵和信息值指标，用 rbin_create() 函数可以进一步创建虚拟变量，代码如下。

```
library(rbin)
df = readxl::read_xlsx("data/hyper.xlsx")
bins = df %>%
  rbin_equal_length(hyper, age, bins = 3)
rbin_create(df, age, bins) %>% head(3)

##   age ageg hyper age_<_49 age_<_58 age_>=_58
## 1  58    2     1        0        0         1
## 2  50    2     1        0        1         0
## 3  56    2     1        0        1         0
```

其他基于模型的分箱方法还有基于 k-means 聚类、决策树、ROC 曲线、广义可加模型和最大秩统计量等的分箱方法。

另外，分类特征在用于回归建模或机器学习模型之前，经常需要做重新编码，即转化虚拟变量（参见 4.4.3 节）、效应编码等。

5.2.3　特征降维

有时数据集可能包含过多特征，甚至是冗余特征，我们可以用降维技术进压缩特征，但这样通常会降低模型性能。

最常用的特征降维方法是主成分分析（PCA），该方法利用协方差矩阵的特征值分解原理，实现多个特征向少量综合特征（称为主成分）的转化，每个主成分都是多个原始特征的线性组合，且各个主成分之间互不相关，第一主成分用于解释数据变异（方差）最大的，第二主成分用于解释数据变异（方差）是次大的，依此类推。

若将 n 个特征转化为 n 个主成分，则会保留原始数据 100% 的信息，但这就失去了降维的意义。所以一般是只选择前若干个主成分，一般原则是选择保留 85% 以上信息的主成分。

用 recipes 包实现特征降维，关键步骤是特征工程步骤 step_pca()，参数 threshold 设置保留信息的阈值，或者用参数 num_comp 设置保留主成分个数。

以 iris 为例，对于所关注的 4 个数值型特征只提取前两个主成分就足以保留 85% 以上的原始数据信息。

```
recipe(~ ., data = iris) %>%
  step_normalize(all_numeric()) %>%
  step_pca(all_numeric(), threshold = 0.85) %>%
```

```
    prep() %>%
    bake(new_data = NULL)
## # A tibble: 150 x 3
##   Species   PC1    PC2
##   <fct>     <dbl>  <dbl>
## 1 setosa   -2.26  -0.478
## 2 setosa   -2.07   0.672
## 3 setosa   -2.36   0.341
## 4 setosa   -2.29   0.595
## 5 setosa   -2.38  -0.645
## 6 setosa   -2.07  -1.48
## # ... with 144 more rows
```

其他特征降维的方法，还有核主成分分析、独立成分分析（ICA）、多维尺度等。

5.3　探索变量间的关系

数据中的变量值得关注，主要包括变量自身的变化（取常值的变量毫无价值），以及变量与变量之间的协变化。

描述统计相当于是探索单个变量自身的变化。比如，连续变量可以用均值等汇总统计量、直方图、箱线图探索其分布；离散变量可以用频率表、条形图等探索其分布。

探索性数据分析的另一项重要内容就是探索变量间的关系或者叫作探索协变化。协变化是两个或多个变量的值以一种相关的方式一起变化。识别出协变化的最好方式是将两个或多个变量的关系可视化，当然也要区分变量是分类变量还是连续变量。

5.3.1　两个分类变量

探索两个分类变量的常用方法如下。
- 可视化：复式条形图、堆叠条形图。
- 描述统计量：交叉表（参见 4.1.3 节）。
- Cramer's V 统计量：rstatix::cramer_v()。
- 假设检验：检验两个比例的差、卡方独立性检验。

用可视化方法探索分析的代码如下：

```
titanic = read_rds("data/titanic.rds")
titanic %>%
  ggplot(aes(Pclass, fill = Survived)) +
  geom_bar(position = "dodge")
```

结果如图 5.9 所示。

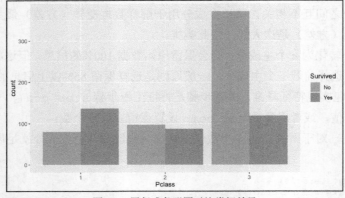

图 5.9　用复式条形图对比类间差异

用 Cramer's V 检验法探索分析的代码如下：

```
library(rstatix)
tbl = table(titanic$Pclass, titanic$Survived)
cramer_v(tbl)                # Cramer'V 检验
```

```
## [1] 0.3398174
```

用比例检验法探索分析的代码如下：

```
prop_test(tbl)              # 比例检验
```

```
## # A tibble: 1 x 5
##       n statistic    df        p p.signif
## * <dbl>     <dbl> <dbl>    <dbl> <chr>
## 1   891      103.     2 4.55e-23 ****
```

用卡方检验法探索分析的代码如下：

```
chisq_test(tbl)              # 卡方检验
```

```
## # A tibble: 1 x 6
##       n statistic        p    df method              p.signif
## * <int>     <dbl>    <dbl> <int> <chr>               <chr>
## 1   891      103. 4.55e-23     2 Chi-square test     ****
```

Cramer'V 统计量是修正版本的 Φ 系数，一般法则是 $|\Phi| < 0.3$，代表很少或没有相关性；$0.3 \leqslant |\Phi| \leqslant 0.7$ 代表有弱相关性；$|\Phi| > 0.7$ 代表有强相关性。

5.3.2 分类变量与连续变量

探索分类变量与连续变量的常用方法如下。

- 可视化：按分类变量分组的箱线图、直方图、概率密度曲线。
- 描述统计：按分类变量分组汇总。
- 比较均值的假设检验：t 检验、方差分析、Wilcoxon 秩和检验等。

用可视化方法探索分析并生成概率密度曲线的代码如下：

```
mpg %>%
  ggplot(aes(displ, color = drv)) +
  geom_density()                        # 概率密度曲线
```

结果如图 5.10 所示。

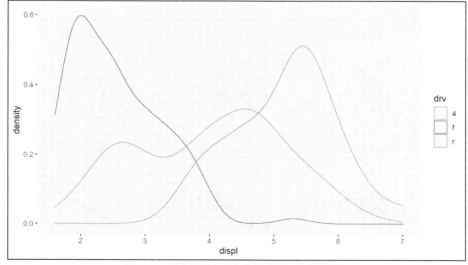

图 5.10 用分组概率密度曲线对比组间数据分布

用描述统计法探索分析并进行分组汇总的代码如下：

```
mpg %>%
  group_by(drv) %>%
  get_summary_stats(displ, type = "five_number")   # 五数汇总
```

```
## # A tibble: 3 x 8
##   drv   variable      n   min   max    q1 median    q3
##   <chr> <chr>     <dbl> <dbl> <dbl> <dbl>  <dbl> <dbl>
## 1 4     displ       103   1.8   6.5   2.9      4   4.7
## 2 f     displ       106   1.6   5.3     2    2.4     3
## 3 r     displ        25   3.8     7   4.6    5.4   5.7
```

用方差分析法探索分析的代码如下：

```
mpg %>%
  anova_test(displ ~ drv)                           # 方差分析
```

```
## ANOVA Table (type II tests)
##
##   Effect DFn DFd       F        p p<.05   ges
## 1    drv   2 231 109.816 3.03e-34     * 0.487
```

5.3.3 两个连续变量

探索两个连续变量的常用方法如下。

- 可视化：散点图（或加光滑曲线）、折线图，3 个连续变量可用气泡图。
- 线性相关系数：协方差能反映两个变量的影响关系，公式如下：

$$\text{Cov}(X,Y) = \frac{1}{n}\sum_{i=1}^{n}(x_i - \overline{x}_i)(y_i - \overline{x}_i)$$

- 协方差的单位是不一致的，不具有可比性，解决办法就是做标准化，得到相关系数，公式如下：

$$\rho_{XY} = \frac{\text{Cov}(X,Y)}{s_X s_Y} = \frac{\sum_{i=1}^{n}(x_i - \overline{x}_i)(y_i - \overline{x}_i)}{\sqrt{\sum_{i=1}^{n}(x_i - \overline{x})^2}\sqrt{\sum_{i=1}^{n}(y_i - \overline{y})^2}}$$

线性相关系数介于-1 和 1 之间，反映了线性相关程度的大小，为了让读者对相关系数有直观印象，我们用 ggplot2 绘制的图 5.11 来展示。

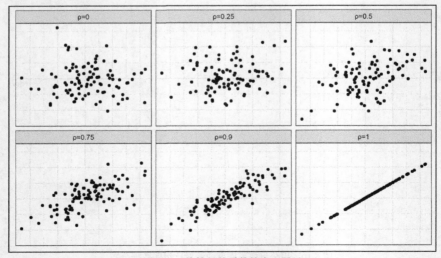

图 5.11　线性相关系数的直观展示

用 rstatix 包计算相关系数矩阵,并去掉重复值,再按相关系数大小进行排序,代码如下:

```
iris[-5] %>%
  cor_mat() %>%                      # 相关系数矩阵
  replace_triangle(by = NA) %>%      # 将下三角替换为 NA
  cor_gather() %>%                   # 宽变长
  arrange(- abs(cor))                # 按绝对值降序排列

##             var1         var2   cor        p
## 1   Petal.Length  Petal.Width  0.96 4.68e-86
## 2   Sepal.Length Petal.Length  0.87 1.04e-47
## 3   Sepal.Length  Petal.Width  0.82 2.33e-37
## 4    Sepal.Width Petal.Length -0.43 4.51e-08
## 5    Sepal.Width  Petal.Width -0.37 4.07e-06
## 6   Sepal.Length  Sepal.Width -0.12 1.52e-01
```

注意:统计相关并不代表因果相关,线性不相关也可能具有非线性关系!

GGally 包提供的 ggpair() 函数可用于绘制散点图矩阵,非常便于可视化探索因变量与多个自变量之间的相关关系,代码如下:

```
library(GGally)
ggpairs(iris, columns = names(iris))
```

结果如图 5.12 所示。

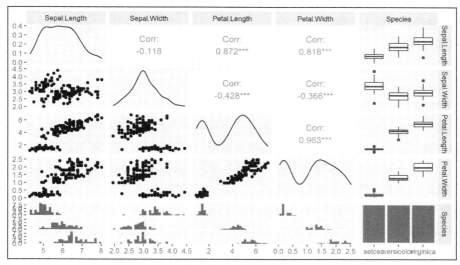

图 5.12　散点图矩阵

实际中,经常需要从许多自变量中筛选对因变量有显著影响的自变量,相关系数是一种方法,另一种更系统的方法是机器学习中的特征选择。另外,correlationfunnel 包能够快速探索自变量(特别是大量分类变量)对因变量的相关性影响大小,并绘制"相关漏斗图"进行可视化。

最后,我们还可以通过构建线性回归或广义线性回归模型,查看回归系数是否显著,并借此探索自变量(无论是连续还是分类)对因变量的影响。

6 文档沟通

2021 年，商业科学公司创始人及数据科学专家 Matt Dancho（也是 tidyquant、timtk、modeltime 等包的贡献者）发表了一篇博文："R is for Research, Python is for Production" 提出了以下观点。

对于做研究来说，R 在可视化、数据分析、生成分析报告以及用 shiny 制作 MVP 级应用等方面拥有卓越的性能。从概念（想法）到执行（代码），R 用户完成这些任务往往能够比 Python 用户快 3～5 倍，从而使研究工作的效率很高。

R 用在研究方面的优势体现在"文档沟通"，它是 tidyverse 整个数据科学流程的环节之一。本章将主要围绕以下内容展开：

1. 可重复研究

可重复研究是指将数据分析结果，以及更普遍的科学洞见，与数据和软件代码一起公布，以便他人可以验证这些发现并在此基础上继续发展。

可重复研究的优势如下。

- 实现了可重复性的项目或论文，更便于与其他研究者和决策者交流研究结果，让他们可以快速、轻松地重现、验证、评估相关结果，并追溯结果是如何得出的。
- 自己完成一篇论文并投稿到期刊，时隔几个月后重新修改并提交时，避免自己忘记所有的代码与分析过程是如何协同的。

可重复研究的主要工具是 R Markdown[①]，已嵌入 RStudio 中，为数据科学提供统一的编写框架，能够将代码、结果和文字叙述结合起来，是完全可改写的，并且支持几十种输出格式，包括 html、pdf、word、ppt 等。

可重复研究的另一工具是用于版本控制的 Git，这对于协作和跟踪代码与分析的"改动"至关重要。

2. 网页交互

Shiny 包可让你轻松创建丰富的交互式 Web 应用程序。Shiny 允许你使用 R 进行工作并通过 Web 浏览器展示，以便任何人都可以使用。Shiny 可以轻松制作出可用于交互教学、交互数据报表等精巧的 Web 应用程序。

3. 开发 R 包

R 项目已经能较好地组织某个项目相关的代码、数据等，更好、更易用的组织方式是开发成 R 包，同时也便于把你的代码分享给别人用。

---

① Jupyter Notebook 是 Python 用户常用的可协作框架，也支持 R，缺点是存储为 JSON 文件，不便于用 Git 跟踪"改动"。

6.1 R Markdown

6.1.1 Markdown 简介

Markdown 是一种可以使用普通文本编辑器编写的轻量化标记语言，通过简单的标记语法，它可以使普通文本内容具有一定的格式。

Typora 是一款好用的 Markdown 编辑器，Markdown 文件扩展名为.md，可导出 html、word、pdf、latex 等格式的文件。

Markdown 语法

Markdown 就是为方便读写而设计的，非常简单易学。下面以对照的方式介绍最常用的 Markdown 语法。

- 标题

如图 6.1 所示，左侧为 Markdown 语法展示，右侧为预览效果。

图 6.1 在 Markdown 中设置标题

- 无序列表

如图 6.2 所示，左侧为 Markdown 语法展示，右侧为预览效果。

图 6.2 在 Markdown 中设置无序列表

- 有序列表

如图 6.3 所示，左侧为 Markdown 语法展示，右侧为预览效果。

```
1. 有序列表          1. 有序列表
1. 有序列表          2. 有序列表
3. 有序列表          3. 有序列表
```

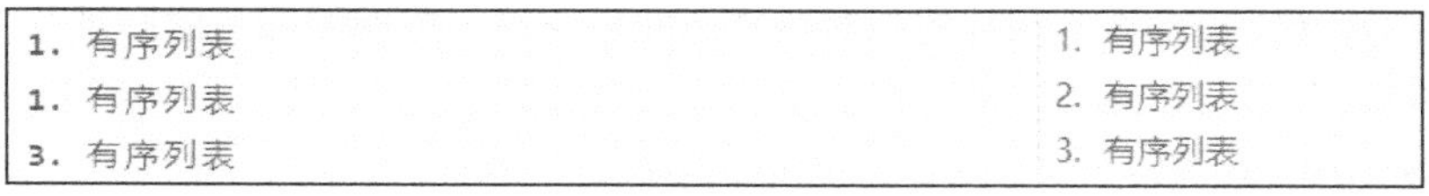

图 6.3 在 Markdown 中设置有序列表

- 引用与文字

如图 6.4 所示，左侧为 Markdown 语法展示，右侧为预览效果。

> 这是一段引用
>> 二级引用
加粗文本
斜体文本
~~删除文本~~
这是一段引用
二级引用
加粗文本
斜体文本
删除文本

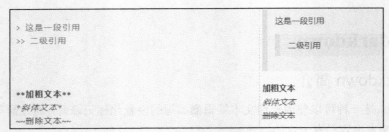

图 6.4 在 Markdown 中设置引用与文字

- 下划线文本、高亮文本、下标、上标

如图 6.5 所示，左侧为 Markdown 语法展示，右侧为预览效果。

<u>下划线文本</u>
==高亮文本==
H~2~O
X^2^
下划线文本
高亮文本
H_2O
X^2

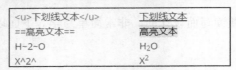

图 6.5 在 Markdown 中设置特定格式

若要设置字体字号颜色，可以用 HTML 语法，如下所示。

```
<font color = red size = 5> 红色放大文字 </font>
```

其他常用的 HTML 语法还包括用空行分段，用` `缩进一个汉字，在输出控制符号时需要添加转义符号\，用`---`可以生成分割线。

- 数学公式，支持 `Latex` 语法

如图 6.6 所示，Markdown 支持 Latex 语法，左侧为对应的 Markdown 语法展示，右侧为预览效果。

一元二次方程 $a x^2 + b x + c = 0, \, a \ne 0$ 的求根公式为：
$$
x_{1,2} = \frac{-b \pm \sqrt{b^2 - 4ac}}{2a}
$$
一元二次方程 $ax^2 + bx + c = 0,\ a \neq 0$ 的求根公式为：
$x_{1,2} = \frac{-b \pm \sqrt{b^2 - 4ac}}{2a}$

图 6.6 在 Markdown 中输入数学公式

- 高亮显示代码块（支持各种程序语言）

如图 6.7 所示，左侧为 Markdown 语法展示，右侧为预览效果。

```R
x = c(2,3,6)
x ^ 2
```
行内代码，`plot()` 是绘图函数
1. x = c(2,3,6)
2. x ^ 2
行内代码，plot() 是绘图函数

图 6.7 高亮显示代码块

- 插入图片（需提供本地图片的相对路径或完整路径，或网络图片的网址）：

```
![图片描述](xxx.png){width = 80%}
```

或者改用 `HTML` 代码：

```
<img src="xxx.png" alt="图片描述" style="zoom:80%;"/>
```

若需要让图片居中显示，可以套一个`<center>...</center>`；若要添加图标题，一种简单的做法是，在图片下面增加一行文字：

```
<center><b>图1</b> 标题文字</center>
```

- 插入超链接

```
[超链接描述] (超链接网址)
```

- 绘制表格

如图 6.8 所示，左侧为绘制表格所用的 Markdown 语法，右侧是可供预览的表格。

图 6.8　在 Markdown 中绘制表格

- 交叉引用

如图 6.9 所示，左侧为交叉引用所采用的 Markdown 语法，右侧是交叉引用的预览效果。

图 6.9　在 Markdown 中进行交叉引用

- 脚注

如图 6.10 所示，左侧为插入脚注所使用的 Markdown 语法，右侧为脚注的预览效果。

图 6.10　在 Markdown 中使用脚注

6.1.2　R Markdown 基础

R Markdown 的主要开创者和发扬光大者是谢益辉。R Markdown 除了具备一般的 Markdown 语法功能之外，最关键的是用户可以在 R Markdown 中插入代码块，并能运行代码，且将代码运行结果显示出来。

- 使用 R Markdown 能够让用户只需关注内容创作，基于现成模板再加入少量自己的设置，就可以自动化地制作以下文档：
    - 数据分析报告和文档（rmarkdown 包、officedown 包）；
    - 期刊论文（rticles 包）；
    - 书籍（bookdown 包）；
    - 个人简历（pagedown 包）；
    - 个人博客网站（blogdown 包）；
    - 幻灯片（xaringan 包）；

◆ 交互报表（flexdashboard 包）。

- 使用 R Markdown 能够解决的痛点[①]如下。

◆ 在用 R 或者其他数据分析工具时，经常需要在 Word 里写结论，在脚本里写代码，在图表区生成图，将它们复制粘贴到一起后，还要担心格式问题。那么有没有什么自动化的方法呢？

◆ 我的工作经常需要产出数据报告，如何创作一篇参数化、可复用的文档模板，从此可以在更新数据的同时同步结论和图表？

◆ 如何确保分析过程和结论是可重复的，别人是否能用同样的数据得到和我相同的结论？

◆ 我不了解网页开发，如何在报告中插入可交互的图表和网页元素？

R Markdown 文件是后缀名为.Rmd 的纯文本文件，.Rmd 文件的编译过程如图 6.11 所示。

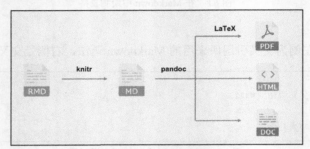

图 6.11 Rmd 文件的编译过程

当.Rmd 文件提交给 knitr 后，将执行代码块并创建一个新的包含代码和运行结果的 Markdown 文件（.md 格式），再被 Pandoc 处理生成最终的输出文件。

R Markdown 示例

先看一个简单的 R Markdown 实例，需要先安装 rmarkdown 包。在 RStudio 中，依次单击 New File→R Markdown...，进入.Rmd 文件创建向导，如图 6.12 所示。

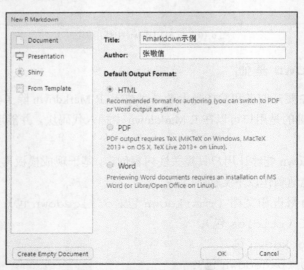

图 6.12 新建 R Markdown 实例

---

① 引用自《R Markdown 指南》。

填写标题和作者，默认的输出格式为 html，也可输出 pdf（需要 Latex 环境）、word（需要 Office 环境）等格式。

新建的 .Rmd 文件提供了 **R Markdown** 最小示例模板，如图 6.13 所示。用户可将模板修改为自己的内容，里面大部分语法都遵循 **Markdown** 语法，少部分语法是 **R Markdown** 专用语法，下面先针对该模板进行讲解。

```
1  ---
2  title: "Rmarkdown示例"
3  author: "张敬信"
4  date: "2021/7/26"
5  output: html_document
6  ---
7
8  ```{r setup, include=FALSE}
9  knitr::opts_chunk$set(echo = TRUE)
10
11
12 ## R Markdown
13
14 This is an R Markdown document. Markdown is a simple formatting syntax for authoring HTML, PDF,
   and MS word documents. For more details on using R Markdown see <http://rmarkdown.rstudio.com>.
15
16 when you click the **Knit** button a document will be generated that includes both content as
   well as the output of any embedded R code chunks within the document. You can embed an R code
   chunk like this:
17
18 ```{r cars}
19 summary(cars)
20
21
22 ## Including Plots
23
24 You can also embed plots, for example:
25
26 ```{r pressure, echo=FALSE}
27 plot(pressure)
28
29
30 Note that the `echo = FALSE` parameter was added to the code chunk to prevent printing of the R
   code that generated the plot.
```

图 6.13 自带 R Markdown 模板

从 .Rmd 到输出目标文档的过程称为 knit。有两种方式，一种是单击 Knit 按钮，或者从其下拉菜单选择 Knit to HTML（也可选择 Knit to PDF 或 Knit to Word）；另一种是在 Console 窗口执行以下命令：

```
rmarkdown::render("rmddemo.Rmd", "html_document")
```

1. YAML

第 1～6 行（即位于一组"---"之间的部分）称为 YAML，由若干"键:值"对组成，用于控制 R Markdown 如何编译 .Rmd 文件。

日期的值可以改用行内 R 代码返回今天的日期，如下所示：

```
date: "`r Sys.Date()`"
```

output: html_document 设置输出格式为 html 文档，还可以进一步设置深度为 2 的目录：

```
output:
  html_document:
    toc: true
    toc_depth: 2
```

- R markdown 的主要优势之一就是可以从单个文件源，生成多种输出格式，常用的有以下几种。
  - html_document/html_vignette：网页文档（html）。
  - md_document/github_document：markdown 文档（md）。
  - pdf_document：pdf 文档（pdf）。
  - word_document：word 文档（docx）。
  - powerpoint_presentation：PPT 幻灯片（ppt）。
  - beamer_presentation：Latex beamer 幻灯片（pdf）。

- ◆ ioslides_presentation: ioslides 幻灯片（html）。
- ◆ slidy_presentation: slidy 幻灯片（html）。
- 输出格式后面，还有很多可用的其他选项，如下所示。
  - ◆ toc_float: true：浮动目录。
  - ◆ number_sections: true：添加标题编号。
  - ◆ code_folding: hide：代码折叠。
  - ◆ fig_width: 7, fig_height: 6：固定图片宽和高。
  - ◆ fig_caption: true：添加图片标题。
  - ◆ df_print: kable：数据框输出表格样式。
  - ◆ highlight: tango：设置语法高亮[①]。
  - ◆ theme: united：设置主题[②]。
  - ◆ keep_md: true：保存中间.md 文档。
  - ◆ citation_package: natbib：**Latex** 参考文献格式用 natbib 宏包。
  - ◆ reference_docx: "template.docx"：自定义 word 模板。

pdf_document 涉及 Latex 相关的选项将放在 **6.2** 节，这里再简单介绍一下如何使用自定义 word 模板。

先创建一个输出到 Word 文档的.Rmd，在原始模板增加新的格式（内容随意），比如三级标题、参考文献等，然后通过 Knit to Word 功能生成 **Word** 文档，打开所生成的文件可以继续在 **Word** 中进行修改，例如增加样式、修改格式等（内容随意）。

在.Rmd 的 yaml 中设置输出格式：

```
output:
  word_document:
    reference_docx: "template.docx"
```

通过上述代码则可以使用该参考模板（**template.docx**），并在编译 Word 文档时，读取模板中的样式并将其应用到新文档中。

目前，R 与 Office 深度交互已有 officeverse 系列包，具体如下。

- officer 包：用 **R** 生成 Word/PowerPoint。
- officedown 包：用 **R Markdown** 与 Word 或 PowerPoint 进行沟通。
- flextable 包：定制精美表格。
- mschart 包：根据数据绘制 Office 风格图形。
- rvg 包：生成可修改的矢量图。

更多细节可参阅 officeverse 文档。更多的 YAML 设置方法可参阅相关书籍或包文档。另外，yaml 的设置还可以借助 ymlthis 包，完成图形交互界面。

2. 代码块

第 **8~10、18~20、26~28** 行是代码块，位于```{r} 和``` 之间，表示 **R** 语言代码块（快捷键：Windows 系统用 **Ctrl + Alt + I**；Mac 系统用 **Cmd + Option + I**）。

reticulate 包也支持 Python 代码，还支持 Shell、SQL、Stan、C/Fortran、C++、Julia、JavaScript/CSS 以及 SAS、Stata 等代码，但有些需要配置相应的开发环境。

---

① 可选语法高亮有："default" "tango" "pygments" "kate" "monochrome" "espresso" "zenburn" "haddock" "textmate"。
② 可选主题有："default" "cerulean" "journal" "flatly" "readable" "spacelab" "united" "cosmo" "lumen" "paper" "sandstone" "simplex" "yeti"。

语言名后面跟着的词语是该代码块的命名，可在导航栏按名字浏览代码块，让代码生成的图形有意义地命名，避免在缓存中重复计算。

代码块命名之后用逗号隔开的是块选项，用来控制代码和运行结果的输出方式。常用的块选项（只写非默认情形）如下所示。

- `eval = FALSE`：只显示代码，不运行代码。
- `echo = FALSE`：不显示代码，只显示运行结果。
- `include = FALSE`：运行代码，不显示代码和运行结果。
- `tidy = TRUE`：整洁代码格式。
- `message = FALSE`：不输出提示信息，例如包的载入信息。
- `warning = FALSE`：不输出警告。
- `error = TRUE`：忽略错误，继续编译文档。
- `collapse = TRUE`：把代码块结果放在一个文本块。
- `cache = TRUE`：缓存运行结果，能加速后续再编译。

其他选项如下所示。

- `results = "hide"`：隐藏输出结果。
- `fig.width`、`fig.height`、`fig.align`、`fig.cap`：设置输出图形的宽和高（英寸）、对齐、标题。
- `out.width` 和 `out.height`：设置输出图形的宽和高（百分比）。

例如，设置代码块不输出代码本身、消息、警告，只输出运行结果：

````
```{r echo = FALSE, message = FALSE, warning = FALSE}
# 具体代码
```
````

这些块选项虽然可以在每个代码块局部设置，但更建议优先进行全局设置，比如针对示例中的第 8～10 行，进行如下设置：

````
```{r setup, include=FALSE}
knitr::opts_chunk$set(echo = TRUE)
```
````

这相当于让全局所有代码块都"不显示代码，只显示运行结果"，有特殊需要的代码块再进行局部设置。

另外，R Markdown 相比 Jupyter Notebook 的一个主要优势是 Markdown 支持行内代码，即在文字叙述中间使用 R 代码，基本格式是`'r ...'`，例如：

```
mdl = lm(mpg ~ disp, mtcars)
b = mdl$coefficients
上面回归方程的斜率为`r b[2]`，完整的回归方程为`r mpg = b[1] + b[2] * disp`。
```

渲染后，上述回归系数将变成具体数值。

3．插入图片、表格

对于可以用 R 代码绘制的图形，直接在代码块绘制即可。

插入图片不仅可以使用前面介绍的 Markdown 语法，也可以使用 `knitr:: include_graphics()`函数法，如下所示。

````
```{r, echo=FALSE, out.width="50%", fig.cap="图标题", fig.align="center"}
knitr::include_graphics("xxx.png")
```
````

另外，RStudio 从 1.4 版本开始，提供了可视化 Markdown 编辑器，如图 6.14 所示，单击编辑窗口右上角的 Visual 按钮可切换过去。

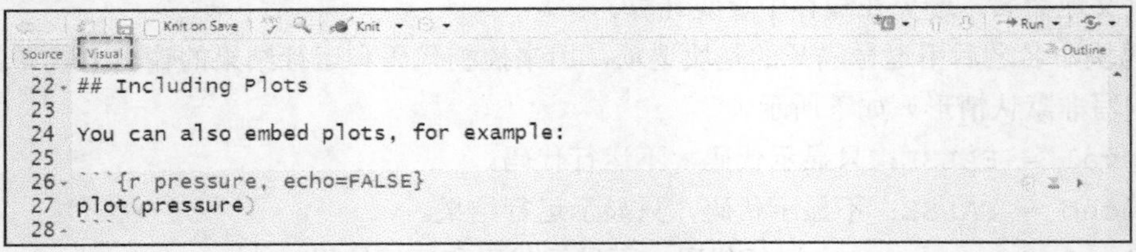

图 6.14　启用可视化 Markdown 编辑器

这就相当于是 Markdown 编辑器,以菜单操作的方式实现各种 Markdown 语法。单击"插入图片"按钮,浏览找到图片即可完成插入,插入图片下方可以调整图片大小。

插入简单表格可以用前文介绍的 Markdown 语法,也可以切换到可视化 Markdown 编辑器,单击"插入表格"按钮,类似 word 中的插入表格操作。

对于现成的数据框或矩阵,可以用 knitr::kable() 函数生成简单的表格,参数 align 用于设置各列对齐方式,digits 用于设置小数位数,col.names 用于设置新列名,caption 用于设置表标题:

```
knitr::kable(mtcars[1:3,1:7], align = "lccrr", digits = 2,
             col.names = str_c("x", 1:7),
             caption = "部分 iris 数据")
```

Markdown 语法的表格代码的渲染效果(因模板而异)如表 6.1 所示。

表 6.1　部分 iris 数据

	x1	x2	x3	x4	x5	x6	x7
Mazda RX4	21.0	6	160	110	3.90	2.62	16.46
Mazda RX4 Wag	21.0	6	160	110	3.90	2.88	17.02
Datsun 710	22.8	4	108	93	3.85	2.32	18.61

6.1.3　表格输出

有十几个包致力于通过 R 语言编程做出更加精美的表格,其中较优秀的几个如下所示。

- kableExtra 包:knitr::kable() 的扩展,支持管道,可生成复杂精美的 html 或 LaTeX 表格。
- huxtable 包:支持更全面的输出格式,特别是 Latex 输出,拥有丰富的自定义功能。
- flextable 包:从 R Markdown 创建用于报告或出版的 html、pdf、Word、PowerPoint 等文件中的表格。
- gt 包:由 RStudio 出品,用整洁语法组合不同的表格组件并创建表格,暂不支持 Latex 和 pdf 输出格式。
- DT 包:多与 Shiny 配合,将数据表渲染成 HTML。
- reactable 包:基于 React-Table 库的交互表格。

这几个包的操作和功能是类似的,都是通过相应函数精细控制,比如单元格背景、边框、对齐方式、颜色、数字格式等。下面用 huxtable 包演示两种常用的制表。

(1)导出三线表到 Word 文件

通过更擅长与 Office 交互的 flextable 包实现,这里只演示几个功能:增加标题、带合并列的题头行、文字对齐、颜色、加粗、合并单元格、高亮文字。

```
library(flextable)              # word, ppt
iris[1:5,] %>%
  flextable() %>%
  set_caption("定制表格示例") %>%
  add_header_row(colwidths = c(2, 2, 1), values = c("Sepal", "Petal", "")) %>%
  align(align = "center", part = "all") %>%
  color(color = "red", part = "header") %>%
  bold(bold = TRUE, part = "header") %>%
  merge_v(j = 3:4) %>%
  highlight(i = ~ Sepal.Length < 5, j = 1, color = "yellow") %>%
  save_as_docx(path = "output/threelinetable.docx")
```

若只运行到 save_as_docx()之前，则在 Viewer 窗口显示结果表格。最终写入 Word 的效果如图 6.15 所示。

（2）将统计模型结果整理成模型结果汇总表

期刊论文经常要求将统计模型结果以规范格式的表格展示，以最常用的回归分析结果表为例，huxtable 包中的 huxreg()函数可以实现此类表格，但更好用的是 modelsummary 包。

modelsummary 包基于 broom 和 broom.mixed 整洁模型结果，可与上述 4 个表格包连用，制作精美的可定制统计模型结果表格，支持各种常见输出格式。

定制表格示例

Sepal		Petal		
Sepal.Length	Sepal.Width	Petal.Length	Petal.Width	Species
5.1	3.5	1.4		setosa
4.9	3.0			setosa
4.7	3.2	1.3	0.2	setosa
4.6	3.1	1.5		setosa
5.0	3.6	1.4		setosa

图 6.15　自动生成三线表

模型汇总表通常是希望直接用到论文中，这就需要 pdf 格式或 latex 代码，用 modelsummary()函数，可接受多个模型对象的 list，选择相应的参数定制想要的表格，这里只演示修改参数名、标记显著性星号、小数位数、表标题、不输出部分统计量，更多参数设置请查阅帮助。

若上述定制已能满足要求，可以设置参数 output = "file.tex"等，可将表格直接导出到文件；否则，可以设置输出到其他表格对象，比如 output = "huxtable"，则得到 huxtable 表格对象，这就相当于转到 huxtable 包，继续做相应的美化修改，再导出到文件。

```
df = read_csv("data/Guerry.csv")
models = list(
  "OLS" = lm(Donations ~ Literacy + Clergy, data = df),
  "Poisson" = glm(Donations ~ Literacy + Commerce, family = poisson, data = df))
cm = c("(Intercept)" = "Constant", "Literacy" = "Literacy (%)",
       "Clergy" = "Priests/capita")
cap = "Regression Tables with moelsummary"
```

- 先用 modelsummary()定制回归分析结果表，将表导出为 huxtable 对象并做一些美化：增加带合并的表头行、设置第 4 行（Literacy 所在行）字体颜色，设置第 5 行（Priests 所在行）背景色；再导出到 pdf（对于中文文件存在编码问题）。

```
library(modelsummary)
library(huxtable)             # pdf
modelsummary(models, output = "huxtable", coef_map = cm,
             stars = TRUE, fmt = "%.2f",
             title = cap, gof_omit = 'IC|Log|Adj') %>%  # 转到 huxtable
  set_text_color(row = 4, col = 1:ncol(.), value = "red") %>%
  set_background_color(row = 6, col = 1:ncol(.), value = "lightblue") %>%
  quick_pdf(file = "output/tablepdf.pdf")
```

导出到 pdf 的表格效果如图 6.16 所示。

Table 1: Regression Tables with moelsummary

	OLS	Poisson
Constant	7948.67***	8.24***
	(2078.28)	(0.01)
Literacy (%)	-39.12	0.00***
	(37.05)	(0.00)
Priests/capita	15.26	
	(25.74)	
Num.Obs.	86	86
R2	0.020	
F	0.866	

+ p < 0.1, * p < 0.05, ** p < 0.01, *** p < 0.001

图 6.16 将回归结果表导出到 pdf 效果

- 若要将表格导出到 latex 源代码，需要设置 output = "latex"，并在 kableExtra 下美化，再用 save_kable() 保存到.tex 文件，代码如下：

```
library(kableExtra)        # latex
modelsummary(models, output = "latex", coef_map = cm,
             stars = TRUE, fmt = "%.2f",
             title = cap, gof_omit = 'IC|Log|Adj') %>%  # 转到 kableExtra
  add_header_above(c(" " = 1, "Donations" = 2)) %>%
  row_spec(3, color = "red") %>%
  row_spec(5, background = "lightblue") %>%
  save_kable("output/modeltable.tex")
```

导出到.tex 的 latex 代码效果如图 6.17 所示。

```
\begin{table}

\caption{(\#tab:unnamed-chunk-27)Regression Tables with moelsummary}
\centering
\begin{tabular}[t]{lcc}
\toprule
\multicolumn{1}{c}{ } & \multicolumn{2}{c}{Donations} \\
\cmidrule(l{3pt}r{3pt}){2-3}
  & OLS & Poisson\\
\midrule
Constant & 7948.67*** & 8.24***\\
 & (2078.28) & (0.01)\\
\textcolor{red}{Literacy (\%)} & \textcolor{red}{-39.12} & \textcolor{red}{0.00***}\\
 & (37.05) & (0.00)\\
\cellcolor{lightblue}{Priests/capita} & \cellcolor{lightblue}{15.26} & \cellcolor{lightblue}{}\\
 & (25.74) & \\
\midrule
Num.Obs. & 86 & 86\\
R2 & 0.020 & \\
F & 0.866 & \\
\bottomrule
\multicolumn{3}{l}{\rule{0pt}{1em}+ p $<$ 0.1, * p $<$ 0.05, ** p $<$ 0.01, *** p $<$ 0.001}\\
\end{tabular}
\end{table}
```

图 6.17 导出到 latex 文件的效果

> **注意：**从回归模型对象到 latex 代码的结果表，也可以用 stargazer 包或 gtsummary 包实现。另外，bruceR 包支持很多统计模型建模与输出结果表。

最后，R Markdown 的可重复报告，通常是先建立分析模版，然后再通过自动加载数据的方式，自动化生成分析报告。比如，想要只更换数据集就能生成同样格式的分析结果报告，操作如下。

- 先准备一份可重复使用的报告模板：可重复报告.Rmd，在其 `yaml` 中设置传递数据集的参数 name（将用来传递数据集名字），name 可在标题中直接使用，正文中要获取该名字的数据集，可以用 `` `df = get(params$name)` ``：

```
---
title: "数据概览：`r name`"
author: "张敬信"
date: "`r Sys.Date()`"
params:
  name: "input your data name"
output: html_document
---
## 输出数据概要

```{r}
df = get(params$name)
summary(df)
```
```

- 接着，只需要让"可重复报告.Rmd"在若干个数据集名字构成的字符向量上，重复应用函数 `render()`（渲染）即可，只批量地生成结果报告不需要返回结果，适合用 `walk()`：

```
library(rmarkdown)
names = c("iris", "mtcars", "CO2")
purrr::walk(names,
            ~ render("Reproducible.Rmd", params = list(name = .x),
            output_file = paste0(.x, "分析报告.html")))
```

注意：你也可以直接在 .Rmd 中使用当前内存变量。

6.2　R 与 Latex 交互

Latex 是高质量的专业排版系统，具有强大的数学公式排版功能，非常适合生成高印刷质量的科技和数学类文档。Latex 需要编写代码再编译成 pdf，缺点是不像 Word "所见即所得"。Latex 现在已广泛应用于书籍、期刊论文、毕业论文、学术报告、简历等排版。

对于大多数普通用户来说，只专注于使用现成的 Latex 模板即可，模板已包含了全部的文档格式，只需要替换成相应的内容。

R Markdown 就是将 Latex 排版融入进来：Rmd -> md -> tex -> pdf，最终输出 pdf 文档[①]，顺便解决了"插入代码块，并能运行代码，将代码运行结果显示出来"的问题。

6.2.1　Latex 开发环境

Latex 的主流开发环境是 TexLive（2021 版安装包已达 4.1GB），编辑器可以选用 Texwork、TexStudio、VScode 等。

对于 R 用户，强烈建议使用谢益辉专为 R Markdown 开发的，超轻量级的 Latex 环境——TinyTex + RStudio。

TinyTex 只保留了编译 Latex 的核心组件以及少量常用宏包，大小只有 200 多 MB。对于使用过程中缺少的宏包，可根据需要自动下载安装。

为了更方便地在 R 环境中使用 Latex，谢益辉还开发了 tinytex 包，该包提供了各种方便操作 Latex 的函数。

---

① R Markdown 输出 pdf 文档的另一条路线是 pagedown 包：Rmd->md->html->pdf。

1. 安装 TinyTex

建议先从 https://yihui.org/tinytex/TinyTeX.zip 下载到本地（比如 D 盘根目录），再用命令从本地安装。

注意，下述命令都是在 Console 窗口执行。

```
library(tinytex)
tinytex:::install_prebuilt(pkg = "D:/TinyTeX.zip")
# tinytex::uninstall_tinytex()          # 卸载 TinyTex
```

参数 pkg 指定 zip 文件路径，还有参数 dir 可以设置安装路径，安装成功后可通过以下命令查看：

```
tinytex_root()                   # 查看安装路径
tl_pkgs()                        # 查看已安装宏包
```

2. 基本使用

● 修改国内镜像源

因为用的时候，不可避免需要下载宏包，所以先修改为国内镜像源，比如改为清华大学的镜像源，命令如下：

```
tlmgr_repo(url = "http://mirrors.tuna.tsinghua.edu.cn/CTAN/")
```

● 简单测试

在 RStudio 中新建 Text File，输入 Latex 代码，保存的时候，后缀名用.tex，即保存为 Latex 文件，如图 6.18 所示。

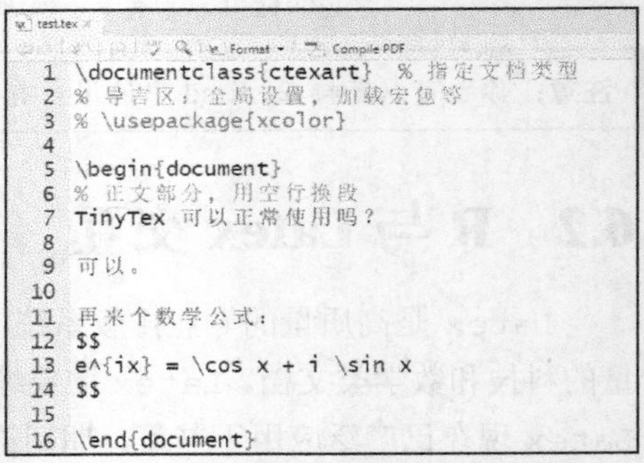

单击 Compile PDF 按钮，启动编译。英文 tex 文档一般用 pdflatex 编译，中文 tex 文档特别是涉及使用系统自带中文字体的情况，需要用 xelatex 编译。在 Tools -> Global Options -> Sweave 可修改该默认编译方式。

因为缺少支持中文的宏包 ctex，所以会报错，可以通过以下命令解析报错日志文件：

图 6.18　在 RStudio 中编写 Latex 文件

```
parse_packages("test.log")
```

会告诉缺少的宏包名，则安装它：

```
tlmgr_install("ctex")
```

等待安装完成再重新编译即可。若缺少宏包较多，你可能需要这样反复操作很多次。因此更建议直接用命令编译（系统会自动下载安装所有缺少的宏包）：

```
xelatex("test.tex")
```

编译成功，将在当前路径下，生成 test.pdf。有时候编译不成功，可能是缺少宏包，也可能是因为系统缺少字体，需要手动下载再安装。

至此，你已经成功搭建了 Latex 开发环境，该环境完全可以取代 TexLive，也能编译.Rmd 到 pdf 文档。

6.2.2　Latex 嵌入 Rmd

Latex 模板可以直接在 TinyTex + RStudio 开发环境使用，但是要嵌入 Rmd 模板需要做一定的移植工作，对于大多数用户来说，会使用别人移植好的模板就够了。

1. 用 Latex 输入数学公式

配置了上述环境，Rmd 文档就可以使用 Latex 代码输入数学公式，还能编译成 pdf 和 html 等格式。

行内数学公式用 $...$，行间数学公式用 $$...$$. 看一个多行数学公式的例子：

```
$$
\begin{aligned}
\int_a^b f(x) \mathrm{d}x & \approx \sum_{k=1}^n \frac{h}{2} [f(x_{i-1}) + f(x_i)] \\
                          & = \frac{h}{2} [f(a) + f(b)] + h \sum_{k=1}^{n-1} f(x_i)
\end{aligned}
$$
```

$$\int_a^b f(x)\mathrm{d}x \approx \sum_{k=1}^n \frac{h}{2}\left[f(x_{i-1}) + f(x_i)\right]$$
$$= \frac{h}{2}\left[f(a) + f(b)\right] + h\sum_{k=1}^{n-1} f(x_i)$$

另外，mathpix 软件支持对数学公式进行截图，甚至对整页 PDF 进行截图，还可以将相关内容转换成 Latex 代码。

2. Latex 选项

一些控制 Latex 编译的选项可以在 yaml 中进行设置，例如：

```
output:
  pdf_document:
    latex_engine: xelatex
    citation_package: natbib
    keep_tex: true
    includes:
      in_header: preamble.tex
      before_body: doc-prefix.tex
      after_body: doc-suffix.tex
    template: quarterly-report.tex
fontsize: 11pt
geometry: margin=1in
```

上述命令分别用于设置编译引擎、参考文献风格宏包、保存中间 .tex 文档、在篇头/正文前/正文后包含 tex 文件、使用自定义模板、字体大小、页面布局页边距。

6.2.3 期刊论文、幻灯片、书籍模板

下面介绍一些常用模板及其使用方法。

1. 期刊论文模板

安装 `rticles` 包后，在新建 R Markdown 时选择 From Template，则多出很多可用的期刊模板，如图 6.19 所示。

这里列出的几乎都是英文期刊模板，其中 CTEX documents 是支持中文的期刊模板。这些模板都是简单的示例，内容就是讲解怎么使用，根据实际需求修改调试即可。

2. 幻灯片模板

（1）`xaringan` 包

该包由谢益辉开发，安装后再从 From Template 选择模板时，有两种类型。

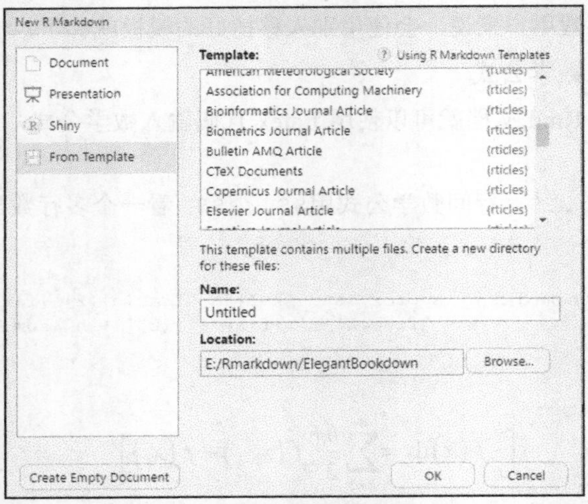

图 6.19 从期刊模板新建 Latex 文档

- `Ninja Presentation`：英文幻灯片。
- `Ninja Presentation (Simplified Chinese)`：中文幻灯片。

基本与普通 Rmd 一样的语法，采用 "---" 换页，更多语法可参阅模板内容和官方教程。

单击 Knit 按钮可编译成 HTML，也可以为 RStudio 安装 Infinite Moon Reader（无限月读）插件，在 Viewer 窗口实时预览幻灯片（保存则自动编译）。

另外，`xaringanthemer` 包提供了更多主题，`xaringanExtra` 包提供了更多的扩展功能。其他生成 HTML 幻灯片的方式，还包括新建 Rmd，选择 Presentation -> HTML (ioslides)/HTML (Slidy)。

（2）PPT 模板

新建 Rmd，选择 Presentation -> PowerPoint，或者从 From Template 中选择 officedown 包提供的 Advanced PowerPoint Presentation 模板。

还可以使用 Office 自带的 PPT 模板，作为自定义模板：

```
output:
  powerpoint_presentation:
    reference_doc: my-styles.pptx
```

单击 Knit -> Knit to PowerPoint 可启动编译，并等待生成 PPT。

（3）R Beamer 模板

Beamer 是 Latex 下的一类幻灯片模板，R Markdown 已将其移植过来。新建 Rmd，选择 Presentation -> PDF (Beamer)，即可开始使用。

Beamer 在 Beamer 主题矩阵页有大量的主题可选，在 yaml 中设置主题名即可使用。注意，原始 R Beamer 模板只支持英文，要想使用中文，需要修改编译引擎为 xelatex，并加载 ctex 宏包，修改方式如下所示：

```
output:
  beamer_presentation:
    latex_engine: xelatex
    theme: "Madrid"
    colortheme: "dolphin"
    fonttheme: "structurebold"
header-includes:
  - \usepackage{ctex}
```

单击 Knit -> Knit to PDF(Beamer)可启动编译，等待生成 PDF。

3. 书籍模板

纯 Latex 格式的书籍模板可以在 Latex 开发环境下运行，但不能包含并运行程序代码。谢益辉开发的 `bookdown` 包是 R Markdown 向书籍模板的扩展，使 Rmd 可以支持章节结构、公式图表、自动编号、交叉引用、参考文献等适用于书籍编写的功能。

谢益辉在 GitHub 提供了中英文的最小 bookdown 书籍示例模板。

- `bookdown-demo`：英文书籍。
- `bookdown-chinese`：中文书籍。
- `bookdownplus` 包：更多的 bookdown 书籍模板。

另外，Elegantbook 是邓东升和黄晨成开发的格式非常精美的 Latex 书籍模板，黄湘云和叶飞将其移植到 ElegantBookdown，本书的原始书稿就是基于此模板编写，特此表示感谢！

下载 Bookdown 书籍模板解压，源文件是在一个 R 项目中管理，打开 bookdown-demo. Rproj 可统一管理所有文件，如图 6.20 所示。

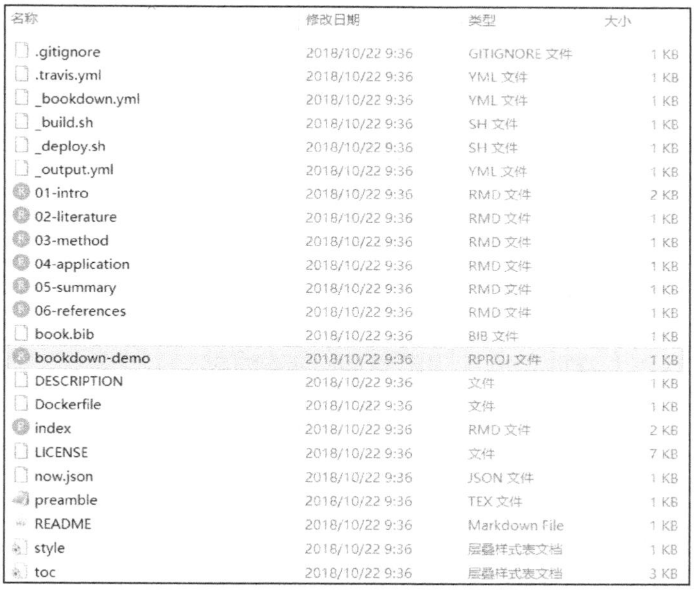

名称	修改日期	类型	大小
.gitignore	2018/10/22 9:36	GITIGNORE 文件	1 KB
.travis.yml	2018/10/22 9:36	YML 文件	1 KB
_bookdown.yml	2018/10/22 9:36	YML 文件	1 KB
_build.sh	2018/10/22 9:36	SH 文件	1 KB
_deploy.sh	2018/10/22 9:36	SH 文件	1 KB
_output.yml	2018/10/22 9:36	YML 文件	1 KB
01-intro	2018/10/22 9:36	RMD 文件	2 KB
02-literature	2018/10/22 9:36	RMD 文件	1 KB
03-method	2018/10/22 9:36	RMD 文件	1 KB
04-application	2018/10/22 9:36	RMD 文件	1 KB
05-summary	2018/10/22 9:36	RMD 文件	1 KB
06-references	2018/10/22 9:36	RMD 文件	1 KB
book.bib	2018/10/22 9:36	BIB 文件	1 KB
bookdown-demo	2018/10/22 9:36	RPROJ 文件	1 KB
DESCRIPTION	2018/10/22 9:36	文件	1 KB
Dockerfile	2018/10/22 9:36	文件	1 KB
index	2018/10/22 9:36	RMD 文件	2 KB
LICENSE	2018/10/22 9:36	文件	7 KB
now.json	2018/10/22 9:36	JSON 文件	1 KB
preamble	2018/10/22 9:36	TEX 文件	1 KB
README	2018/10/22 9:36	Markdown File	1 KB
style	2018/10/22 9:36	层叠样式表文档	1 KB
toc	2018/10/22 9:36	层叠样式表文档	3 KB

图 6.20　bookdown 书籍模板源文件

书籍与期刊论文没有本质上的区别，只是因为书籍结构更庞大，而被拆分成更多的文件，当然也涉及相互的串联。

（1）文件结构

书籍一般包含多章，每章是一个 Rmd 文件（必须 `UTF-8` 编码），每章章头是一级标题：`#` 章名；因为 index.Rmd 里面包含部分 yaml，所以总是第 1 个出现，其他的默认按文件名顺序，当然也可以在 `yaml` 中定义顺序：

```
rmd_files:
  - "index.Rmd"
  - "01-intro.Rmd"
  - "02-basic.Rmd"
```

在定义章节时，可以同时定义其交叉引用：

```
## 节标题 {#sec1}

...

\@{#sec1}
```

章节是默认编号的，若不体现编号，则需要按以下方式设置# Preface {-}。

另外，bookdown 包括的文件类型及用途如下：.yml 文件用于设置 yaml；.tex 文件都是需要在正文前加入的设置和定义 Latex 相关的内容；.bib 是参考文献；相关的数据、脚本、图片都可以分别放在一个文件夹中。

（2）交叉引用

bookdown 包也提供了图、表、公式的交叉引用（非 Latex 中的交叉引用），目前支持编译成 html、pdf、Word 格式，需要在 yaml 中按以下方式设置：

```
output:
  bookdown::html_document2: default
  bookdown::pdf_document2: default
  bookdown::word_document2: default
```

图、表交叉引用需要在相应的图、表代码块起名，再用\@ref()引用名字。例如

```
如图\@ref(fig:cars-plot)所示：
```{r cars-plot, fig.cap="汽车散点图", echo=FALSE}
plot(cars)
```
见表\@ref(tab:mtcars)：
```{r mtcars, echo=FALSE}
knitr::kable(mtcars[1:5, 1:5], caption = "汽车数据")
```
```

数学公式需要用 Latex 语法生成带编号的公式，同时对公式起名，再用\@ref()引用。例如

```
\begin{equation}
\bar{X} = \frac{\sum_{i=1}^n X_i}{n} (\#eq:mean)
\end{equation}
由式\@ref(eq:mean)可得，…
```

使用脚注需要先在标脚注的文字处标记"^[脚注名]"，再另起一段以"^[脚注名]："开头并在后面补充脚注内容。例如：

```
R markdown ^[ft1] 是文档沟通的利器，目前已发展出了很多的生态。
^[ft1]: R markdown 由谢益辉开发。
```

R Markdown 支持 bib 参考文献，所有参考文献放一起作为.bib 文件，比如：

```
@Book{zhaopeng2021,
  title = {现代统计图形},
  author = {赵鹏, 谢益辉, 黄湘云},
  publisher = {人民邮电出版社},
  address = {北京},
  year = {2021},
  edition = {1},
  note = {},
}
```

然后在正文里使用[@zhaopeng2021]引用该文献。Zotero 软件可以很方便地管理参考文献，将文献批量导出到一个.bib 文件中。

（3）环境与中文

bookdown 提供了定理类环境：theorem、lemma、corollary、proposition、definition、example、exercise 等，其交叉引用与引用公式类似，需用到相应的缩写 thm、lem、cor、prp、def、exm、exr。例如：

```
::: {.theorem #weakconv name="弱若收敛定理"}
$\xi_n$依分布收敛到$\xi$, 当且仅当对任意$\mathbb R$上的一元实值连续函数$f(\cdot)$
都有
$$
  E f(\xi_n) \to E f(\xi), \quad n \to \infty
$$
:::
```

然后这样引用：

```
由定理\@ref(thm: weekconv) 得......
```

中文书籍除了需要如前文所述设置 xelatex 引擎和中文字体之外，图、表、章节标题、定理类关键字也要改成中文：

```
language:
  label:
    fig: "图 "
    tab: "表 "
    thm: "定理"
  ui:
    edit: "编辑"
    chapter_name: ["第 ", " 章"]
```

（4）编译成书

bookdown 可以编译成 HTML、WORD、PDF、Epub 等书籍格式。

单击右上窗口的 Build -> Build Book -> bookdown::pdf_book 启动编译，其他可选的格式还有 All Formats、bookdown::git_book、bookdown::epub_book。

若要导出到 Word，需要在 _output.yml 文件的 yaml 代码部分增加以下内容：

```
bookdown::word_document2:
  toc: true
```

此时会在 Build Book 下拉菜单出现 bookdown::word_document2 选项。

另外，bookdown 还提供了 publish_book()函数让你很方便地将书籍发布到网上进行分享。很多 R 语言爱好者都热爱分享自己用 bookdown 创作的书籍，bookdown 网站也是寻找 R 语言书的好网站。

最后，再简单介绍一下正在快速兴起的新一代文档沟通工具——Quarto。Quarto 是 RStudio 推出的支持多种语言的下一代 R markdown，包括几十个新的特性和功能，同时能够渲染大多数现有的 Rmd 文件而不需要修改。Quarto 的安装与基本使用，可参阅 Quarto 官网的相关资料。

Quarto 的主要特性包括：

- 它是建立在 Pandoc 上的开源科技出版系统；
- 支持用 Python、R、Julia 和 Observable 创建动态内容；
- 可以用纯文本 markdown 或 Jupyter 笔记本的形式编写文档；
- 以 HTML、PDF、MS Word、ePub 等格式发布高质量的文章、报告、简报、网站、博客和书籍；
- 支持用 markdown 进行科学创作，包括公式、文献引用、交叉引用、图形面板、插图编号、高级布局等。

6.3　R 与 Git 版本控制

6.3.1　Git 版本控制

数据科学家通常是独立工作并与其他人共享随时间变化的文件、数据和代码。**版本控制**是一个框架和过程，用于跟踪对文件、数据或代码所做的修改，其好处是你可以将文件恢复到以前的任何修改或时间点，你可以在同一个材料上与多人并行工作。

版本控制可以作为一种备份的方式，但真正发挥作用是在合作项目中。项目一般由多人协同，并涉及一系列常见步骤，例如：

- 下载/收集数据；
- 清洗/变换数据；
- 分析和可视化数据；
- 生成精美的结果报告。

这些任务相互重叠或相互依赖，复杂的合作项目需要预先考虑如何设置，以便每个人都能将自己的贡献无缝衔接到项目的整体结构中，而不会耽误其他团队成员的进程。有了版本控制，如果你所做的修改破坏了某些东西，很容易通过提交时间线恢复到较早的工作版本。

Git 和 GitHub 是常用的基于云服务的版本控制工具，能够准确控制文件"版本"。这些版本是你工作过程的快照，有唯一的标识符和简短的提交信息，让你能够在任何时间点恢复这些更改。Git 对特定用户的特定修改提供了更精细的控制，使版本控制成为一个非常强大的工具。

Git 和 GitHub 有什么区别？

- Git 是版本控制软件，安装在你的计算机上，有相关的命令用来与版本控制的文件互动；
- GitHub 是与 Git 对接的网站，允许我们将文件作为仓库进行存储、访问、共享；同时 GitHub 也是目前全球最大的代码托管网站，里面有着世界各地程序员分享的海量程序代码。

> **注意**：在国内访问 GitHub 容易失败，可以换成 gitee（码云）访问，gitee 可称为 GitHub 的国内汉化版，所有操作几乎是一样的。

6.3.2 RStudio 与 Git/GitHub 交互

1. 安装并配置 Git

到 GitHub 官网注册账号。

到 Git 镜像站下载对应系统版本的 Git 软件并安装，在安装过程中，所有选项保持默认即可。

重启 RStudio 会自动检测并关联到 Git。

- 配置 Git（只需配置一次）

可以通过 Git Bash 操作，更简单的方法是用 usethis 包：

```
library(usethis)
use_git_config(user.name = "zhjx19", user.email = "zhjx_19@163.com")
```

其中用户名和 Email 建议用 GitHub 注册的用户名和 Email。

- 用 SSH 连接 GitHub（只需配置一次）

使用 SSH 协议可以连接和验证远程服务器和服务。用 SSH 密钥，就不必在每次 RStudio 与 GitHub 交互时提供一遍用户名和密码。在将代码上传到 GitHub 时，就需要用 SSH。

在 RStudio 中，依次单击 Tools -> Global Options -> Git/SVN，单击 Create RSA Key，弹出窗口如图 6.21 所示，单击 Create，完成后再点击 View Public key。

复制图 6.21 所示的所有 key 码，然后转到 GitHub，依次单击头像 -> Settings -> SSH and GPG keys -> New SSH key。如图 6.22 所示，将复制的内容粘贴到 Key 框，单击 "Add SSH key"，若验证成功则会显示图 6.23 所示的界面。

图 6.21　创建并查看 RSA Key

图 6.22　GitHub 添加 RSA Key

图 6.23　添加成功

2．创建仓库

- 创建 GitHub 远程仓库

登录 GitHub 网站，在个人主页单击 Repositories -> New，创建一个新仓库（Repository），比如起名为"test-demo"，选择 Public（公共仓库），勾选下面的 Add a README file，单击 Create repository，则成功创建了 test-demo 仓库。

提示：你也可以 fork 别人的公共仓库到自己名下使用。

- 克隆仓库到本地

进入 GitHub 仓库页面，单击 Code 按钮（如图 6.24 所示），单击"复制"按钮复制 HTTPS 或者 SSH（更推荐）下的仓库地址备用。

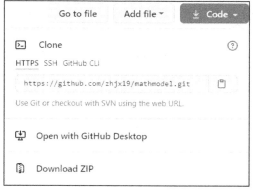

图 6.24　复制 GitHub 仓库地址

在 RStudio 中，依次单击 Creat Project -> Version Control -> Git。如图 6.25 所示，在 Repository

URL 框粘贴前面复制的仓库地址，然后单击 Browse 按钮浏览选择本地路径，勾选 Open in new session：

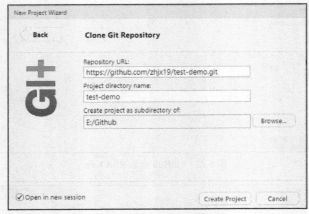

图 6.25　新建带 Git 版本控制的 R 项目

单击 Create Project，则开始从远程克隆到本地仓库。现在已经有一个用 Git 控制的 RStudio 项目，并且在计算机上有一个可以使用的本地副本。

你可以查看和克隆任何公共 GitHub 仓库。然而，只有当你是所有者或被添加为合作者时，你才可以提交修改。所以，若是合作项目，需要确保所有合作者有权限对仓库进行修改。具体的修改权限的操作如下。

- 在 GitHub 仓库页面，单击 Settings -> Manage access（可能需要验证密码），再单击 Invite Collaborator，输入你想添加的合作者的用户名或 Email，搜索并加入。

3. 分支与合并

自己一个人就能负责的小项目，可以不用分支，都在主分支进行后续的操作流程，例如暂存、提交、推送。但是如果你想要实验某些新功能，就要保证功能没有问题再合并到主分支。如果你的项目需要多人分工合作共同完成，就非常需要做分支与合并。

通常需要确保项目的主分支（main）是干净的，并且是我们满意的最新版本。所有其他的工作将通过分支（branch）、拉回请求（pull request）、审查（review）和合并（merge）过程来减少冲突或重复的工作。

参与项目的每个人是先从主分支拉出一个分支作为自己负责的部分，成功做完后再请求合并到主分支。

比如成员甲，在 RStudio 右上窗口切换到 Git，单击 New Branch 按钮，输入分支名（比如"Collect_Datas"），确保远程设置为 origin。然后单击 Create，则创建了一个名为"Collect_Datas"的新分支，可在此查看所有分支，如图 6.26 所示。

图 6.26　创建与查看分支

通常每个团队成员都分别创建自己的分支，这些分支都来自主分支。

负责分支项目的成员的一般工作流程如下。

（1）暂存（Staged）

做一些工作：文件新建/修改/删除。为了对这些变化进行版本控制，需要对这些工作进行暂存（stage），以便相关操作能被 Git 版本化。

例如，创建 data 文件夹，放入 5 个学生成绩的 xlsx 文件，新建 R 脚本 read_datas.R，脚本的内容是批量读取这些数据文件。

所有新增加或修改过的文件都会在 Git 窗口显示出来，添加之前 Status 按钮是黄色的，勾选 Staged 下面的选框，Status 按钮变成绿色则完成添加，如图 6.27 所示。

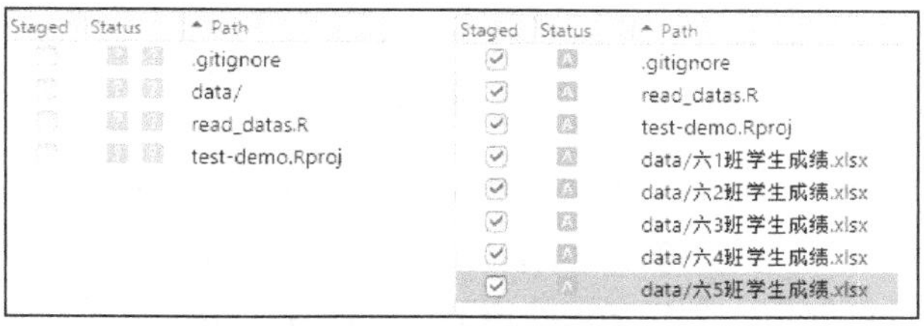

图 6.27　Staged：暂存修改

（2）提交（Commit）

填写简洁的描述性的提交信息，如果你想回到过去查看不同版本的东西，这些信息是可看的，为了方便回看，请添加一些有用的信息。

在 Git 窗口中，单击 Commit 按钮，弹出 Review Changes 窗口，在 Commit Message 窗口中填写提交信息，如图 6.28 所示。

图 6.28　Commit：提交

单击 Commit 进行提交，等待完成。

（3）推送（Push）到"Collect_Datas"分支

准备好本地提交的修改后，就可以将其推送到 GitHub 远程云仓库。记住，你可以随心所欲地提交，并在一天结束时推送，或在每次提交时推送，时间戳标识符是随着提交信息添加的，而不是随着推送添加的。

单击 Push 按钮提交到"Collect_Datas"分支，等待完成（若 GitHub 网络有问题，则不能提交上去）。提交成功后，在 GitHub 仓库页面，多了一条 Compare & pull request，如图 6.29 所示。

4．拉回请求（pull request）

版本控制的下一步是将刚才项目成员的工作从"Collect_Datas"分支转移到主分支（main），

这就要用到"拉回请求"。

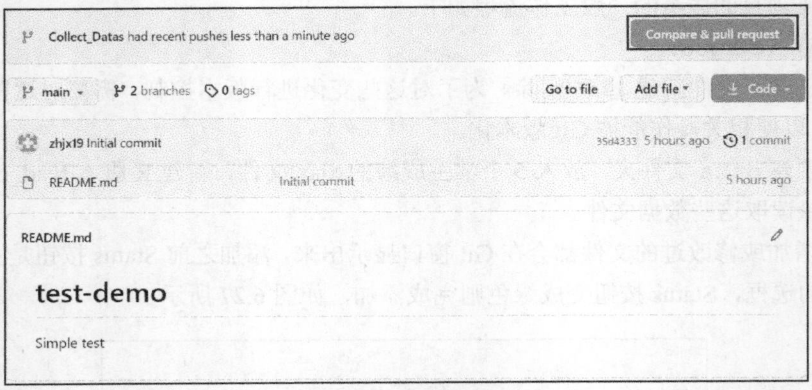

图 6.29 Push 步：提交并查看

拉回请求是一种在合并到仓库之前提出和讨论修改意见的工具，检查是否有冲突（比如大家可能在同一个文件上工作），然后将这些修改合并（merge）到主分支。也可以删除"Collect_Datas"分支，再创建一个分支来处理下一个任务，如此反复。

单开 Compare & pull request 按钮，可以填写一些额外的描述、评论，关于该拉回请求正在做什么以及为什么，并为审查者（项目合作者）添加标签、重要事件等。这些都有助于跟踪哪些工作已经完成，哪些尚未完成。

然后单击 Create pull request 按钮，我们期望看到"This branch has no conflicts with the base branch（本分支与基础分支没有冲突）"，这意味着我们的主分支可以很容易地将这项新工作合并进来！若有合并冲突则需要尝试解决它。

继续单击 Merge pull request 按钮，等待出现"Pull request was successfully merged and closed（拉回请求被成功合并和关闭）"！

注意：拉取请求的另一种常见用途是，分叉（fork）别人的仓库副本，对别人的代码做出改进，申请提交合并。

---

5. 项目工作流

项目流程中的下一项工作（比如探索性数据分析）由另一位项目成员乙负责，他首先需要将成员甲合并的改动拉回（pull）主仓库，保持更新到最新状态。这有两种方法。

- git fetch 是比较安全的做法，因为它从仓库中下载任何远程内容，但不更新本地仓库状态。它只是保留一份远程内容的副本，让任何当前的工作保持原样。为了完全整合新的内容，需要在 fetch 之后进行合并（merge）。
- Pull：拉回（单击 Git 窗口的 Pull 按钮）。该操作将下载远程内容，然后立即将内容与本地状态合并，但如果你有未完成的工作，这将产生合并冲突，但不用担心，这些可以被修复。

然后，如同成员甲一样，成员乙要新建自己的分支，然后执行文件新建/修改/删除，再暂存、提交、推送、拉回请求、合并到主分支。

当然，成员甲如果需要对一些数据进行快速修改，也可以拉回（Pull）成员乙的分支，进行修改（提交），并在成员乙合并到主分支之前，将其合并到乙的分支。

整个工作流大致如图 6.30 所示。

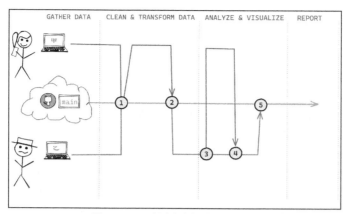

图 6.30 Git 版本控制一般工作流程

Git 版本控制的上述操作流程最大的好处就是可以撤销错误，单击 Git 窗口的 History 按钮打开历史窗口，如图 6.31 所示。

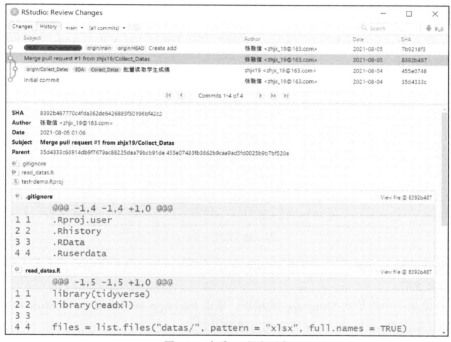

图 6.31 查看 Git 提交历史

该窗口列出了每个提交，单击查看具体提交内容，包括 SHA（唯一的 ID）、作者、日期、父级和提交的修改。浏览找到发生错误之前的提交，记下 SHA，在 Git 窗口单击 More -> Shell 打开命令行窗口，执行以下命令：

```
git checkout <SHA> <filename>
```

就能回滚到错误发生之前的文件（并覆盖文件版本），更多 Git 撤销操作以及 Git 命令行指令，可参阅知乎"李刚"的专栏"Super Git"。

另外，可以用 usethis::edit_git_ignore() 函数访问或创建 .gitignore 文件，其中包含的任何文件扩展名或特定文件都意味着 Git 会忽略它。因为有些文件，比如临时文件、日志文件、带有私人信息的 .Rprofile 文件，是不需要或不能向云端提交的。

6.4 R Shiny

Shiny 包可以轻松从 R 直接构建交互式 Web 应用，可以在网页上托管独立 app，也可以将其嵌入 R Markdown 文档或用于构建 dashboards（仪表盘）。还可以使用 CSS 主题、htmlwidgets（网页部件）和 JavaScript 操作扩展 Shiny app。

Shiny 主要是为数据科学家设计的，可以让大家在没有 HTML、CSS 或 JavaScript 知识储备的情况下创建相当复杂的 Shiny app。

Shiny 扩展了基于 R 的分析，通过将 R 代码和数据包装成一个额外的互动层，以更好地进行可视化、分析、输出等。这提供了一种强大的方式，使任何用户（甚至是非 R 用户）都可以与数据进行互动、探索和理解数据。

那么，什么情况下需要构建 Shiny app 呢？比如，开发并设计辅助教学工具，让学生交互式探索统计学方法或模型；设计动态数据分析报表或仪表盘，以交互式的结果呈现数据分析结果。

6.4.1 Shiny 基本语法

首先，在 RStudio 中创建一个 Shiny app，单击 New File -> Shiny Web App，打开创建 R shiny 窗口，如图 6.32 所示。

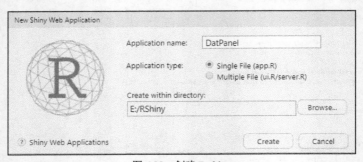

图 6.32　创建 R shiny

选择路径并输入 app 名字，单击 Create 按钮，则可以在该路径下创建同名的文件夹，里面有一个 app.R 文件。

该文件就是一个简单的 Shiny app 的模板，单击 Run App 按钮或用 Ctrl + Shift + Enter 运行，则生成 app，单击 Open in Browser 可在浏览器打开。

1. Shiny app 基本结构

每个 Shiny app 的 app.R 都具有同样的结构，其结构由三部分构成：ui（用户界面）、server（服务器）和 shinyApp()（接受 ui 和 server 对象，并运行 app）。

```
library(shiny)
# 定义 UI
ui = fluidPage(
  ...
)
# 定义 server 逻辑
server = function(input, output) {
  ...
}
# 运行 app
shinyApp(ui = ui, server = server)
```

Shiny 设计将 Web app 的前端和后端组件分开。ui 代表"用户界面",定义了用户看到并与之交互的前端控件,如图、表、滑块、按钮等。Server 负责后端逻辑,接收用户输入,并使用这些输入来定义应该发生什么样的数据转换,以及将什么传回前端以供用户查看和交互。

（1）ui（前端）

ui 定义了用户与 Shiny app 交互时所能看到的东西。在定义 ui 之前,你可以根据需要加载其他包、读入数据、定义函数等。

一般来说,ui 用来设置以下内容:

- 用户界面的布局,为输入和输出安排位置;
- 输入控件,允许用户向 server 发送命令;
- 来自 server 的输出。

关于页面布局,先用 fluidPage() 函数创建整体页面布局,常用的两种布局如下。

- **侧边面板+主面板**：用 titlePanel() 函数创建标题面板,用 sidebarLayout() 函数创建带侧边栏的布局,其内又常包括侧边面板 sidebarPanel() 和主面板 mainPanel,主面板内还可以继续用 tabPanel() 函数创建标签面板。
- **直接按行列布局**：用 fluidRow() 函数控制若干控件属于一行,一行的宽度是 12 个单位,其内再用 column() 函数划分列宽,再将输入或输出置于其中[①]。

Shiny 提供了一系列内置的控件,每个控件都用同名的函数创建。例如,actionButton 函数创建动作按钮,sliderInput 函数创建滑动条。

下面实例展示页面布局以及常用控件,若想了解更多的控件,请参阅 Shiny Widgets Gallery 网站。

```
library(shiny)
# 定义 UI
ui = fluidPage(
 titlePanel("常用控件"),
  fluidRow(
   column(3, h3("按钮"),   #
          actionButton("action", "点击"),
          br(), br(),
          submitButton("提交")),
   column(3, h3("单选框"),
          checkboxInput("checkbox", "选项 A", value = TRUE)),
   column(3,
          checkboxGroupInput("checkGroup", h3("多选框"),
          choices = list("选项 1" = 1, "选项 2" = 2, "选项 3" = 3),
          selected = 1)),
   column(3, dateInput("date", h3("输入日期"), value = "2021-01-01"))),
  fluidRow(
   column(3, dateRangeInput("dates", h3("日期范围"))),
   column(3, fileInput("file", h3("文件输入"))),
   column(3, h3("帮助文本"),
          helpText("注：帮助文本不是真正的部件，但提供了一种",
                   "易于实现的方式为其他部件添加文本.")),
   column(3, numericInput("num", h3("输入数值"), value = 1))),
  fluidRow(
   column(3, radioButtons("radio", h3("单选按钮"),
                          choices = list("选项 1" = 1, "选项 2" = 2,
                                         "选项 3" = 3), selected = 1)),
   column(3, selectInput("select", h3("下拉选择"),
```

---

① mainPanel 主面板中可以用与 HTML5 标签一致的函数控制文本格式,比如 h3() 代表三级标题,br() 代表空一行,strong() 代表加粗,em() 代表强调斜体,code() 代表代码格式等。

```
                                choices = list("选项 1" = 1, "选项 2" = 2,
                                               "选项 3" = 3), selected = 1)),
        column(3, sliderInput("slider1", h3("滑动条"),
                              min = 0, max = 100, value = 50),
                sliderInput("slider2", "",
                            min = 0, max = 100, value = c(25, 75))),
        column(3, textInput("text", h3("文本输入"), value = "输入文本...")))
)
# 定义 server 逻辑：空白逻辑是 app 对控件的输入什么都不做，不产生任何输出
server = function(input, output) {}
# 运行 app
shinyApp(ui = ui, server = server)
```

运行该 Shiny app 得到 app 界面如图 6.33 所示，读者可以对照前面的代码来看。

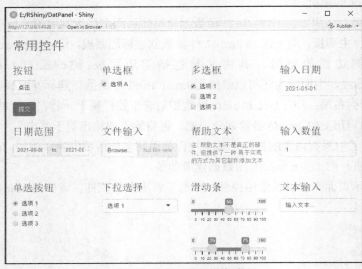

图 6.33　Shiny 常用控件面板

实际上，一个 Shiny app 不可能用到所有这些输入控件，需要用哪些控件取决于 app 想要与用户做怎样的交互，以及怎么交互。

（2）server（后端）

用户通过键盘/鼠标操作 ui 上的输入控件，就会改变输入，后端 server 一旦接收到一组新的输入，就立马解读输入，对数据进行处理，并创建输出，再将输出送回 ui，用户就会看到交互的结果。

ui 很简单，因为面向每个用户的都是相同的用户界面；真正复杂的是设计 server()，因为所有的后端处理、响应计算、交互逻辑都在里面完成。

server() 函数有 3 个参数：input、output、session，它们是在会话开始时由 Shiny 创建的，连接到一个特定的会话。一般只关心前两个参数即可。

ui 和 server 是分开设计的，这就需要把它们中的输入、输出联系起来。通过一个简单的"问候 app"来看：

```
library(shiny)
ui = fluidPage(
    textInput("name", "请输入您的姓名："),
    textOutput("greeting")
)
server = function(input, output, session) {
    output$greeting = renderText({
```

```
            paste0("您好 ", input$name, "! ")
        })
    }
    shinyApp(ui = ui, server = server)
```

运行结果非常简单，如图 6.34 所示。

- 关于输入 input

input 是类似列表的对象，在 ui 中定义输入时，都需
要提供一个该输入的 ID，该 ID 将会内化为与 input 同名的
一个成分，同时将接收到的用户输入作为该成分的内容。

图 6.34　简单的 Shiny 姓名交互

比如，textInput("name","请输入您的姓名：")
定义了一个 ID 为 "name" 的文本输入，则 input 对象自动生成一个名为 "name" 的成分——
input$name，它将接收用户交互时输入的文本作为其内容。

- 关于输出 output

output 是类似列表的对象，在 ui 中定义输出时，提供一个该输出的 ID，该 ID 将会内化为
与 output 同名的一个成分，将用来存放随后渲染输出函数生成的输出。

比如，textOutput("greeting")定义了一个 ID 为 "greeting" 的文本输出，则 output
对象自动生成一个同名的成分——output$greeting，随后被赋值为 renderText()生成的输出。

在 ui 中用 "定义输出函数" 定义的每一个某类型的输出，都在 server()中有一个对应的
"渲染输出函数" 来生成该类型的输出。

在本例中，在 ui 中用 "定义输出函数" textOutput("greeting")定义了一个文本输出，
其 ID 为 "greeting"，则在 server()中就有一个与它对应的 "渲染输出函数" renderText()
来生成文本输出，再赋值给 output 中与 ID 同名的成分。

> **注意**：rendText()函数中的一对{ }用于将多行代码打包成一个整体。

Shiny 支持渲染多种类型的输出对象，常用的 "ui 定义输出函数"，与 server()中相对
应的 "渲染输出" 函数，如表 6.2 所示。

表 6.2　Shiny 输出对象

ui 定义输出函数	server 渲染输出函数	输出对象
DT::dataTableOutput	DT::renderDataTable	数据表
imageOutput	renderImage	图片（文件链接）
plotOutput	renderPlot	R 图形
plotly::plotlyOutput	plotly::renderPlotly	交互 R 图形
tableOutput	renderTable	表格
textOutput	renderText	文本
verbatimTextOutput	renderText	固定宽度文本
uiOutput	renderUI	Shiny 标签或 HTML 网页

6.4.2　响应表达式

我们熟悉的编程是命令式编程：你发出一个具体的命令，计算机就会立即执行。但这不适
用于 Shiny app。以刚才的问候 app 为例，server()中的核心代码如下：

```
output$greeting = renderText({
  paste0("您好 ", input$name, "!")
})
```

这不是简单地把"您好"与姓名拼接再发送给 output$greeting，虽然你只发出一次指令，但是 Shiny 在用户每次更新 input$name 的时候都会执行这个动作！

代码并没有告诉 Shiny 创建字符串并将其发送给浏览器，而是告知 Shiny 如果需要，它可以如何创建字符串。至于何时（甚至是否）运行该代码，则由 Shiny 决定。决定何时执行代码是 Shiny 的责任，而不是你的责任。把你的 app 看作为 Shiny 提供配方，而不是给它命令。

这是一种声明式编程，优势之一是它允许 app 非常懒惰：一个 Shiny App 将只做输出控件所需的最小量的工作。

> **注意**：这也造成了 Shiny 代码不再是从上到下的顺序执行，所以，要理清 Shiny 代码的执行顺序，更重要的是在自己开发 Shiny app 时，绘制响应图是非常有必要的！

当 Shiny app 交互时，控件的输入一旦发生改变，Shiny 就要做出响应：重新计算、生成输出、发送给 ui，这就对 app 运行效率要求很高，所以就非常需要避免不必要的重复计算。Shiny 有一种非常重要的机制，叫作响应表达式，就是专用于此的。

响应表达式与函数类似，是使用控件输入完成相应计算并返回值的 R 表达式。每当控件更改时，响应式表达式都会更新返回值。响应表达式比函数更聪明，主要表现在以下方面：

- 响应表达式在首次运行时会保存其结果；
- 下次调用响应式表达式时，它将检查保存的值是否已过期（即其依赖的控件输入是否已更改）；
- 若该值已过期，则响应对象将重新计算它（然后保存新结果）；
- 如果该值是最新的，则响应表达式将返回保存的值，而不进行任何计算（从而提高 app 运行效率）。

用 reactive() 函数创建响应表达式，响应表达式通常由多行代码构成，所以需要用大括号括起来。使用响应表达式的返回结果，类似调用无参数函数。

在 Shiny app 的制作中，要尽可能地把交互计算提取出来，作为响应表达式。下面看一个将 Shiny 用于交互教学设计的例子——演示中心极限定理。

定理 6.1

设 $X_1, \cdots, X_n$ 为任意期望为 μ，方差为 σ^2（有限）分布的抽样，则当 n 足够大时，$\overline{X} = \dfrac{1}{n}\sum_{i=1}^{n} X_i$ 近似服从

$$N\left(\mu, \frac{\sigma^2}{n}\right)。$$

（1）设计想要做哪些交互、怎么交互

- 让用户有几种分布可以选择，通过下拉选项输入。
- 让用户可以改变随机变量个数，通过滑动条输入。
- 让用户可以改变每个随机变量数据量，通过滑动条输入。
- 对样本均值数据绘制直方图，通过图形输出。
- 让用户可以改变直方图的条形数，通过滑动条输入。

（2）绘制响应图

响应图是描述输入和输出的连接方式的一种图形，绘制响应图（草图）是制作或理解他人

Shiny app 的好用工具，本例的响应图如图 6.35 所示。

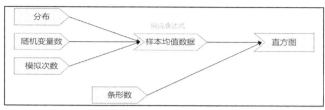

图 6.35 设计响应图

（3）定义 ui

传统的用户界面分两部分，侧边栏放置输入控件，主面板输出直方图。

```
ui = fluidPage(
  titlePanel("演示中心极限定理"),
  sidebarLayout(position = "right",    # 放到右侧
    sidebarPanel(
      selectInput("distr", "分布: ",
                  c("均匀", "二项", "泊松", "指数")),
      sliderInput("samples", "随机变量数: ", 1, 100, 10, step = 1),
      sliderInput("nsim", "模拟样本量: ", 1000, 10000, 1000, step = 100),
      sliderInput("bins", "条形数", min = 10, max = 100, value = 50),
      helpText("说明: 从下拉选项选择分布，并用滑动条选择
               随机变量数和模拟样本量.")),
    mainPanel(plotOutput("plot")))
)
```

（4）定义 server()

根据响应图的要求，我们需要实现从输入到生成 $\bar{X}$ 的样本数据，并放入响应表达式。实际上这与自定义函数基本是一样的，除了把"函数"外形以及参数多一步从 input 取出来。

从 input 取出 3 个输入：samples（随机变量个数）、nsim（模拟样本数）、distr（分布），利用 switch() 函数根据分布名生成随机数，并一次全部生成再分配给各个随机变量（矩阵），对矩阵中的元素按行取平均值得到样本均值的样本，再定义成数据框以便用于 ggplot 绘图。

响应表达式命名为 Xbar，故在 renderPlot() 函数中使用时用的是 Xbar()。

```
server = function(input, output) {
    Xbar = reactive({
        n = input$samples        # 随机变量个数
        m = input$nsim           # 模拟样本量
        xs = switch(input$distr,
                    "均匀" = runif(m * n, 0, 1),
                    "二项" = rbinom(m * n, 10, 0.3),
                    "泊松" = rpois(m * n, 5),
                    "指数" = rexp(m * n), 1)
        data.frame(x = rowMeans(matrix(xs, ncol = n)))
    })
    output$plot = renderPlot({
        ggplot(Xbar(), aes(x)) +
          geom_histogram(alpha = 0.2, bins = input$bins,
                         fill = "steelblue", color = "black")
    })
}
```

最后，将它们组装到 app.R，注意需要加载 ggplot2 包。运行 App，结果界面如图 6.36 所示。

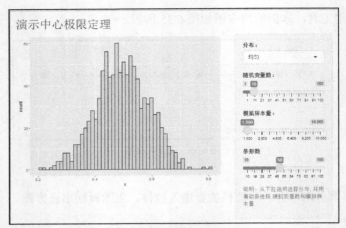

图 6.36   中心极限定理 Shiny app 效果

6.4.3   案例：探索性数据展板

Shiny 常用的场景是设计动态数据分析报表或仪表盘，给他人以交互式的结果呈现。最后再看一个用 Shiny 制作探索性数据展板的案例。

以交互探索 ecostats 数据为例，该数据整理自国家统计局网站，包含各个省、自治区、直辖市 2001—2017 年的电力消费、固定资产投资、居民消费水平、人口数、人均 GDP 等数据。

我们设计以下交互需求：

- 让用户选择地区，并通过下拉选项输入；
- 对该地区人均 GDP 绘制折线图，并通过图形输出；
- 通过表格输出该地区的数据子集，并将数据导出到文件，以数据表输出。

ui 用户界面布局如下：首先选用侧边栏+主面板，在侧边栏采用下拉选项输入地区；其次把主面板所选地区的人均 GDP 图形和数据表设计为可通过标签切换的两个页面。

server() 交互逻辑：将从用户输入的地区到筛选出该地区的数据放入响应表达式，应用于随后的渲染输出图形和渲染输出数据表。

另外，为了增加图形的可交互性（移动鼠标可以显示当前数据），我们需要使用 plotly 包的 plotlyOutput 对象；为了增加数据表的可交互性（换页显示、可导出到文件），我们需要使用 DT 包的 dataTableOutput 对象。

完整的 Shiny app 代码如下：

```
# 载入数据
load("data/ecostats.rda")
countries = unique(ecostats$Region)
# 用户界面
ui = fluidPage(
  titlePanel("交互探索 ecostats 数据"),
  sidebarLayout(           # 侧边栏带下拉选项选择地区
    sidebarPanel(
      selectInput("name", "选择地区：", choices = countries,
                  selected = "黑龙江")),
    mainPanel(             # 主面板带图形和数据表的切换标签
      tabsetPanel(
        tabPanel("人均 GDP 图", plotly::plotlyOutput("eco_plot")),
        tabPanel("数据表", DT::dataTableOutput("eco_data"))))
  )
)
```

```
# 定义服务器逻辑：绘制折线图、创建数据表
server = function(input, output) {
  selected = reactive({
    ecostats %>%
      filter(Region == input$name)
  })
  # 绘制折线图
  output$eco_plot = plotly::renderPlotly({
    p = ggplot(selected(), aes(Year, gdpPercap)) +
          geom_line(color = "red", size = 1.2) +
          labs(title = paste0(input$name, "人均 GDP 变化趋势"),
               x = "年份", y = "人均 GDP")

    plotly::ggplotly(p)     # 渲染 plotly 对象
  })
  # 创建数据表
  output$eco_data = DT::renderDataTable({
    DT::datatable(selected(), extensions = "Buttons",
                  caption = paste0(input$name, "数据"),
                  options = list(dom = "Bfrtip",
                    buttons = c("copy", "csv", "excel", "pdf", "print")))
    })
}
# 运行 app
shinyApp(ui = ui, server = server)
```

运行该 app，默认显示预期寿命图界面，如图 6.37 和图 6.38 所示，单击“数据表”可切换到“数据表”标签页面。

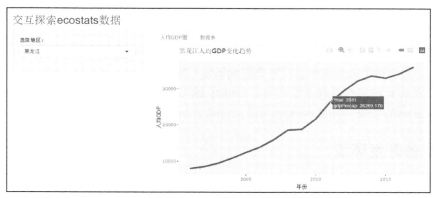

图 6.37 数据展板 Shiny app 交互图形页

	Region	Year	Electricity	Investment	Consumption	Population	gdpPercap
1	黑龙江	2001	458.86	963.58	3333	3811	7985.83049068486
2	黑龙江	2002	468.45	1046.17	3516	3813	8504.32730133753
3	黑龙江	2003	503.63	1166.18	3919	3815	9461.86107470511
4	黑龙江	2004	541.65	1430.82	4212	3817	10832.3290542311
5	黑龙江	2005	555.85	1737.27	4822	3820	12451.3089005236
6	黑龙江	2006	597.05	2236	5141	3823	13941.4072717761
7	黑龙江	2007	628.94	2833.5	6037	3824	16020.6589958159
8	黑龙江	2008	669.9	3655.97	7135	3825	18651.5032679739
9	黑龙江	2009	688.67	5028.83	7922	3826	18868.0083638265
10	黑龙江	2010	747.84	6812.56	9121	3833	21675.7109313853

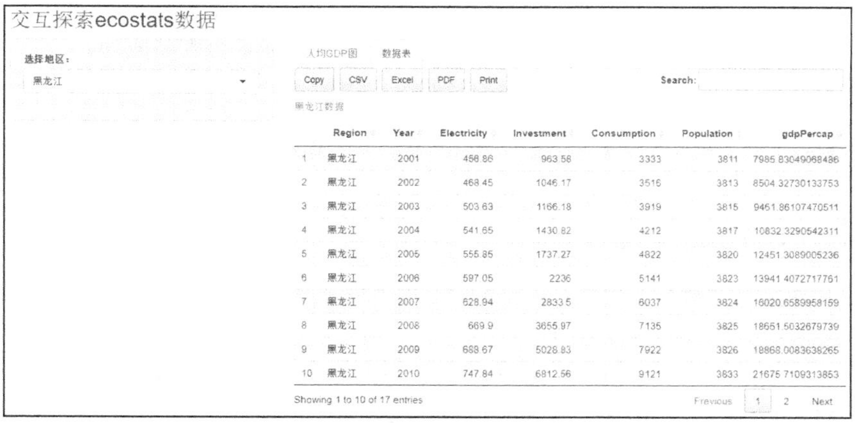

图 6.38 数据展板 Shiny app 数据交互页

有了该 Shiny app，用户可以很方便地选择地区，查看该地区的人均 GDP 变化趋势图并能在

图上交互，还能将该地区的数据导出到文件。

最后，关于如何分享做好的 Shiny app。

- 以 R 脚本分享，这是最简单的方法，但需要用户有配置好的 R 和 Shiny 环境，且知道如何运行它。
- 以网页形式分享，用户只要联网用浏览器就能交互使用它，但是这需要托管到云服务器，RStudio 提供了 shinyapps.io（免费受限），还有 Shiny 的配套服务器程序 Shiny Server，但是只能部署在支持 Ubuntu 和 CentOS/RHEL 的 Linux 服务器。

6.5 开发 R 包

在编程中，我们提倡将实现一个功能自定义为一个函数，这样就可以方便自己和他人重复使用；将完成每一项工作，组织在一个 R 项目方便统一管理，里面包含一系列好用的自定义函数；如果再进一步，想让你的 R 项目变成通用的工作流，可以方便自己和他人解决同类问题，就是将 R 项目变成 R 包。

R 包将代码、数据、文档和测试捆绑在一起，便于自己复用且很容易与他人分享，同时也为 R 社区的发展作出贡献。

Hadley 等人开发的 devtools 系列包，可以说让如今的 R 包开发变得非常简单和自动化，其理念就是让开发包的整个工作流程尽可能地用相应函数自动化实现，让人们把时间花在思考究竟想让包实现什么功能，而不是思考包的结构。

R 包有五种形态：源码、捆绑、二进制、已安装、载入内存。前三种形态是开发和发布 R 包所涉及的，后两种形态是大家已经熟悉的安装包和加载包。

本节开发 R 包的完整流程主要参阅了 Hadley 编写的 *R Packages*，以及 Cosima meyer 的博客文章"How to write your own R package and publish it on CRAN"。

6.5.1 准备开发环境

安装专为开发 R 包而打造的 devtools 包，会同步安装 usethis 包（自动化设置包和项目）、roxygen2 包（为各个函数提供文档）、testthat 包（进行单元测试）等。

Windows 系统从源码构建 R 包所需的工具集，称为 Rtools，需要从 CRAN 下载相应版本并按默认选项安装，然后重启 R，并执行以下命令，检查 Rtools 是否安装成功：

```
devtools::has_devel()    # 或者 Sys.which("make")
```

注意：对于 Mac 系统，需要先安装 Xcode 命令行工具，并注册为苹果开发者。

6.5.2 编写 R 包工作流

假设你有开发一个新包的想法，首先是为它寻找和挑选一个合适的包名，available 包可以为你提供灵感并检查名字是否可用。

我一直有为常用的数学建模算法开发一个 R 包的想法，让做数学建模的高校学生、教师能够不再依赖 MATLAB（体积庞大、非开源免费、部分用户还被禁用）。当然，这是一个长期的巨大工程，那么，就让我以此为契机开始打造它吧！

我为该包起名为 mathmodels。

1．创建 R 包

我们希望所创建的包包含 Git 版本控制，并且能在远程 GitHub 仓库同步（相当于发布在
GitHub）。

不知道是不是 RStudio 的 bug，在 RStudio 依次单击 New Project -> New Directory -> R
Package，从窗口输入包名、路径，勾选 Create a git，创建 R 包，Git 窗口部分按钮（更新 Origin、
Pull、Push）是灰色，无法与远程仓库很好地建立连接。从 Git Shell 命令行用 Git 指令做相应操
作是可以的，但毕竟不够友好。

咱们采用另一种对读者更友好的做法，先在 GitHub 建立远程同包名的仓库，再在本地新建
带 Git 版本控制的同包名的 R 项目。

接着，从该 R 项目开始创建 R 包：

```
library(devtools)
create_package(getwd())      # 从当前路径创建 R 包
```

有个是否重写 mathmodels.Rproj 的选择，选择 1 则重新生成 mathmodels.Rproj 文件（覆盖）。
这样就在本地创建了一个初始的源码 R 包结构，如图 6.39 所示。

先来认识一下这些构成 R 包的文件。

- .gitignore 和.Rbuildignore：包含 Git 或 R 包构建时应该忽略的文件。
- DESCRIPTION：关于包的元数据。
- NAMESPACE：声明你的包对用户输
  出的函数和从其他包导入的外部函
  数，后续执行 document() 进行文
  档化时，将重新生成并覆盖该文件。
- R：包含所有自定义的函数。
- mathmodels.Rproj：R 项目文件。

图 6.39　R 包的源码文件

其中需要编辑并改写的文件，都将用
devtools::document() 自动生成。

至此，初步的开发 R 包的框架已经搭建完成，并且已经与远程仓库建立连接，后续任何更
新都能很容易提交到 GitHub 仓库（提交步骤：Staged -> Commit -> Push）。

2．添加函数

R 包最核心的部分就是自定义的函数，其余都是配套的使用说明、保证函数可运行的依赖
和数据集等。R 文件夹包含了所有的自定义函数，每个函数都保存为一个同名的.R 文件。

现在来写我们的第一个函数：用 AHP() 实现层次分析法。

R 包中的自定义函数，本质上与普通的自定义函数并没有不同，只是额外需要注意：

- 增加函数注释信息，将用于生成函数帮助；
- 调用其他包中的函数时，用包名前缀，不加载包；
- 永远不要使用 library() 或 require()，永远不要使用 source()。

执行下面语句，在 R 文件夹中自动创建并打开 AHP.R：

```
use_r("AHP")
```

将调试通过的函数代码放进来：

```
AHP <- function(A) {
  rlt <- eigen(A)
  Lmax <- Re(rlt$values[1])    # Maximum eigenvalue
```

```
# Weight vector
W <- Re(rlt$vectors[,1]) / sum(Re(rlt$vectors[,1]))
# Consistency index
n <- nrow(A)
CI <- (Lmax - n) / (n - 1)
# Consistency ratio
# Saaty's random Consistency indexes
RI <- c(0,0,0.58,0.90,1.12,1.24,1.32,1.41,1.45,1.49,1.51)
CR <- CI / RI[n]
list(W = W, CR = CR, Lmax = Lmax, CI = CI)
}
```

把光标放在函数体内，单击 Code -> Insert roxygen skeleton，自动插入函数注释信息模板。
我们为本函数编写的注释信息如下：

```
#' @title AHP: Analytic Hierarchy Process
#' @description AHP is a multi-criteria decision analysis method developed
#' by Saaty, which can also be used to
#' determine indicator weights.
#' @param A a numeric matrix, i.e. pairwise comparison matrix
#' @return a list object that contains: W (Weight vector), CR (Consistency ratio),
#' Lmax (Maximum eigenvalue), CI (Consistency index)
#' @export
#' @examples
#' A = matrix(c(1,    1/2, 4, 3,    3,
#' 2,    1,   7, 5,    5,
#' 1/4, 1/7, 1, 1/2, 1/3,
#' 1/3, 1/5, 2, 1,    1,
#' 1/3, 1/5, 3, 1,    1), byrow = TRUE, nrow = 5)
#' AHP(A)
```

每行注释都以 #' 开头，@ 引导的关键词包括标题、描述、参数、返回值、工作示例，这些关
键词后边分别填写相应内容。

有了上述帮助信息，就可以执行文档化，代码如下：

```
document()
```

此时将自动生成函数帮助，实际上是调用 roxygen2 包生成 man/AHP.Rd，该文件在 RStudio
Help 窗口显示就如我们平时用"?函数名"查看帮助所看到的一样，如图 6.40 所示。

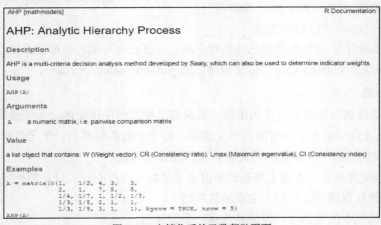

图 6.40 文档化后的函数帮助页面

如果是新包，建议加上 @export 以导出函数，这样做文档化时会自动将该函数添加到
NAMESPACE 文件。导出的函数也是给安装你的包的用户所使用的函数。若不加 @export 则不
导出函数，这样的函数叫作内部函数，只供包里的其他函数使用。

3. 编辑元数据

每个包都必须有一个 DESCRIPTION 文件，它用来存放关于你的包的重要元数据，DESCRIPTION

文件也是一个 R 包的决定性特征，RStudio 和 devtools 认为任何包含 DESCRIPTION 的目录都是一个包。

打开 DESCRIPTION 文件，包名、编码等部分信息是自动生成的，包括可编辑标题（单行文字）、版本号、作者、描述（一段文字）、网址等信息，导入、许可等信息更建议通过命令添加。

```
Package: mathmodels
Title: Implement Common Mathematical Modeling Algorithms with R
Version: 0.0.1
Authors@R:                                   # 多个作者用 c() 合并
    person(given = "Jingxin",
           family = "Zhang",
           role = c("aut", "cre", "cph"),   # 作者,维护者,版权人,还有"ctb"贡献者
           email = "zhjx_19@hrbcu.edu.cn")
Description: Mathematical modeling algorithms are classified as evaluation,
  optimization, prediction, dynamics, graph theory, statistics,
  intelligence, etc. This package is dedicated to implementing various
  common mathematical modeling algorithms with R.
License: AGPL (>= 3)
URL: https://github.com/zhjx19/mathmodels
BugReports: https://github.com/zhjx19/mathmodels/issues
Encoding: UTF-8
LazyData: true
Roxygen: list(markdown = TRUE)
RoxygenNote: 7.1.1
Imports:
    deSolve
```

- 版本号

通常是三位：大版本.小版本.补丁版本，按数值大小递进，开发版本一般从 9000 开始：0.0.1.9000。

- 依赖包

Imports 下所列的包是必须存在，这样你的包才能工作，当别人安装你的包时，也会自动安装这些包；

Suggests 下所列的包是建议包（比如案例数据集、运行测试、用于 Vignette 等），不会随你的包自动安装，所以在使用之前通常需要检查这些建议包是否存在：

```
if (requireNamespace("pkg", quietly = TRUE)) {
    pkg::f()
}
```

推荐大家用命令方式添加依赖包或建议包：

```
use_package("deSolve")           # 还有参数 min_version 指定最低版本
use_package("deSolve", "Suggests")
```

@importFrom dplyr "%>%" 从某包导入单个函数或符号。

Depends 是要求最低的 R 版本。

- 选择许可

这里用命令方式选择比较流行的 GPL-3[①]开源许可：

```
use_agpl3_license()
```

- LazyData 为 true 确保加载包时自动惰性加载（使用时才载入内存）内部数据集。

4. 使用数据集

在你的包中包含数据集有 3 种主要方式，这取决于你想用它做什么以及谁能够使用它。

---

① GPL 许可规定任何将代码以捆绑形式发布的人必须以与 GPL 兼容的方式对整个捆绑进行许可。此外，任何分发代码的修改版本（衍生作品）的人也必须提供源代码。GPL-3 比 GPL-2 更严格一些，关闭了一些旧的漏洞。

- 外部使用

如果你想存储二进制数据并使其对用户可用，就把它以 .rda 格式放在 data/中，这种方式适合放示例数据集。

先把数据集读入当前变量，比如读入企鹅数据集 penguins，代码如下：

```
use_data(penguins)          # 参数 compress 可设置压缩格式
```

内部数据集就像函数一样需要做文档化，把数据集的名称文档化并将其保存在 R/中。先创建数据集，代码如下：

```
use_r("penguins")
```

再编辑该数据集的注释信息，注释信息将用于生成该数据集的帮助：

```
#' @title Size measurements for adult foraging penguins near Palmer Station, Antarctica
#' @description Includes measurements for penguin species, island in Palmer Archipelago,
#' size (flipper length, body mass, bill dimensions), and sex.
#' @docType data
#' @usage data(penguins)
#' @format A tibble with 344 rows and 8 variables:
#' \describe{
#'   \item{species}{a factor denoting penguin species}
#'   \item{island}{a factor denoting island in Palmer Archipelago, Antarctica}
#'   \item{bill_length_mm}{a number denoting bill length (millimeters)}
#'   \item{bill_depth_mm}{a number denoting bill depth (millimeters)}
#'   \item{flipper_length_mm}{an integer denoting flipper length (millimeters)}
#'   \item{body_mass_g}{an integer denoting body mass (grams)}
#'   \item{sex}{a factor denoting penguin sex (female, male)}
#'   \item{year}{an integer denoting the study year (2007, 2008, or 2009)}
#' }
#' @references This dataset referenced from the palmerpenguins package.
#' @keywords datasets
#' @examples
#' data(penguins)
#' head(penguins)
"penguins"
```

在关键词引导下，编辑数据集标题、描述、变量说明、来源、示例等信息。还有@source 是你自己获得数据的来源，通常是一个 url{}. 注意，永远不要@export 一个数据集。

有了上述帮助信息，就可以执行文档化（查看其帮助略）：

```
document()
```

- 内部使用

如果你想存储处理过的数据，但不向用户提供，就把它以 .rda 格式放在 R/中，这种方式适合放函数需要的数据。

同样的操作，除了设置 internal 参数为 TRUE：

```
use_data(penguins, internal = TRUE)
```

- 原始数据

如果你想展示加载/处理原始数据的例子，就把原始数据文件放在 inst/extdata 中，安装包时，inst/中的所有文件（和文件夹）都会被上移一级目录（去掉 inst/）。

要引用 inst/extdata 中的数据文件（无论是否安装），代码如下：

```
system.file("extdata", "mtcars.csv", package = "readr", mustWork = TRUE)
```

参数 mustWork = TRUE 保证若文件不存在，不是返回空字符串而是报错。

另外，通常你的数据集是你搜集的原始数据经过处理的版本，Hadley 建议额外将原始数据和处理过程的代码放入 data-raw/，这只是便于将来更新或重现数据。在捆绑 R 包时，原始数据和处理过程的代码是不需要的，所以需要添加到.Rbuildignore。这个步骤不必手动执行，use_data_raw() 能帮你自动完成。

5. 单元测试

测试是开发 R 包的重要部分，可以确保代码更稳健，能成功地实现相关的功能。

测试的一般原则是，设想函数在可能遇到的各种情况下，是否都能得到预期的结果。策略之一是每当你遇到一个 bug，就为它写一个测试，以检查将来是否会出现这种情况。

虽然通过执行 load_all() 模拟加载包，可以在控制台做一些函数测试，但更好的做法是采用 testthat 包提供的单元测试，这是一种正式的自动化测试。具体操作如下所示。

先初始化包的单元测试：

```
use_testthat()
```

它将 Suggests: testthat 添加到 DESCRIPTION，创建目录 tests/testthat/，并添加脚本 tests/testthat.R。然而，真正的测试还是要靠自己来编写！

先打开或创建针对某函数的测试文件：

```
use_test("AHP")
```

测试文件是由若干个 test_that() 构成，第一个参数是对测试的描述，测试内容是大括号括起来的代码块，一般是比较函数返回值与期望值是否（近似）相等、是否符合类型等，比如：

```
test_that("AHP weights and type", {
  A = matrix(c(1,    1/2,
               2,    1), byrow = TRUE, nrow = 2)
  rlt = AHP(A)
  expect_equal(rlt$W, c(0.3333, 0.6667), tolerance = 0.001)
  expect_type(rlt, "list")
})
```

然后，执行测试（若测试结果全为 PASS，则表示通过测试）：

```
test()
```

如果单元测试没问题，再执行 R CMD check 检测：

```
check()
```

执行该命令可能需要一些时间，并在控制台中产生一个输出，输出是关于潜在错误、警告、注意的具体反馈，我们希望三者都是 0。

通过检测的 R 源码包已经可以在自己的计算机上安装使用了：

```
install()                          # 安装包
library(mathmodels)
# some code
```

按照标准的步骤（Staged -> Commit -> Push）把包的相关文件推送到 GitHub 远程仓库，就是成功发布到 GitHub，别人也已经可以从 GitHub 安装和使用你的 R 包。

6.5.3 发布到 CRAN

如果想让你的包在 R 社区分享，则需要把它提交到 CRAN，这比发布在 GitHub 上要做更多的工作。

- 选择一个三位版本号：大版本.小版本.补丁。
- 检测是否符合 CRAN 政策，在至少两种操作系统执行 R CMD check，并准备 cran-

comments.md 文件加以说明。

- 编写 README.md 和 NEWS.md。
- 用 devtools::build() 从源码包创建捆绑包 tar.gz 格式。
- 向 CRAN 提交包。
- 通过更新版本号为下一个版本做准备。
- 发布新的版本。

但上述操作是值得的，因为只有发布到 CRAN，广大 R 用户才能更容易发现和使用你的 R 包。CRAN 政策除了对基本的规范流程有要求之外，还有一些其他注意事项。

- 包的维护者的 E-mail（长期）可用，CRAN 要确保能联系到维护者。
- 必须在 DESCRIPTION 中明确指出版权人，若包含外部源代码必须兼容许可。
- 要求你的包在至少两个操作系统平台上通过 R CMD check 检测，建议也在 R 开发版本上通过 R CMD check 检测。
- 禁止替用户做外部修改，例如不要写到文件系统、改变选项、安装包、退出 R、通过互联网发送信息、打开外部软件等。
- 不要过于频繁地提交更新，建议最多每 1～2 个月提交一次新版本。

1．CRAN 检测

在多个操作系统做 R CMD check 都要保证错误项、警告项、注意项的数量为 0，但新包第一次提交必有一个注意项，提醒 CRAN 这是一个新的提交。这无法消除，可在 cran-comments.md 中注明这是第一次提交。

rhub 包可以帮助你在多个操作系统做 R CMD check，还能自动生成检测结果的描述，并用于生成 cran-comments.md。

第一次使用 rhub，需要先验证你的 E-mail 地址：

```
library(rhub)
validate_email("zhjx_19@hrbcu.edu.cn")
```

这将向你的该邮箱发送一个 token 码，在提示中输入将绑定你的 E-mail。

在多个操作系统上对你的 R 包执行 R CMD check，只需运行以下代码：

```
results = check_for_cran()
```

检测过程会有一点漫长，你的 E-mail 会陆续收到 3 个邮件，其中的链接详细反馈了测试在 3 个不同操作系统上的表现。将检测结果赋值可以方便地查看检测的概述结果，如图 6.41 所示：

```
results$cran_summary()
```

再生成 cran-comments.md，稍加修改就能使用：

```
use_cran_comments()              # usethis 包
```

2．编写 README、NEWS

若你的包发布在 GitHub，则有必要编写 README.md。它是包的主页和欢迎页，介绍如何简单使用这个包。执行以下命令则生成并打开 README.Rmd 模板，编辑相应内容即可。

```
use_readme_rmd()
```

NEWS 文件在每次更新包的版本时，用来描述了自上一版本以来的变化，执行以下命令，则自动生成并打开 NEWS.md，按 markdown 语法无序列表语法编辑内容即可。

```
use_news_md()
```

```
For a CRAN submission we recommend that you fix all NOTEs, WARNINGs and ERRORs.
## Test environments
- R-hub windows-x86_64-devel (r-devel)
- R-hub ubuntu-gcc-release (r-release)
- R-hub fedora-clang-devel (r-devel)

## R CMD check results
> On windows-x86_64-devel (r-devel), ubuntu-gcc-release (r-release), fedora-clang
-devel (r-devel)
  checking CRAN incoming feasibility ... NOTE
  Maintainer: 'Jingxin Zhang <zhjx_19@hrbcu.edu.cn>'

  New submission

0 errors √ | 0 warnings √ | 1 note x
> use_cran_comments()
√ Setting active project to 'E:/MyPackages/mathmodels'
√ Writing 'cran-comments.md'
√ Adding '^cran-comments\\.md$' to '.Rbuildignore'
* Modify 'cran-comments.md'
```

图 6.41　CRAN 检测结果汇总

3. 捆绑包与提交

源码包需要 build 为捆绑包（tar.gz），才能往 CRAN 提交，执行以下命令：

```
build()
```

结果如图 6.42 所示。

```
√ checking for file 'E:\MyPackages\mathmodels/DESCRIPTION' ...
- preparing 'mathmodels':
√ checking DESCRIPTION meta-information ...
- installing the package to build vignettes
√ creating vignettes (2.6s)
- checking for LF line-endings in source and make files and shell scripts
- checking for empty or unneeded directories
- building 'mathmodels_0.0.1.tar.gz'

[1] "E:/MyPackages/mathmodels_0.0.1.tar.gz"
```

图 6.42　从源码包到捆绑包

有了 mathmodels_0.0.1.tar.gz 和 cran-comments.md，终于可以向 CRAN 提交了。打开图 6.43 所示的提交包页面，按要求提交即可。

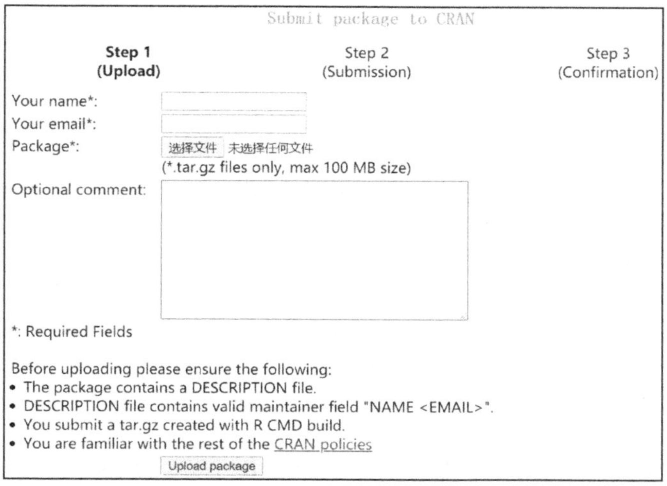

图 6.43　CRAN 提交包页面

提交后，你会收到一封邮件，是确认你的提交，然后就是等待。如果是一个新的包，CRAN 还会运行一些额外的测试，可能比提交包的更新版本要花更多的时间（4～5 天）。

直到 CRAN 回复你，可能会反馈一些潜在的问题，你必须在重新提交包之前解决这些问题（并增加一点版本号）。当然，你也可能非常幸运，你的包立即被接受。

在包被 CRAN 接受后，它将被建立在每个平台上。这有可能会发现更多的错误。等待 48

小时，直到所有包的检查都运行完毕，然后进入你的包页面，单击"CRAN checks"下的"包 results"，检查相关问题，若有必要就得提交一个更新版本的补丁包。

6.5.4　推广包（可选）

为了更好地宣传和推广你的包，可以采用以下方式。

- 通过编写 vignettes（小册子）

相当于通过博客文章描述你的包所要解决的问题，然后向用户展示如何解决该问题。执行以下命令：

```
use_vignette("Evaluation-Algorithm")    # 或 _，不能用空格
```

这将自动创建 vignettes/Evaluation-Algorithm.Rmd，向 DESCRIPTION 添加必要的依赖项（将 knitr 添加到 Suggests 和 VignetteBuilder 字段）。接着，按照标准的 R Markdown 格式，编写 Vignette 内容即可。

- 建立网站

只要你已经遵照上述流程处理，那么在 GitHub 仓库里就会有一个 R 包结构，借助 pkgdown 包，只需要运行以下命令：

```
pkgdown::build_site()
```

就能自动把你的包渲染成一个网站，该网站遵循你的包结构，有一个基于 README 文件的登录页面，一个 vignette 折叠页面，以及基于 man/文件夹内容的函数引用页面，还有一个专门的 NEWS.md 页面。它甚至包括一个侧边栏，上面有 GitHub 仓库的链接、作者的名字等。此外，你还可以进行以下操作。

- 为你的包设计六边形 logo（目前非常流行），可以参考 hexSticker 包和相关网站。
- 为你的包制作 cheatsheet，RStudio 有提供相关模板。

拓展学习

读者如果想进一步了解 R markdown、bookdown、officedown，建议大家阅读谢益辉编写的 *R Markdown Cookbook*、*R Markdown: The Definitive Guide*、*bookdown: Authoring Books and Technical Documents*，庄闪闪编写的《R markdown 入门教程（网络版）》，李东风编写的《R 语言教程》中的相关内容，以及 David Gohel 编写的 *Officeverse*。

读者如果想进一步了解新一代文档沟通工具 Quarto，建议大家去阅读 Quarto 官网文档。

读者如果想进一步了解表格交互相关的内容，建议大家阅读 gt 包、modelsummary 包、huxtable 包、kableExtr 包、flextable 包、DT 包、stargazer 包的官方文档。

读者如果想进一步了解 Latex 排版，建议大家去阅读潘建瑜编写的《LaTeX 科技排版入门》和张海洋编写的《Latex 入门》。

读者如果想进一步了解 Git 与 GitHub 操作，建议大家阅读 *R4WRDS Intermediate Course: Version Control with git*，以及 Jenny Bryan 编写的 *Happy Git and GitHub for the useR*。

读者如果想进一步了解 R Shiny，建议大家去阅读 Hadley 编写的 *Mastering Shiny*，以及 R Shiny 官网相关的学习资源及样例。

读者如果想进一步了解 R 包开发，建议大家去阅读 Hadley 编写的 *R Packages*(2nd *Edition*)。

附录 A　R6 类面向对象编程简单实例

R6 包为 R 提供了一个封装的面向对象编程的实现，相较于 S3 和 S4 类，R6 是更新的面向对象的类，支持引用语义。

面向对象的类的语法都是类似的，都有构造函数、属性（公共和私有）、方法。下面定义一个银行账户的类，代码如下：

```r
library(R6)
BankAccount = R6Class(
  classname = "BankAccount",
  public = list(
    name = NULL,
    age = NA,
    initialize = function(name, age, balance) {
      self$name = name
      self$age = age
      private$balance = balance
    },
    printInfo = function() {
      cat("姓名: ", self$name, "\n", sep = "")
      cat("年龄: ", self$age, "岁\n", sep = "")
      cat("存款: ", private$balance, "元\n", sep = "")
      invisible(self)
    },
    deposit = function(dep = 0) {
      private$balance = private$balance + dep
      invisible(self)
    },
    withdraw = function(draw) {
      private$balance = private$balance - draw
      invisible(self)
    }),
  private = list(balance = 0)
)
```

用银行账户的类创建对象，并简单使用，代码如下：

```r
account = BankAccount$new("张三", age = 40, balance = 10000)
account$printInfo()
```

```
## 姓名: 张三
## 年龄: 40 岁
## 存款: 10000 元
```

```r
account$balance
```

```
## NULL
```

```r
account$age
```

```
## [1] 40
```

```
account$
  deposit(5000)$
  withdraw(7000)$
  printInfo()
```

```
## 姓名：张三
## 年龄：40 岁
## 存款：8000 元
```

定义继承类（可透支银行账户），代码如下：

```
BanckAcountCharge = R6Class(
  classname = "BankAccount",
  inherit = BankAccount,
  public = list(
    withdraw = function(draw = 0) {
      if (private$balance - draw < 0) {
        draw = draw + 100
      }
      super$withdraw(draw = draw)
    }))
```

用可透支银行账户创建对象，并简单使用，代码如下：

```
charge_account = BanckAcountCharge$new("李四", age = 35, balance = 1000)
charge_account$withdraw(2000)$
  printInfo()
```

```
## 姓名：李四
## 年龄：35 岁
## 存款：-1100 元
```

拓展学习

读者如果想进一步了解 R6 面向对象编程，建议大家阅读 Hadley 编写的 *Advanced R(2nd Edition)*的第 14 章以及 R6 包的官方文档。

附录 B　错误与调试

调试代码和改正代码中的错误可能是费时且令人头疼的问题。本附录将介绍一些 R 中有效的处理错误和调试代码的便捷工具。

B.1　解决报错的一般策略

首先，安装 R 软件时建议将报错消息设置为英文，方便在 Bing 或 Google 搜索到答案。然后，解决问题的一般策略如下。

（1）搜索

- 通过 Bing 或 Google 搜索错误消息；
- 通过 RStudio community 搜索错误关键词；
- 通过 Stackoverflow 搜索错误关键词+R 标签。

（2）重启 R/RStudio、设置启动时从不保存历史数据：依次打开 Tools -> Global Options -> Workspace，完成图 B.1 所示的设置。

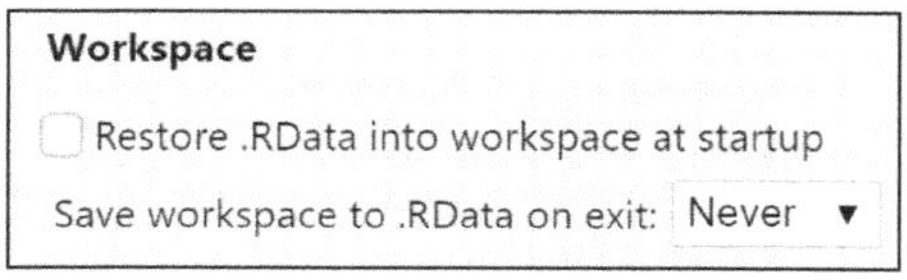

（3）reprex 包

创建最小的可重复的实例向别人提问，在创建过程中自己就能解决问题的概率大概有 80%。

图 B.1　设置启动时从不保存历史数据

B.2　错误调试技术

很多时候，我们甚至不知道错误来自哪一行代码，那么解决问题的一般步骤是：

- 开始运行代码；
- 在你怀疑有错误或问题的地方停止；
- 一步一步地执行代码并查看结果。

一种原始的调试方法是在代码中增加 `print()` 或 `cat()` 语句，查看中间结果以便于调试。但更推荐使用 `traceback()` 回溯或 RStudio 提供的交互调试功能。

1. 设置断点

在代码编辑窗口，单击行号左侧则为该行代码设置断点，如图 B.2 所示。注意需要勾选 Source 并单击"保存"才能激活断点。断点的作用是在 R 函数对象中注入一些跟踪代码，包含这种跟踪代码的 R 函数对象在环境窗格中会有一个红点，表明它们包含断点。包含断点的代码，执行到断点处时将启动调试模式。

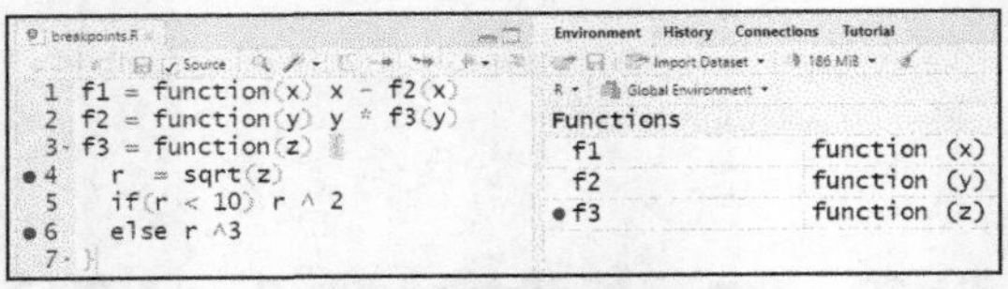

图 B.2　设置编辑器断点

2. traceback()

如果运行代码出现报错，可以用 traceback() 函数来尝试定位错误发生的位置。该函数可以打印在错误发生之前的函数调用序列（又称"调用栈"）。注意阅读调用栈是按照从下到上的顺序。

下面通过一个涉及多个函数调用链的示例来演示 traceback() 函数的使用。

```
f1 = function(x)  x - f2(x)
f2 = function(y)  y * f3(y)
f3 = function(z) {
  r = sqrt(z)
  if(r < 10) r ^ 2
  else r ^3
}
f1(-10)
```

上述代码先定义了 3 个函数，然后执行 f1(-10)调用函数，得到图 B.3 所示的报错。

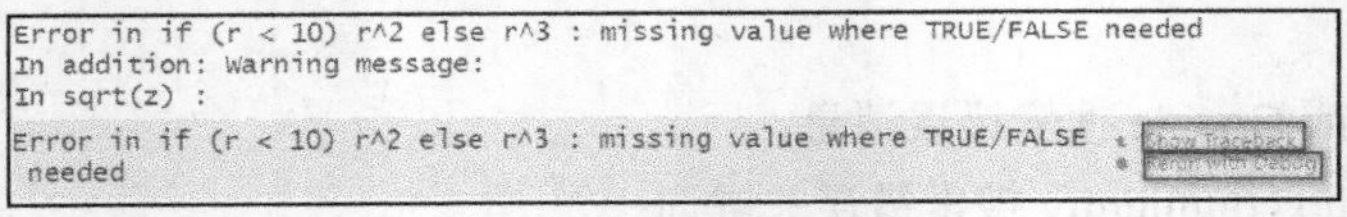

图 B.3　R 代码报错示意图

接着执行 traceback() 函数或者直接单击图 B.3 中的 Show Traceback 按钮[①]，则得到错误回溯：

```
traceback()

## 3: f3(y) at #1
## 2: f2(x) at #1
## 1: f1(-10)
```

错误回溯结果表明，错误发生在 f3(y) 的计算过程中。

如果想要更详细、可读性更好的报错和错误回溯，可以借助 rlang 包获取：

```
options(error = rlang::entrace)
f1(-10)
rlang::last_error()        # 或直接点击该语句
rlang::last_trace()        # 或直接点击该语句
```

结果如图 B.4 所示。

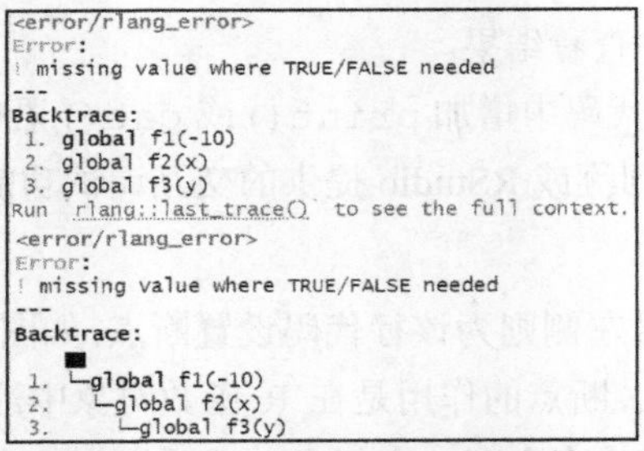

图 B.4　rlang 包提供的报错与错误回溯

---

① 设置选项 options(error = traceback)可以开启只要报错就输出错误回溯。

虽然 traceback() 函数确实有用，但它并不能显示一个函数中错误发生的确切位置。为此，我们需要使用调试模式。

3. browser()

你可以在代码的任何位置插入 browser() 函数，则执行到该步时将从这里开始启动调试模式。

```
f1 = function(x) x - f2(x)
f2 = function(y) y * f3(y)
f3 = function(z) {
  r = sqrt(z)
 browser()                       # 插入browser()
  if(r < 10) r ^ 2
  else r ^3
}
f1(-10)
```

执行上述代码，则在 browser() 函数位置进入调试模式，如图 B.5 所示。

图 B.5　browser()调试模式及说明

可以看到，调试模式下控制台的提示符会变成"Browse[1]>"，此时可以输入想要查看的变量名字，或者执行一些帮助调试的小代码，或者输入一些控制命令（当然也可以单击辅助调试按钮栏的按钮），举例如下。

- n[Next]：下一条语句。
- c[Continue]：继续执行直到下一处断点。
- s[Step into]：步进函数调用。
- f[Finish]：完成循环/函数。
- where：显示之前的调用。
- Q[Stop]：退出调试器。

4. debug()

前文提到的方法能够进入函数里面修改代码，适合调试自己编写的函数代码。对于来自一些包里的函数，不方便修改别人的代码又想进入函数里面去调试，这就需要使用 debug(函数名)：

```
debug(f3)
f1(-10)
```

执行上述代码，自动进入函数 f3 的调试模式，如图 B.6 所示。

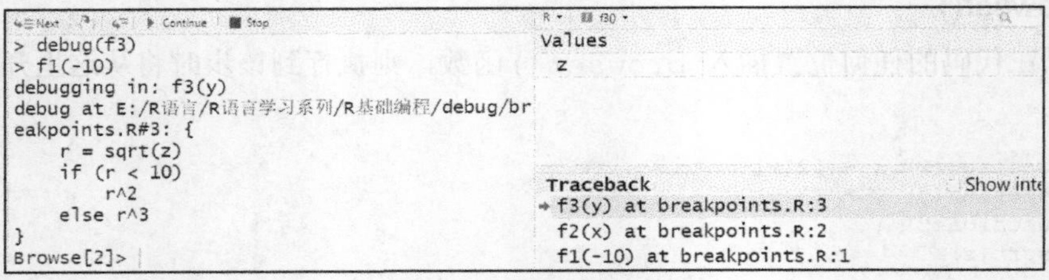

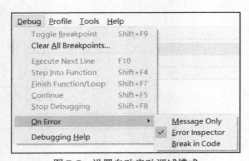

图 B.6　debug()调试模式

运行 debug() 函数之后，需要调用 undebug()，否则每次调用该函数时都会进入调试模式。另一种方法是使用 debugonce()。

除了上述进入调试模式的方法，我们还可以设置 RStudio 选项，使得遇到错误后程序自动进入调试模式。在 RStudio 中，依次打开 Debug -> On Error，并将"Error Inspector"改为"Break in Code"，如图 B.7 所示。

图 B.7　设置自动启动调试模式

另外，有时运行代码会提示警告，若想调试警告可以设置 options(warning = 2)，这样就能将警告转化为错误，就可以使用上述调试方法了。

B.3　异常处理

在自定义函数特别是开发包中定义函数时，一个好的习惯是让我们的函数尽可能地稳健，或者能够更清晰地将异常信息传达到用户。

异常会导致程序在执行过程中不自然地终止，异常处理也称为条件处理，R 中主要有三类异常，具体如下。

- 错误（Error）：由 stop() 或 rlang::abort() 引发，强制终止所有执行。
- 警告（Warning）：由 warning() 或 rlang::warning() 引发，显示潜在问题。
- 消息（Message）：由 message() 或 rlang::inform() 引发，给出信息性输出。

其中，错误和警告是需要专门处理的异常，tryCatch()函数常用来检查 R 代码是否会导致错误或警告信息，以及如何处理它们。

tryCatch()函数通常可设置 4 个参数，具体如下。

- expr：指定要评估的表达式，若表达式有多行，需要用 {} 括起来。
- error：接收一个函数，把捕获的错误信息作为输入，原样输出或再拼接其他信息作为输出，即你希望在出现错误时返回的信息。

- `warning`：接收一个函数，把捕获的警告信息作为输入，原样输出或再拼接其他信息作为输出，即你希望在出现警告时返回的信息。
- `finally`：最终返回或退出时，要执行的表达式。

其中，`expr` 是必须指定的，`tryCatch` 首先评估 `expr` 表达式，若遇到异常（错误或警告）则会抛出异常，此时错误将被 `error` 捕获，警告将被 `warning` 捕获。

先看一个自定义除法函数的示例：

```
div = function(m, n) {
  if (!is.numeric(m) | !is.numeric(n)) {
    stop("错误：分子或分母不是数值！")
  }
  else if (n == 0) {
    warning("警告：分母是 0！")
    Inf
  }
  else {
    m / n
  }
}
```

注意，直接调用函数，遇到报错就会停止继续向下执行（需要分别执行）：

```
div(3, 2)
## [0] 0.5
div("3", 2)
## Error in div("3", 2) : 错误：分子或分母不是数值！
div(3, 0)
## [1] Inf
## Warning message:
## In div(3, 0) : 警告：分母是 0！
```

改用 `tryCatch()` 按如下方式包装一下就能全部顺利执行（不再报错），并返回你想要的异常（错误或警告）信息：

```
tryCatch(div(3, 2),
         error = function(err) err,
         warning = function(warn) cat(paste0(warn, "小心结果是 Inf！")))
## [1] 1.5
tryCatch(div("3", 2),
         error = function(err) err,
         warning = function(warn) cat(paste0(warn, "小心结果是 Inf！")))
## <simpleError in div("3", 2): 错误：分子或分母不是数值！>
tryCatch(div(3, 0),
         error = function(err) err,
         warning = function(warn) cat(paste0(warn, "小心结果是 Inf！")))
## simpleWarning in div(3, 0): 警告：分母是 0！
## 小心结果是 Inf！
```

这里的 `error` 实参（函数）是将捕获的错误信息原样返回（输出），`warning` 实参（函数）是对捕获的警告信息，再拼接上 "小心结果是 Inf!"，并用 `cat()` 输出。可以看到，若函数正常执行，相当于 `tryCatch` 机制不起作用。

最后，再看一个利用 "rlang 包 + `tryCatch()`" 处理异常的示例——生成随机数，并计算其对数值。

先定义生成随机数的函数，随机生成一个标准正态分布的随机数，若该随机数不是正数，则用 `rlang::abort()` 抛出一个错误消息，其参数 `class` 用来标记错误的子类：

```
sim_value = function() {
  val = rnorm(1)
  if (val <= 0){
```

```
        rlang::abort(message = "返回值不是正数！",
                     class = "模拟值错误",
                     val = val)
    } else {
        val
    }
}
```

再定义 error 函数，从捕获的错误信息，创建想要显示的更具体的错误信息：

```
sim_value_handler = function(err) {
  msg = "无法计算值！"
  if (inherits(err, "模拟值错误")) {
    msg = paste0(msg, "`sim_value()`函数生成的数值为", err$val)
  }
  rlang::abort(msg, "模拟值错误")
}
```

最后定义计算对数值的函数，对生成随机数的过程使用 tryCatch 捕获异常，error 采用上面自定义的错误信息处理函数，然后再求对数：

```
log_value = function(){
  x = tryCatch(sim_value(), error = sim_value_handler)
  log(x)
}
```

测试函数设置随机种子保证能够生成负的随机数以触发异常：

```
set.seed(123)
log_value()
## Error in `value[[3L]]()`:
## ! 无法计算值！`sim_value()`函数生成的数值为-0.560475646552213
## Run `rlang::last_error()` to see where the error occurred.
```

该例展示了用 rlang 包而不是 base 函数进行异常处理的几个优点，例如能够存储元数据（可自定义处理器做检查），未处理的错误由 abort() 自动保存，可以给用户输出更为详细的信息等。

最后介绍 purrr 循环迭代中的错误或异常处理。purrr 包的 map_*()、walk_*() 等函数在循环迭代时，若在中间的某步迭代出现错误或异常会直接导致整个循环迭代的失败。因此，有必要提前做好处理预案。

purrr 包提供了 3 个"副词"函数，它们会对函数做包装以处理报错或异常，能避免循环迭代的异常中断，并生成增强型的输出，具体如下。

- safely(.f, otherwise, quiet)：包装后的函数反而会返回一个包含组件 result 和 error 的列表，若发生错误，则 error 是错误对象，result 使用参数 otherwise 提供的值；否则，error 为 NULL。

- quietly(.f)：包装后的函数会返回一个包含结果、输出、消息和警告的列表。

- possibly(.f, otherwise, quiet)：包装后的函数在发生错误时使用参数 otherwise 提供的值。

其中，.f 为要包装的函数，支持 purrr 风格的匿名函数写法；otherwise 为遇到错误或异常时，用以赋值结果的代替值；quiet 为是否隐藏错误（默认 TRUE，即不输出）。

这些"副词"函数的结果不便于直接使用，可以配合 transpose() 和 simplify_all() 一起使用，以使结果更加整洁，示例如下：

```
safe_log = safely(log, otherwise = NA_real_)
list("a", 10, 100) %>%
  map(safe_log) %>%
  transpose() %>%
  simplify_all()
```

```
## $result
## [1]       NA 2.302585 4.605170

## $error
## $error[[1]]
## <simpleError in .Primitive("log")(x, base): non-numeric argument to mathematical function>

## $error[[2]]
## NULL

## $error[[3]]
## NULL
```

附录 C 用 R 实现 Excel 中的 VLOOKUP 与透视表

在日常办公中，经常需要批量重复地做的一些事情，都值得用 R 或 Python 写成程序代码实现自动化，这样可以为你节省大量的时间，此外就是 R 或 Python 代码所能处理的数据量和处理速度都远远超过 Excel。

C.1 VLOOKUP 查询

Excel 中的 VLOOKUP 函数以及 Index + Match 是让很多人头痛的话题，各种教程讲解让大多数人都看得一头雾水，永远都是记不住不会用。

实际上 VLOOKUP 在**数据思维**下，无非就是筛选行、选择列、数据连接（若从较大的表查询）。如果查询完还涉及修改操作，就在以上步骤的基础上加上修改列。

数据思维才是解决数据问题的正确思维、简洁思维。几乎一看就懂，一用就会。

比如要处理如下 Excel 数据表，如图 C.1 所示。

No	销售员	性别	销量	地区
1	王东	男	100	北京
2	小西	男	56	上海
3	小南	女	98	苏州
4	小北	女	66	上海
5	小中	男	87	天津
6	小王	女	99	上海
7	小李	男	20	上海

图 C.1 Excel 查询示例数据

先加载 tidyverse 包并读入数据，代码如下：

```
library(tidyverse)
library(readxl)
df = read_xlsx("data/VLOOKUP 综合.xlsx")
```

首先介绍各种查询操作，其实就是构建筛选条件并筛选行，想保留哪些列再选择具体的列。

● 单条件查询：根据销售员查找销量

```
df %>%
  filter(销售员 == "王东") %>%              # 筛选行
  select(销售员, 销量)                      # 选择列

## # A tibble: 1 x 2
##   销售员  销量
##   <chr>  <dbl>
## 1 王东    100
```

注意：查询多个销售员姓名，还可以用%in%（属于）写查询条件；根据另一个表（比如 df2）里的销售员姓名查询，把筛选行改成右连接即可实现：

```
df %>%
  right_join(df2, by = "销售员") %>%      # 右连接
  select(销售员, 销量)                    # 选择列
```

- 多条件查询：查询销售员在某地区的销量

```
df %>%
  filter(销售员 == "王东", 地区 == "北京") %>%  # 根据两个条件筛选行
  select(销售员, 地区, 销量)
```

```
## # A tibble: 1 x 3
##   销售员 地区   销量
##   <chr>  <chr> <dbl>
## 1 王东    北京   100
```

- 多列查询：查询销售员的所有信息

```
df %>%
  filter(销售员 == "王东")
```

```
## # A tibble: 1 x 6
##      No 销售员 性别   销量 地区   备注
##   <dbl> <chr>  <chr> <dbl> <chr> <lgl>
## 1     1 王东    男     100 北京   NA
```

- 从右向左查询：查询某销量对应的销售员

```
df %>%
  filter(销量 == 66) %>%                   # 数据思维不用分左右
  select(销量, 销售员)
```

```
## # A tibble: 1 x 2
##    销量 销售员
##   <dbl> <chr>
## 1    66 小北
```

- 使用通配符查询：查询姓名包含"中"字的销售员信息

```
df %>%
  filter(str_detect(销售员, "中")) %>%     # 是否检测到"中"字，支持正则表达式
  select(销售员, 销量)
```

```
## # A tibble: 1 x 2
##   销售员 销量
##   <chr>  <dbl>
## 1 小中     87
```

还有一种操作用于划分区间等级，其实就是对变量重新编码，或者让连续变量离散化。

- 划分区间等级：按销量划分等级

```
df %>%
  mutate(销量等级 = case_when(        # 修改列
    销量 < 60  ~ "不及格",
    销量 < 85  ~ "及格",
    销量 < 95  ~ "良好",
    销量 < 100 ~ "优秀",
    TRUE       ~ "满分"))
```

```
## # A tibble: 7 x 7
##      No 销售员 性别   销量 地区   备注  销量等级
##   <dbl> <chr>  <chr> <dbl> <chr> <lgl> <chr>
## 1     1 王东    男     100 北京   NA    满分
## 2     2 小西    男      56 上海   NA    不及格
## 3     3 小南    女      98 苏州   NA    优秀
## 4     4 小北    女      66 上海   NA    及格
## 5     5 小中    男      87 天津   NA    良好
## 6     6 小王    女      99 上海   NA    优秀
## # ... with 1 more row
```

若要将得到的结果写到 Excel，只需要再接一个管道即可：`%>%writexl::write_xlsx("filename.xlsx")`。

C.2　数据透视表

数据透视表就是透过数据查看汇总的信息，其实就是分组汇总。例如图 C.2 所示的 Excel 数据表。

地区	城市	公司名称	类别名称	产品名称	订购日期	数量	单价	销售额
华北	天津	高上补习	饮料	苹果汁	1996-08-20	45	14.4	648
华东	温州	学仁贸易	饮料	苹果汁	1996-08-30	18	14.4	259
华北	天津	正太实业	饮料	苹果汁	1996-09-30	20	14.4	288
华北	天津	凯旋科技	饮料	苹果汁	1996-11-07	15	14.4	216
华北	天津	就业广兑	饮料	苹果汁	1996-11-11	12	14.4	173
华北	天津	浩天旅行	饮料	苹果汁	1996-12-03	15	14.4	216
华北	北京	留学服务	饮料	苹果汁	1997-01-07	10	14.4	144
华北	天津	池春建设	饮料	苹果汁	1997-01-14	24	14.4	346
华北	张家口	康毅系统	饮料	苹果汁	1997-03-17	15	14.4	216

图 C.2　Excel 透视表示例数据

想透过数据得到各年份各地区的销售额，这就是按年份、地区分组，对销售额做加和汇总。

- **方法一**：分组汇总+长表变宽表

```
df = read_xlsx("data/数据透视表.xlsx")
library(lubridate)
pt = df %>%
  group_by(年份 = year(订购日期)，地区) %>%
  summarise(销售额 = sum(销售额))
pt
```

```
## # A tibble: 36 x 3
## # Groups:   年份[6]
##    年份 地区   销售额
##    <dbl> <chr>  <dbl>
## 1  1996 东北   16984
## 2  1996 华北   95935
## 3  1996 华东   51792
## 4  1996 华南   38761
## 5  1996 西北    1883
## 6  1996 西南   20950
## # ... with 30 more rows
```

Excel 透视表一般不是这样的整洁长表，而是更具可读性的宽表，需要对地区列进行长表变宽表的转换，代码如下：

```
pt = pt %>%
  pivot_wider(names_from = 地区, values_from = 销售额)
pt
```

```
## # A tibble: 6 x 7
## # Groups:   年份[6]
##    年份   东北   华北   华东   华南   西北   西南
##    <dbl>  <dbl>  <dbl>  <dbl>  <dbl>  <dbl>  <dbl>
## 1  1996  16984  95935  51792  38761   1883  20950
## 2  1997  36984 260084 141214 129679   7683  93889
## 3  1998   2847 157555  99536  87778   2965  94574
## 4  1999    861  65997 160557 170917    178   6271
## 5  2000    861 110237  28557 181917    178  86271
## 6  2001 100461  12625 104357 117102    178 106326
```

还可以为 Excel 透视表增加按行、按列的求和，代码如下：

```
library(janitor)
pt %>%
  adorn_totals(where = c("row", "col"))    # 也可以只用一个
```

```
##    年份   东北     华北     华东     华南   西北   西南    Total
##    1996  16984   95935   51792   38761   1883  20950   226305
##    1997  36984  260084  141214  129679   7683  93889   669533
##    1998   2847  157555   99536   87778   2965  94574   445255
##    1999    861   65997  160557  170917    178   6271   404781
##    2000    861  110237   28557  181917    178  86271   408021
##    2001 100461   12625  104357  117102    178 106326   441049
##   Total 158998  702433  586013  726154  13065 408281  2594944
```

以上步骤是为了展示中间结果，我们也可以通过四步管道操作直接得到最终的透视表。

- **方法二**：tidyquant::pivot_table()

tidyquant 包主要用于量化金融，但也实现了大部分的 Excel 函数，pivot_table 就是其中之一，该函数类似于在 Excel 中做透视表，选择行分组、列分组的变量或表达式，以及汇总函数。相当于将方法一中的前三步（分组、汇总、长表变宽表）一步到位，只是如果要增加行和、列和，仍需要使用 adorn_totals() 函数，代码如下：

```
library(tidyquant)
df %>%
  pivot_table(.rows = ~ YEAR(订购日期), .columns = 地区, .values = ~ SUM(销售额)) %>%
  adorn_totals(where = c("row", "col"))         # 结果同上(略)
```

注意：YEAR() 和 SUM() 就是 Excel 函数在 tidyquant 包中的实现，这样的函数总共有 100 多个。

- **方法三**：pivottabler 包

pivottabler 包是专为数据透视表而生，功能非常强大：可以实现任意精细定制并导出各种格式的文件。

这里只是最简单的介绍，其内在逻辑也是与 Excel 透视表逻辑相同，代码示例如下：

```
library(pivottabler)
df %>%
  mutate(年份 = year(订购日期)) %>%
  qpvt(rows = "年份", columns = "地区", calculations = "sum(销售额)") # 结果同上(略)
```

上述代码默认会增加行和、列和，相当于参数 totals 的默认值为 c("年份", "地区")。若用 totals = c("","地区") 则只将各地区汇总（行和），若 totals = "" 则对行和列都不做汇总。

数据透视表的进一步定制格式和美化导出可借助 openxlsx 包实现，或者在 Excel 中进一步优化。

附录 D 非等连接与滚动连接

D.1 非等连接

通常的数据连接是等值连接，即只有所匹配列的值相等，才认为匹配成功，再将匹配成功的其他列连接进来。

很多时候需要非等连接，相当于按条件连接，即匹配列的值不要求必须相等，只要满足一定条件就认为是匹配成功，再将匹配成功的其他列连接进来。

非等连接的实用场景有很多，下面以房屋租赁数据集为例，演示相关操作。相关数据集信息如下：

```
library(data.table)
House = fread("data/House.csv")
Renters = fread("data/Renters.csv")
Deals = fread("data/Deals.csv")
Houses                        # 房源信息

##    id district          address bedrooms rent
## 1:  1    South    Rose Street, 5        4 3000
## 2:  2    North   Main Street, 12        3 2250
## 3:  3    South    Rose Street, 5        4 3000
## 4:  4     West    Nice Street, 3        2 1750
## 5:  5     West   Park Avenue, 10        4 3500
## 6:  6    South  Little Street, 7        4 3000
## 7:  7    North    Main Street, 8        3 2100

Renters                       # 租客信息

##    id          name preferred min_bedrooms min_rent max_rent
## 1:  1    Helen Boss     South            3     2500     3200
## 2:  2  Michael Lane      West            2     1500     2500
## 3:  3 Susan Sanders      West            4     2500     4000
## 4:  4     Tom White     North            3     2200     2500
## 5:  5   Sofia Brown     North            3     1800     2300

Deals                         # 已租赁信息

##    id       date renter_id house_id agent_fee
## 1:  1 2020/1/30         1        1       600
## 2:  2  2020/2/3         2        4       350
## 3:  3 2020/3/12         3        5       700
## 4:  4 2020/4/10         4        2       450
```

- 找出可以合租的人，即考虑租客具有相同的首选区域

这是 Renters 表的自连接，根据首选区域进行等值匹配，通过非等匹配（id < id）避免相同租客组合的重复出现：

```
Renters[Renters, on = .(preferred, id < id)][ , .(name, preferred, i.name)
] %>%
  na.omit()

##          name preferred      i.name
## 1: Michael Lane     West Susan Sanders
## 2:   Tom White    North  Sofia Brown
```

同样的操作，还可以用来识别重复，比如找出重复登记房屋（即地址相同）的情况，我们可以通过不同的房屋 id 来判断。

- 找出满足租客要求的可用房源，需要满足以下条件。
  - 是租客的首选区域。
  - 在租客接受的价格范围内。
  - 卧室数量满足租客所需。
  - 房屋还没有被租赁（即不在 Deals 表中）。

以 Renters 为左表，连接表是未被租赁筛选后的 Houses 表，租客要求的条件体现在非等匹配中，即房屋地区等值匹配租客首选地区，房屋租金介于租客能接受的最低租金和最高租金之间，房屋卧室数大于或等于租客需要的最小数值。

```
Houses[! id %in% Deals$house_id][
  Renters, on = .(district == preferred, rent >= min_rent,
                  rent <= max_rent, bedrooms >= min_bedrooms)
  ][, -(5:6)] %>%
  na.omit()

##    id district           address bedrooms i.id         name
## 1:  3    South   Rose Street, 5         3    1   Helen Boss
## 2:  6    South Little Street, 7        3    1   Helen Boss
## 3:  7    North   Main Street, 8        3    5 Sofia Brown
```

D.2 滚动连接

滚动连接也是很有用的一种数据连接，往往涉及日期时间，特别是处理在时间上有先后关联的两个事件。基本语法如下：

```
x[y, on = .(id = id, date = date), roll = TRUE]   # 同 roll = inf
```

根据 id 等值匹配行，date 是滚动匹配，匹配与左表中 y 日期最接近的前一个日期，把匹配成功的列合并进来，roll = -inf 则用于匹配最接近的后一个日期。

下面以网页会话与支付这一对关联事件为例来演示。

```
website = fread("data/website.csv")
paypal = fread("data/paypal.csv")
# 为了便于观察，增加分组 id 列
website[, session_id:= .GRP, by=.(name, session_time)]
paypal[, payment_id:= .GRP, by=.(name, purchase_time)]
website                          # 网页会话数据

##       name        session_time session_id
##  1:  Isabel 2016-01-01 03:01:00          1
##  2:  Isabel 2016-01-02 00:59:00          2
##  3:  Isabel 2016-01-05 10:18:00          3
##  4:  Isabel 2016-01-07 11:03:00          4
##  5:  Isabel 2016-01-08 11:01:00          5
##  6:   Sally 2016-01-03 02:00:00          6
##  7: Francis 2016-01-02 05:09:00          7
##  8: Francis 2016-01-03 11:22:00          8
##  9: Francis 2016-01-08 00:44:00          9
## 10: Francis 2016-01-08 12:22:00         10
## 11: Francis 2016-01-10 09:36:00         11
## 12: Francis 2016-01-15 08:56:00         12
## 13:   Erica 2016-01-04 11:12:00         13
## 14:   Erica 2016-01-04 13:05:00         14
## 15:  Vivian 2016-01-01 01:10:00         15
## 16:  Vivian 2016-01-08 18:15:00         16
paypal                           # 支付数据
```

```
##       name        purchase_time payment_id
## 1:   Isabel 2016-01-08 11:10:00          1
## 2:    Sally 2016-01-03 02:06:00          2
## 3:    Sally 2016-01-03 02:15:00          3
## 4:  Francis 2016-01-03 11:28:00          4
## 5:  Francis 2016-01-08 12:33:00          5
## 6:  Francis 2016-01-10 09:46:00          6
## 7:    Erica 2016-01-03 00:02:00          7
## 8:      Mom 2015-12-02 09:58:00          8
```

```
# 创建用于连接的单独时间列
website[, join_time:=session_time]
paypal[, join_time:=purchase_time]
# 设置 key
setkey(website, name, join_time)
setkey(paypal, name, join_time)
```

- **前滚连接**：查看有哪些客户在每次支付前进行了网页会话

由于已经设置了键，故可以省略 on 语句。以 paypal 为左表，先等值匹配 id，若同一 id 的支付时间之前有网页会话时间，则匹配成功，合并右表的新列进来：

```
website[paypal, roll = TRUE] %>%
  na.omit()
```

```
##       name        session_time session_id           join_time
## 1: Francis 2016-01-03 11:22:00          8 2016-01-03 11:28:00
## 2: Francis 2016-01-08 12:22:00         10 2016-01-08 12:33:00
## 3: Francis 2016-01-10 09:36:00         11 2016-01-10 09:46:00
## 4:  Isabel 2016-01-08 11:01:00          5 2016-01-08 11:10:00
## 5:   Sally 2016-01-03 02:00:00          6 2016-01-03 02:06:00
## 6:   Sally 2016-01-03 02:00:00          6 2016-01-03 02:15:00
##          purchase_time payment_id
## 1: 2016-01-03 11:28:00          4
## 2: 2016-01-08 12:33:00          5
## 3: 2016-01-10 09:46:00          6
## 4: 2016-01-08 11:10:00          1
## 5: 2016-01-03 02:06:00          2
## 6: 2016-01-03 02:15:00          3
```

- **后滚连接**：哪些客户网页会话之后产生了支付

以 website 为左表，先等值匹配 id，若同一 id 在网页会话时间之后有支付时间，则匹配成功，把右表的新列合并进来，代码如下：

```
paypal[website, roll = -Inf] %>%
  na.omit()
```

```
##        name        purchase_time payment_id           join_time
##  1: Francis 2016-01-03 11:28:00          4 2016-01-02 05:09:00
##  2: Francis 2016-01-03 11:28:00          4 2016-01-03 11:22:00
##  3: Francis 2016-01-08 12:33:00          5 2016-01-08 00:44:00
##  4: Francis 2016-01-08 12:33:00          5 2016-01-08 12:22:00
##  5: Francis 2016-01-10 09:46:00          6 2016-01-10 09:36:00
##  6:  Isabel 2016-01-08 11:10:00          1 2016-01-01 03:01:00
##  7:  Isabel 2016-01-08 11:10:00          1 2016-01-02 00:59:00
##  8:  Isabel 2016-01-08 11:10:00          1 2016-01-05 10:18:00
##  9:  Isabel 2016-01-08 11:10:00          1 2016-01-07 11:03:00
## 10:  Isabel 2016-01-08 11:10:00          1 2016-01-08 11:01:00
## 11:   Sally 2016-01-03 02:06:00          2 2016-01-03 02:00:00
##          session_time session_id
##  1: 2016-01-02 05:09:00          7
##  2: 2016-01-03 11:22:00          8
##  3: 2016-01-08 00:44:00          9
##  4: 2016-01-08 12:22:00         10
##  5: 2016-01-10 09:36:00         11
##  6: 2016-01-01 03:01:00          1
##  7: 2016-01-02 00:59:00          2
##  8: 2016-01-05 10:18:00          3
##  9: 2016-01-07 11:03:00          4
## 10: 2016-01-08 11:01:00          5
## 11: 2016-01-03 02:00:00          6
```

- **滚动窗口连接**：哪些支付发生在网页会话之后的 12 小时之内

同前面一样，只是增加了对时间之后的时间窗口进行限制，时间窗口之外的不再匹配成功，代码如下：

```
twelve_hours = 60*60*12      # 转化为秒
paypal[website, roll = -twelve_hours] %>%
  na.omit()
##       name       purchase_time payment_id                 join_time
## 1: Francis 2016-01-03 11:28:00          4 2016-01-03 11:22:00
## 2: Francis 2016-01-08 12:33:00          5 2016-01-08 00:44:00
## 3: Francis 2016-01-08 12:33:00          5 2016-01-08 12:22:00
## 4: Francis 2016-01-10 09:46:00          6 2016-01-10 09:36:00
## 5:  Isabel 2016-01-08 11:10:00          1 2016-01-08 11:01:00
## 6:   Sally 2016-01-03 02:06:00          2 2016-01-03 02:00:00
##            session_time session_id
## 1: 2016-01-03 11:22:00          8
## 2: 2016-01-08 00:44:00          9
## 3: 2016-01-08 12:22:00         10
## 4: 2016-01-10 09:36:00         11
## 5: 2016-01-08 11:01:00          5
## 6: 2016-01-03 02:00:00          6
```

另外，还有参数 rollends 作为二元逻辑向量，可用于设置是否对每个分组第 1 个值之前、最后 1 个值之后的值进行滚动。

dplyr 包暂不支持非等连接和滚动连接，即将发布的 dplyr 1.1.0 会支持非等连接和滚动连接。

附录 E R 与网络爬虫

网络爬虫，简单来说就是通过编程让机器批量地从网页获取数据，主要分为三步：批量请求和抓取目标网页、解析并提取想要的数据、保存为本地数据文件。但是越来越多的网站都有了各种反爬机制能够识别和禁止机器浏览网页，所以又需要破解各种反爬虫，这涉及设置代理 IP、cookie 登录、伪装 Headers、GET/POST 表单提交、Selenium 模拟浏览器等复杂技术。

在网络爬虫领域，Python 无疑是更强大的，可供参考的资料也更多。但上述各种爬虫技术与反爬虫技术，在 R 里也都能实现。

E.1 rvest 爬取静态网页

所谓静态网页就是你打开一个目标网页，单击鼠标右键，选择"查看网页源代码"，可以在HTML 结构中原原本本地看到想要抓取的数据，这就是静态网页。

对于静态网页，rvest 包提供了一套简洁和完整的数据抓取方案，主要函数如下。

- read_html()：下载并解析网页。
- html_nodes()：定位并获取节点信息。
- html_elements()：提取节点元素信息。
- html_text2()：提取节点文本信息。
- html_attr()：提取节点的属性信息，比如链接。
- html_table()：提取表格代码转化成数据框。

另外，爬虫往往都是批量爬取若干网页，这就涉及循环迭代。要对提取的文本数据做进一步的解析和提取，这就涉及正则表达式。下面以爬取豆瓣平台评分排名在前 250 的图书信息为例进行演示。

1. 获取要批量爬取的网址

搜索并打开目标网页 https://book.douban.com/top250，先观察网页规律以构建要批量爬取的网址。总共 10 页，以上网址对应的是首页，依次点开第 2～10 页观察网址规律，发现网址分别多了后缀"?start=25""?start=50"……相邻数值间是等间隔的。

想要批量爬取的网址都是有规律的（或者网页源码是按同样标签结构存放的，方便全部提取出来），只要有规律，就比较方便构造代码：

```
library(tidyverse)
suffix = str_c("?start=", seq(25,225, by = 25))
urls = str_c("https://book.douban.com/top250", c("", suffix))
```

2. 批量下载并解析网址

批量下载并解析本案例中的 10 个网页，用 map 循环迭代依次将 read_html() 函数作用在每个网址上。但是直接这样做（在同一 IP 瞬间打开 10 个网页）太容易触发网站的反爬虫机制，最简单的做法是增加一个随机等待时间，代码如下：

```
library(rvest)
read_url = function(url){
  Sys.sleep(sample(5,1))        # 休眠随机 1~5 秒
  read_html(url)
}
htmls = map(urls, read_url)
```

3. 批量提取想要的内容并保存为数据框

这是爬虫的最关键步骤：从 HTML 源码结构中找到相应位置，提取并保存想要的内容。只要对 HTML 技术有一点点粗浅了解，再结合浏览器插件 SelectorGadget 就足够完成操作。

在浏览器中打开其中一个网址，单击 SelectorGadget，则页面处于等待选择状态。如图 E.1 所示，用鼠标单击想要提取的内容之一，比如书名"人间词话"，则该内容被标记为绿色，同时所有同类型的内容都被选中并被标记为黄色，但有些内容是识别错误的，单击它（使其变成红色）可以取消错误的黄色选择，浏览整个页面，确保只有你想要的书名被选中。

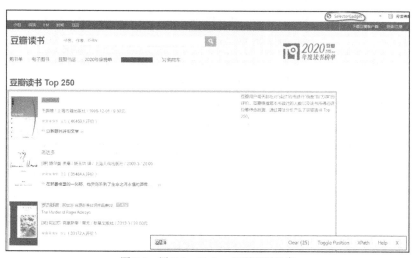

图 E.1 用 SelectGadget 识别网页元素

右下角 CSS 选择器显示的内容".pl2 a"就是我们想要提取的书名所对应的节点，然后通过以下代码提取它们：

```
book = html_nodes(html, ".pl2 a") %>%
  html_text2()
```

同样的操作，分别对"作者、出版社、出版日期、定价""评分""评价数""描述"进行识别、提取并将其存放为向量，再打包到数据框。注意，该过程是需要逐一调试的，提取的文本内容可能需要做简单的字符串处理和解析成数值等。

为了简单，我们可以把从一个网页提取内容到保存为数据框的过程，定义为函数，代码如下：

```
get_html = function(html) {
  tibble(
    book = html_nodes(html, ".pl2 a") %>%
      html_text2(),
```

```
    info = html_nodes(html, "p.pl") %>%
      html_text2(),
    score = html_nodes(html, ".rating_nums") %>%
      html_text2() %>%
      parse_number(),
    comments = html_nodes(html, ".star .pl") %>%
      html_text2() %>%
      parse_number(),
    description = html_elements(html, "td") %>%
      html_text2() %>%
      stringi::stri_remove_empty() %>%
      str_extract("(?<=\\)\n\n).*")
}
```

注意,"描述"不是每本书都有的,所以不能像其他内容那样写代码(因行数对不上而报错),改用从更大的结构标签提取,再进行一系列的字符串处理。然后将 `map_dfr` 函数依次应用到每个网页,同时把提取到的信息按行合并到一个结果数据框,代码如下:

```
books_douban = map_dfr(htmls, get_html)
```

这就将 250 本书的信息都爬取下来了,并且将这些信息保存在一个数据框中,部分结果如图 E.2 所示。

	book	info	score	comments	description
1	红楼梦	[清] 曹雪芹 著 / 人民文学出版社 / 1996-12 / 59.70元	9.6	343998	都云作者痴,谁解其中味?
2	活着	余华 / 作家出版社 / 2012-8-1 / 20.00元	9.4	615919	生的苦难与伟大
3	百年孤独	[哥伦比亚] 加西亚·马尔克斯 / 范晔 / 南海出版公司 / 2011-6 …	9.3	345237	魔幻现实主义文学代表作
4	1984	[英] 乔治·奥威尔 / 刘绍铭 / 北京十月文艺出版社 / 2010-4-1 / …	9.4	189192	栗树荫下,我出卖你,你出卖我
5	飘	[美国] 玛格丽特·米切尔 / 李美华 / 译林出版社 / 2000-9 / 40…	9.3	181660	革命时期的爱情,随风而逝
6	三体全集:地球往事三部曲	刘慈欣 / 重庆出版社 / 2012-1-1 / 168.00元	9.4	102780	地球往事三部曲
7	三国演义(全二册)	[明] 罗贯中 / 人民文学出版社 / 1998-05 / 39.50元	9.3	139908	是非成败转头空

图 E.2　豆瓣读书 Top250 爬虫数据(未清洗)

4.进一步清洗数据框,并保存到数据文件

爬虫总是伴随着文本数据清洗,而这个过程通常要用到正则表达式。前面得到的数据框的 `info` 列包含作者、出版社、出版日期、定价等信息,它们在网页识别的时候是一个整体,没办法区分开。

现在用字符串函数+正则表达式来处理(注意,直接根据"/"分割是不行的,因为可能涉及多名作者的情况),代码如下:

```
books_douban = books_douban %>%
  mutate(author = str_extract(info, ".*(?=/.*/ \\d{4})"),
         press = str_extract(info, "(?<=/ )[^/]*(?=/ \\d{4})"),
         Date = str_extract(info, "(?<=/ )[\\d-].*(?= /)"),
         price = str_extract(info, "(?<=/)[^/]*$") %>%
           parse_number()) %>%
  select(-info)
write_csv(books_douban, file = "豆瓣读书 TOP250.csv")
```

经过上述代码处理,得到的最终的数据表(部分)如图 E.3 所示。

	book	score	comments	description	author	press	Date	price
2	红楼梦	9.6	343875	都云作者痴,谁解其中味?	[清] 曹雪芹 著	人民文学出版社	1996-12	59.7
3	活着	9.4	615690	生的苦难与伟大	余华	作家出版社	2012-8-1	20
4	百年孤独	9.3	345117	魔幻现实主义文学代表作	[哥伦比亚] 加西亚·马尔克斯 / 范…	南海出版公司	2011-6	39.5
5	1984	9.4	189097	栗树荫下,我出卖你,你出卖我	[英] 乔治·奥威尔 / 刘绍铭	北京十月文艺出版	2010-4-1	28
6	飘	9.3	181609	革命时期的爱情,随风而逝	[美国] 玛格丽特·米切尔 / 李美华	译林出版社	2000-9	40
7	三体全集	9.4	102683	地球往事三部曲	刘慈欣	重庆出版社	2012-1-1	168

图 E.3　豆瓣读书 Top250 数据(已清洗)

E.2　用 httr 包爬取动态网页

动态网页基于 AJAX(异步 JavaScript 和 XML)技术动态加载内容,浏览到的内容是由服务器端根据时间、环境或数据库操作结果而动态生成的，直接查看网页源码是看不到想要爬取的信息的。

　　爬取动态网页就需要先发送请求，对请求到的结果再做解析、提取、保存。在这种情况下，rvest 包就无能为力了。RCurl 包或者其简化版的 httr 包可以爬取动态网页。

　　下面以爬取网易云课堂编程与开发类课程信息为例，打开网易云课堂，登录账号，选择"编程与开发"分类，进入目标页面。

1．找到要爬取的内容

　　在图 E.4 所示的左图界面单击鼠标右键选择"检查"，然后依次单击"Network""fetch/HXR"，如图 E.4 所示。刷新网页，则窗口的右下方出现很多内容，在左侧"Name"栏浏览找到 studycourse.json 并单击它，在 preview 标签下可以找到想要抓取的内容。

图 E.4　找到要爬取的内容

2．构造请求 Headers，用 POST 方法请求网页内容

单击打开 Headers，重点关注以下信息。

- General 下的：Request URL、Request Method、Status Code，如图 E.5 所示。

图 E.5　Headers 下 General 信息

- Request Headers 下的：accept、cookie、edu-script-token、user-agent，如图 E.6 所示。
- Request Payload 下的：front-CategoryId、pageIndex、pageSize、relativeOffset，如图 E.7 所示。

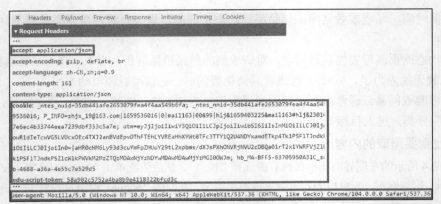

图 E.6　Headers 下 Request Headers 信息

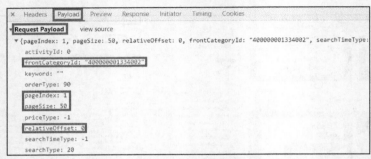

图 E.7　Payload 下 Request Payload 信息

获取这些信息之后（注意，Cookie 代表你的账号登录信息，这部分信息是有时效性的），就可以在 R 中构造 Headers：

```r
library(httr)
# 构造请求头
myCookie = '您的最新 Cookie'
myUserAgent = 'Mozilla/5.0 (Windows NT 10.0; Win64; x64) AppleWebKit/537.36 (KHTML,
like Gecko) Chrome/92.0.4515.159 Safari/537.36'
headers = c('accept' = 'application/json',
            'edu-script-token' = '38830026a471405eb9327d14d51eeda4',
            'User-Agent' = myUserAgent,
            'cookie' = myCookie)
# 二次实际请求到的 url
url = "https://study.163.com/p/search/studycourse.json"
# 构造请求 Payload
payload = list('pageIndex' = 1, 'pageSize' = 50, 'relativeOffset' = 0,
               'frontCategoryId' = "480000003131009")
```

然后，就可以伪装成浏览器，发送 POST 请求获取数据：

```r
# POST 方法执行单次请求
result = POST(url, add_headers(.headers = headers), body = payload, encode = "json")
```

3. 提取想要的结果

上述爬虫得到的 result 是由 json 数据生成的复杂嵌套列表，需要把想要的数据提取出来，再创建成数据框。

批量从一系列相同结构的列表提取某个成分下的内容，此时非常适合用 map 映射成分名，对于内容为空的，可设置参数.null = NA，以保证数据框各列等长，代码如下：

```r
lensons = content(result)$result$list     # 50 个课程信息列表的列表
df = tibble(ID = map_chr(lensons, "courseId"),
            title = map_chr(lensons, "productName"),
```

```
                    provider = map_chr(lensons, "provider"),
                    score = map_dbl(lensons, "score"),
                    learnerCount = map_dbl(lensons, "learnerCount"),
                    lessonCount = map_dbl(lensons, "lessonCount"),
                    lector = map_chr(lensons, "lectorName", .null = NA))
```

4．批量爬取所有页

这次获取不同页面的信息是通过修改 Payload 参数实现的，总共 11 个页面。我们同样可以将爬取一个页面的信息并保存到数据框这一过程定义为函数，其自变量为页面的序号，代码如下：

```
get_html = function(p) {
  Sys.sleep(sample(5, 1))
  payload = list('pageIndex' = p, 'pageSize' = 50, 'relativeOffset' = 50*(p-1),
                 'frontCategoryId' = "480000003131009")
  # POST 方法执行单次请求
  result = POST(url, add_headers(.headers = headers),
                body = payload, encode = "json")
  lensons = content(result)$result$list
  tibble(
    ID = map_chr(lensons, "courseId"),
    title = map_chr(lensons, "productName"),
    provider = map_chr(lensons, "provider"),
    score = map_dbl(lensons, "score"),
    learnerCount = map_dbl(lensons, "learnerCount"),
    lessonCount = map_dbl(lensons, "lessonCount"),
    lector = map_chr(lensons, "lectorName", .null = NA))
}
```

用 `map_dfr` 依次将该函数应用到每页序号对应的向量，同时把提取到的信息按行合并到一个结果数据框，再根据学习人数进行降序排列，并保存到数据文件中，代码如下：

```
wy_lessons = map_dfr(1:11, get_html) %>%
  arrange(-learnerCount)
write.csv(wy_lessons, file = "网易云课堂编程开发类课程.csv")
```

最终，共爬取到 550 条课程信息，结果（部分）如图 E.8 所示。

	ID	title	provider	score	learnerCount	lessonCount	lector
1							
2	1003425004	老九零基础学编程系列之C语言	老九学堂	5	376440	102	徐嵩 等
3	302001	疯狂的Python：零基础小白入门	pythonercn	4.7	283680	101	邹琪鲜
4	1004987028	免费Python全系列教程全栈工程师	北京图灵学院	5	205746	100	图灵学院刘英
5	343001	Java课程 Java300集大型视频教程	北京尚学堂	4.9	177489	350	高淇 等
6	271005	面向对象程序设计-C++	翁恺	4.9	175049	41	翁恺
7	1367011	C/C++黑客编程项目实战课程	长沙择善教育	4.8	139907	75	Tony老师

图 E.8 网易云课堂编程与开发类课程的爬虫结果

另外，动态网页还可以用 RSelenium 包模拟浏览器行为进行爬取，或者使用 V8 包将 rvest 包提取的 JavaScript 代码渲染出来得到想要爬取的数据。

附录 F　R 与高性能计算

作为高级语言，R 语言能极大地节省你写代码的时间，不过 R 代码的运行速度要比 C++等慢不少，但是 R 也有办法提速，可用于做高性能计算。

本附录介绍几种 R 中常用的高性能计算的方法，通常是用于处理大量数据。

F.1　并行计算

现在计算机的 CPU 多是多核心多线程的，R 默认只有一个线程工作，让其他线程闲着显然是一种浪费。并行计算就是让多个线程或全部线程同时工作。

future 包为 R 用户提供了并行与分布处理的统一接口，还有些包已经将并行计算隐式地嵌入其中并自动启用，比如 data.table 包和 mlr3 包等。

* future 包的基本使用

```
library(future)
availableCores()              # 查看电脑可用的线程数

## system
##      12

plan(multisession)            # 启用多线程，参数 workers 可设置线程数
f <- future({
...                           # 要并行加速的代码
})
value(f)
plan(sequential)              # 回到单线程
```

* 循环迭代的并行加速

本书主张用 purrr 包中的 map_*、walk_*、modify_*等做循环迭代，对它们做并行加速。我们只需要加载 furrr 包，启用多线程，再把每个函数名添加前缀 future_即可。代码示例如下：

```
library(furrr)
library(purrr)
# map_dbl(iris[1:4], mean)
plan(multisession, workers = 6)
future_map_dbl(iris[1:4], mean)

## Sepal.Length  Sepal.Width  Petal.Length   Petal.Width
##     5.843333     3.057333      3.758000      1.199333
```

F.2　运行 C++代码

另一种为代码提速的办法是将 R 代码改写成 C++代码，然后借助 Rcpp 包运行，但需要安装 C++编译环境，具体的编译环境如下：

- 为 Windows 系统安装 Rtools（参见第 6.5.1 节）；
- 为 Mac 系统安装 Xcode；
- 在 Linux 系统下，通过 "sudo apt-get install r-base-dev" 命令安装。

cppFunction() 函数可以让你在 R 中写 C++ 函数，代码如下：

```
library(Rcpp)
cppFunction('int add(int x, int y) {
  int sum = x + y;
  return sum;
}')
add(1, 2)

## [1] 3
```

我们也可以编写标准的 C++ 文件，并将其保存为 .cpp 格式，再用 SourceCpp() 在 R 中执行：

```
#include <Rcpp.h>
using namespace Rcpp;
// [[Rcpp::export]]
double meanC(NumericVector x) {
  int n = x.size();
  double total = 0;
  for(int i = 0; i < n; ++i) {
    total += x[i];
  }
  return total / n;
}
/*** R
x <- runif(1e5)
bench::mark(                     # 测速对比
  mean(x),
  meanC(x)
)
*/
```

注意，文件开头都要加上前两行代码，并且要在每个自定义函数前加上 "// [[Rcpp:: export]]"。如果你想要包含 R 代码，按上述注释的方式加入相关代码语句即可。

```
sourceCpp("test.cpp")     # R中运行 cpp 文件

##
## > x <- runif(1e+05)
##
## > bench::mark(mean(x), meanC(x))
## # A tibble: 2 x 13
##   expression       min median `itr/sec` mem_alloc `gc/sec` n_itr  n_gc
##   <bch:expr> <bch:tm> <bch:>     <dbl> <bch:byt>    <dbl> <int> <dbl>
## 1 mean(x)      157us  158us      6272.  22.73KB        0  3135     0
## 2 meanC(x)     102us  106us      9011.   2.49KB        0  4502     0
## # ... with 5 more variables: total_time <bch:tm>, result <list>,
## #   memory <list>, time <list>, gc <list>
```

如果你想了解更多将各种 R 函数改写成 C++ 函数的方法，可以参阅 Wickham 的著作。

F.3 对超出内存容量的数据集进行处理

首先，对于处理内存能应付的若干 **GB** 级别的数据集，data.table 是最优选择，没有之一。

有时单机计算机需要处理**超出内存容量但没超过硬盘容量**的大数据集，那么 disk.frame 包提供了简单的解决方案。

- 将超过内存容量的数据分割成若干块，并将每个块作为独立文件存储在一个文件夹中。
- 支持用 dplyr 和 data.table 语法整体操作这些数据块。

HarryZhu 认为 disk.frame 和 **Spark** 的最大区别就是，disk.frame 优先处理的是计算密

集型的复杂模型运算任务,让数据跟随计算;而 Spark 因为使用的是 Map-Reduce 模型,属于计算跟随数据,所以更擅长处理数据密集型的简单 ETL 运算任务。

　　disk.frame 包简单使用:

```
library(disk.frame)
# 启用多线程, 参数 workers 可设置线程数
setup_disk.frame()
# 允许大数据集在 session 之间传输
options(future.globals.maxSize = Inf)
## 从 csv 文件创建 disk.frame
# flights = csv_to_disk.frame(
#   infile = "data/flights.csv",
#   outdir = "temp/tmp_flights.df",
#   nchunks = 6,                # 分为 6 个数据块
#   overwrite = TRUE)
flights = as.disk.frame(nycflights13::flights)
```

创建到硬盘上的分块数据集如图 F.1 所示。

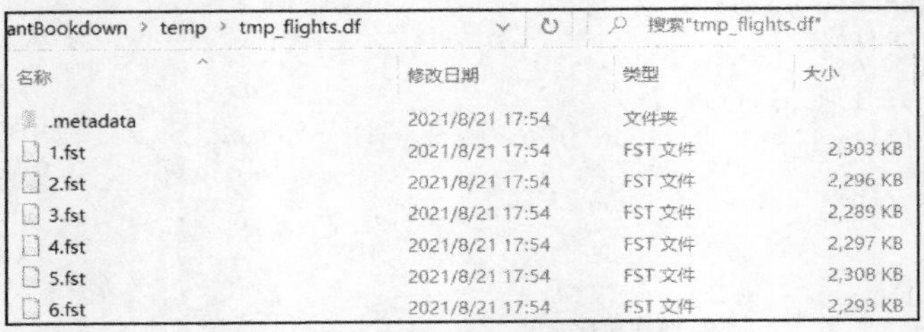

图 F.1　用 disk.frame 分割后的数据集

　　借助 disk.frame 包,我们可以像用 dplyr 语法操作普通的数据框一样操作 flights,只是与连接远程数据库一样,执行的是懒惰计算(见第 2.2.3 节),经过 collect() 之后才能真正执行计算:

```
flights %>%
  filter(month == 5, day == 17, carrier %in% c('UA', 'WN', 'AA', 'DL')) %>%
  select(carrier, dep_delay, air_time, distance) %>%
  mutate(air_time_hours = air_time / 60) %>%
  collect() %>%
  arrange(carrier) %>%  # arrange 应该在 collect 之后
  head()

##    carrier dep_delay air_time distance air_time_hours
## 1:      AA        -7      142     1089       2.366667
## 2:      AA        -9      186     1389       3.100000
## 3:      AA        -6      143     1096       2.383333
## 4:      AA        -4      114      733       1.900000
## 5:      AA        -2      146     1085       2.433333
## 6:      AA        -7      119      733       1.983333
```

做其他数据操作(例如分组汇总、数据连接等)也是类似的,甚至还可以像对普通数据框构建模型一样进行统计建模和提取模型结果。

注意: R 中真正的分布式大数据平台(多台服务器/计算机)是用 sparklyr 包连接 Apache Spark。

F.4　大型矩阵运算

　　常规的代码在做大矩阵运算时,使用自带的 RBLAS,速度很慢。如果使用开源的 OpenBLAS[①],

[①] 关于使用 OpenBLAS 替换 RBLAS,建议大家参阅"医学和生信笔记:让你的 R 语言提速 100 倍"。

能轻松提速几十倍甚至上百倍。

bigmemory 包提供了 3 种类型的 big.matrix 对象，如下所示。

- 内存 big.matrix：不在多线程间共享，直接使用随机存取内存。
- 共享 big.matrix：使用部分共享内存。
- 文件后端 big.matrix：在进程之间共享，将数据存储在硬盘上，并通过内存映射访问它。

在此基础之上，bigstatsr 包提供了更强大且易用的 FBM 对象（文件后端大矩阵），这样的矩阵数据是存储在硬盘上，因此同样能突破内存限制。

bigstatsr 包还提供了强大的 big_apply() 函数：其作用机制为分割（将矩阵分成若干列块）-应用（函数）-合并（结果），且支持并行计算，如图 F.2 所示。

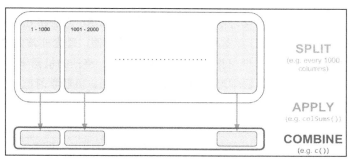

图 F.2　大矩阵"分割-应用-合并"机制

bigstatsr 包简单使用，可以创建 1000 列的大矩阵，并将其分割成 500 列一块，再计算列和，并打开两个核心并行计算。

```
library(bigstatsr)
X = FBM(10000, 1000, init = rnorm(10000 * 1000), backingfile = "temp/test")
object.size(X)
```
```
## 680 bytes
```
```
file.size(X$backingfile)
```
```
## [1] 8e+07
```
```
typeof(X)
```
```
## [1] "double"
```
```
sums = big_apply(X, a.FUN = function(X, ind) {
  colSums(X[,ind])
}, a.combine = "c", block.size = 500, ncores = 2)
sums[1:5]
```
```
## [1]   18.701879   -9.778048   13.450407  -40.593349 -190.784429
```

另外，bigstatsr 包已经内置了很多用于操作大矩阵的函数（请参阅 bigstatsr 包文档），具体如下所示。

- 统计建模函数：big_univLinReg()、big_univLogReg()、big_spLinReg()、big_spLogReg() 等。
- SVD（PCA）函数：big_SVD() 和 big_randomSVD()。
- 矩阵运算函数：big_cor()、big_cprodMat()、big_prodMat()、big_transpose() 等。
- 功能函数：big_colstats()、big_scale()、big_counts()、big_read()、big_write() 等。

附录 G　R 机器学习框架

G.1　mlr3verse

mlr3verse 是先进的 R 机器学习框架，它基于面向对象 R6 语法和 data.table 底层数据流（速度超快），支持 future 并行，支持搭建"图"流学习器，理念非常先进、功能非常强大。

mlr3verse 整合了各种机器学习算法包，实现了统一、整洁的机器学习流程化操作，足以媲美 Python 的 scikit-learn 机器学习库。目前，mlr3verse 机器学习框架生态如图 G.1 所示。

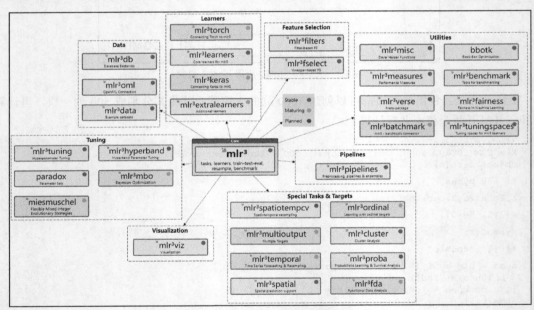

图 G.1　mlr3verse 机器学习框架生态

mlr3verse 核心包及其用途如下所示。

- mlr3 适用于机器学习。
- mlr3db 适用于操作后台数据库。
- mlr3filters 适用于特征选择。
- mlr3learners 适用于机器学习学习器。
- mlr3pipelines 适用于特征工程和搭建图流学习器。
- mlr3tuning 适用于超参数调参。
- mlr3viz 适用于可视化。
- paradox 适用于模型解释。

`mlr3verse` 机器学习的基本工作流如图 G.2 所示。

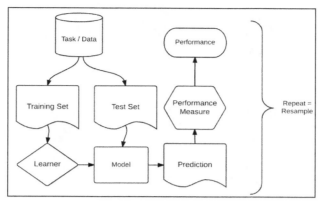

图 G.2 mlr3verse 机器学习基本工作流

- **任务（Task）**：封装数据及元信息，如目标变量。
- **学习器（Learner）**：封装了各种机器学习算法，能够训练模型并做预测，大多数学习器都有影响其性能的超参数。
- **度量（Measure）**：基于预测值与真实值的差异计算的数值指标。
- **重抽样（Resampling）**：生成一系列训练集和测试集。
- **管道（Pipelines）**：构建机器学习模型的工作流，包括特征工程（缺失值处理、特征缩放/变换/降维）、特征选择、图机器学习等。

以对 `iris` 数据集构建简单的决策树分类模型为例来演示相关操作，代码如下：

```
library(mlr3verse)
## 创建分类任务
task = as_task_classif(iris, target = "Species")
## 选择学习器，并设置两个超参数：最大深度，最小分支节点数
learner = lrn("classif.rpart", maxdepth = 3, minsplit = 10)
## 划分训练集/测试集
set.seed(123)
split = partition(task, ratio = 0.7)
## 训练模型
learner$train(task, row_ids = split$train)
## 模型预测
predictions = learner$predict(task, row_ids = split$test)
## 模型评估
predictions$confusion                          # 混淆矩阵

##             truth
## response    setosa versicolor virginica
##   setosa       15          0         0
##   versicolor    0         14         0
##   virginica     0          1        15

predictions$score(msr("classif.acc"))          # 准确率

## classif.acc
##   0.9777778
```

这里只展示简单的示例，更多的特征工程、特征选择、超参数调参、集成学习等及实例请参阅 `mlr3book` 和 `mlr3gallery`。

G.2 tidymodels

`tidymodels` 是与 `tidyverse` 一脉相承的"管道流" R 机器学习框架，提供统一的统计

推断、统计建模、机器学习算法接口。tidymodels 核心包及功能如图 G.3 所示。

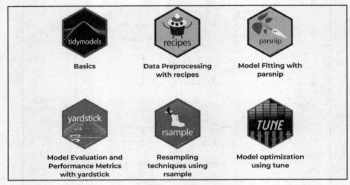

图 G.3 tidymodels 核心包及其功能

tidymodels 核心包及其用途如下所示。

- parsnip：适用于拟合模型。
- recipes：适用于数据预处理和特征工程。
- rsample：适用于重抽样。
- yardstick：适用于评估模型性能。
- dials：适用于定义调参空间。
- tune：适用于超参数调参。
- workflows：适用于构建建模工作流。

以对 iris 数据集构建简单的决策树分类模型为例来演示相关操作，代码如下：

```
library(tidymodels)
## 划分训练集/测试集
set.seed(123)
split = initial_split(iris, prop = 0.7, strata = Species)
train = training(split)
test = testing(split)
## 训练模型
model = decision_tree(mode = "classification",
                      tree_depth = 3, min_n = 10) %>%
  set_engine("rpart") %>%           # 来自哪个包或方法
  fit(Species ~ ., data = train)
## 模型预测
pred = predict(model, test) %>%
  bind_cols(select(test, Species))
## 模型评估
pred %>%
  conf_mat(truth = Species, .pred_class)      # 混淆矩阵

##             Truth
## Prediction   setosa versicolor virginica
##   setosa        15          0         0
##   versicolor     0         14         0
##   virginica      0          1        15

pred %>%
  accuracy(truth = Species, .pred_class)      # 准确率

## # A tibble: 1 x 3
##   .metric  .estimator .estimate
##   <chr>    <chr>          <dbl>
## 1 accuracy multiclass     0.978
```

这里只展示简单的示例，更多的特征工程、特征选择、超参数调参、集成学习、工作流等及实例请参阅 *Tidy Modeling with R* 一书和 tidymodels 官网。